FANGKONG DAODAN GAILUN

防空导弹概论

韩晓明　张　琳　肖　军　编著

西北工业大学出版社

西安

【内容简介】 本书对防空导弹技术的基本知识做了系统而简要的介绍。主要内容包括防空导弹的使命与分类、组成与发展,导弹飞行原理,弹体结构,动力装置,制导系统,战斗部系统,弹上能源系统,发射系统和防空导弹作战等。

本书可作为高等学校防空导弹类专业的教科书,也可作为从事导弹技术管理和保障人员、导弹科技和工程技术人员的参考书。

图书在版编目(CIP)数据

防空导弹概论/韩晓明,张琳,肖军编著. —西安:西北工业大学出版社,2018.7(2023.7重印)
ISBN 978-7-5612-6106-4

Ⅰ.①防… Ⅱ.①韩… ②张…③肖… Ⅲ.①防空导弹—概论 Ⅳ.①TJ761.1

中国版本图书馆 CIP 数据核字(2018)第 156120 号

策划编辑:李阿盟
责任编辑:李阿盟

出版发行:西北工业大学出版社
通信地址:西安市友谊西路 127 号   邮编:710072
电　　话:(029)88493844 88491757
网　　址:http://www.nwpup.com
印 刷 者:西安五星印刷有限公司
开　　本:787 mm×1 092 mm   1/16
印　　张:14.875
字　　数:356 千字
版　　次:2018 年 7 月第 1 版   2023 年 7 月第 4 次印刷
定　　价:48.00 元

前　言

　　防空导弹包括地空导弹、舰空导弹(这两者统称为面空导弹)和空空导弹,是用来拦截以空中目标为主要对象的导弹武器的总称,是现代战争中首选的防御性武器。

　　防空导弹是现代高科技发展的产物,是一个由多种新技术、多个分系统、多种设备构成的复杂系统,涉及应用物理、数学、推进技术、空气动力学、飞行力学、结构力学、材料学、控制理论和电子学等技术知识。

　　本书对防空导弹技术的基本知识做了系统而又简要的介绍,共分9章。第1章主要介绍防空导弹的发展、分类与组成;第2章为导弹飞行原理,包括导弹飞行环境及特性、导弹运动与力、导弹的气动外形、导弹的飞行控制、导弹弹道与导引方法等;第3章为弹体结构,主要介绍导弹的弹体结构组成与功用;第4章为动力装置,主要介绍防空导弹上常用的发动机类型、工作过程与特点;第5章为制导系统,主要介绍导弹制导方式和控制方式功能、组成和工作过程;第6章为战斗部系统,包括战斗部的基本组成、装药、引信、杀伤机理、安全执行装置和引战配合等;第7章是弹上能源系统,包括电源系统、气源系统、液压系统等;第8章为发射系统,主要介绍发射方式与发射装置分类、功用、组成和工作特点;第9章是防空导弹作战,包括导弹杀伤概率、杀伤区和发射区、作战过程等。

　　本书是由长期从事防空导弹教学及科研工作的专业人员,集国内外最新的研究成果并结合笔者多年的教学、研究体会编写而成的。其中第1,5~8章由韩晓明同志编写,第2~4章和附录由张琳同志编写,第9章由肖军同志编写,全书由韩晓明同志统稿。本书系统地介绍了防空导弹的基本知识、新技术与发展情况。内容新颖、系统全面、先进性强,可作为防空导弹类专业的教科书,也可作为从事导弹技术管理和保障人员、导弹科技和工程技术人员的参考书。

　　本书在编写过程中参考了国内外大量的书籍和资料,在此对所引用的参考文献和资料的作者表示衷心的感谢!

　　由于水平有限,书中不足之处在所难免,敬请读者批评指正。

编著者

2018 年 3 月

目　　录

第1章 绪 论

防空导弹是指用来拦截空中目标为主要对象的导弹武器系统的总称。防空导弹包括地空导弹、舰空导弹(这两者统称为面空导弹)和空空导弹。严格地讲,反弹道导弹也属于防空导弹。本章主要介绍防空导弹的分类与组成、战术技术要求、导弹的研制过程,以及防空导弹的发展概况。

1.1 防空导弹的分类与组成

1.1.1 导弹分类

现代防空导弹有多种分类方法,每种分类方法均反映了导弹某一方面的特点。根据作战用途,可分为要地防空导弹、野战防空导弹和舰艇防空导弹;根据作战空域,可分为中高空、中低空、低空和超低空防空导弹,根据当前技术水平,防空导弹一般覆盖两个主要空域,兼顾其他空域;根据发射点和目标的位置,可分为地空导弹、空空导弹和舰空导弹;根据作战使命,可分为区域防空导弹和点防御防空导弹;根据攻击目标类型,可分为反飞机导弹和反导弹导弹等;根据制导方式,可分为驾束制导、指令制导、自动寻的制导和复合制导导弹等。

1. 地空导弹

地空导弹是从地面发射,攻击并摧毁空中活动目标(飞机、弹道导弹等)的制导武器。它在大气层内飞行,一般都带有翼面,属于有翼导弹。有翼导弹是一种以火箭发动机、吸气式发动机或组合发动机为动力,由气动翼面提供机动飞行所需的法向力,装有战斗部系统和制导系统的无人驾驶飞行器。

地空导弹的分类方法很多,各国对地空导弹武器分类方法和标准不尽相同。主要分类方式有:按作战用途,分为要地防空用和野战防空用两种;按地面机动性,分为固定式、半固定式和机动式三种,其中,机动式又分为牵引式、自行式和便携式;按同一时间攻击目标数,分为单目标通道和多目标通道两种;按制导方式分为遥控、寻的、复合制导等类型,其中寻的制导又分为主动寻的、半主动寻的和被动寻的 3 种;按作战高度可分为高空(20 km 以上)、中空(6~20 km)、低空(150 m~6 km)、超低空(150 m 以下);按射程分为远、中、近程和短程,多数国家把最大射程在 100 km 以上的称为远程,20~100 km 之间的称为中程,10~20 km 的称为近程,10 km 以内的称为短程,从而形成了高、中、低空,远、中、近程的地空导弹系列。

2. 空空导弹

空空导弹是从空中平台发射、攻击空中目标的导弹。空中平台可以是战斗机、攻击机、轰炸机、武装直升机或无人飞行器等,攻击目标包括各类有人驾驶飞机、无人驾驶飞机、直升机和巡航导弹等。

空空导弹有多种分类方法,通常根据作战使用和采用的导引方式来分类。

（1）根据作战使用，可以分为近距格斗空空导弹、中距拦射空空导弹和远程空空导弹。

近距格斗空空导弹：主要用于空战中的近距格斗，它的发射距离一般在 300 m～20 km 之间，通常不追求远射程，更加关注导弹的机动、快速响应和大离轴发射、尺寸质量以及抗干扰能力等性能。近距格斗空空导弹一般采用红外制导体制。

中距拦射空空导弹：最大发射距离一般在 20～100 km 之间，它更关注导弹的发射距离、全天候使用、多目标攻击和抗干扰等性能。中距拦射导弹通常采用复合制导体制来扩大发射距离，其中制导采用惯性制导加数据链修正，末制导一般采用主动雷达制导。

远程空空导弹：最大发射距离通常应达到 100 km 以上，采用复合制导体制，动力装置目前多采用固体火箭-冲压发动机。

（2）根据导引方式，可以分为红外型空空导弹、雷达型空空导弹和多模制导空空导弹。

红外型空空导弹：采用红外导引系统，具有制导精度高、系统简单、质量轻、尺寸小、发射后不管等优点，其主要缺点是不具备全天候使用能力，迎头发射距离近。

雷达型空空导弹：采用雷达导引系统，具有发射距离远、全天候工作能力强等优点。根据导引头工作方式又可以分为主动雷达型、半主动雷达型、被动雷达型以及驾束制导型空空导弹。

多模制导空空导弹：采用多模导引系统，目前常用的多模制导方式有红外成像/主动雷达多模制导、主/被动雷达多模制导以及多波段红外成像制导等。多模制导可以充分发挥各频段或各制导体制的优势，互相弥补对方的不足，提高导弹的探测能力和抗干扰能力，极大地提高导弹的作战效能。

3. 舰空导弹

舰空导弹是从舰艇上发射，攻击空中来袭的各种作战飞机，拦截敌方从各种平台发射的各种制导炸弹、反舰导弹乃至战术弹道导弹，是海上防空系统的一个重要组成部分，主要用于出海作战舰艇及其编队的空中防护，是舰艇完成海上作战任务的一种必要保障。

按作战使用，舰空导弹可分为舰艇编队防空导弹和单舰艇防空导弹；按射高，舰空导弹可分为高空舰空导弹、中空舰空导弹、低空舰空导弹；按射程，舰空导弹可分为远程舰空导弹、中程舰空导弹、近程舰空导弹。

远程舰空导弹（作战高度 10 m～24 km，最大作用距离 25～150 km）：主要拦截中高空、中远程各种飞机目标，兼顾对低空目标的拦截，能有效地对 100 km 以内的空域实施控制，属于区域防空型武器（制空型武器）。

中程舰空导弹（作战高度 10 m～15 km，最大作用距离 45 km）：主要拦截中低空、中近程各种飞机目标，兼顾对超低空飞机、反舰导弹目标的拦截，属于中程区域防空型武器（主战型武器）。

近程舰空导弹（最大作用距离 10 km、作战高度 5 m～5 km）：主要拦截中低空、超低空、近程飞机和掠海反舰导弹目标，兼顾对中空目标的拦截，属于点防空型武器。

末段防御舰空导弹（最大作用距离 8 km、作战高度 5 m～3 km）：主要拦截超低空来袭的反舰导弹目标，兼顾对低空目标的拦截，属于自卫型武器。

总之，由于防空导弹所攻击的目标比较复杂（这些目标一般具有高速、高机动、几何尺寸小和突防能力强等特点），作战使用环境比较严酷（自然环境和人为环境），因此，要求防空导弹应具备反应时间快、高加速性、高机动性、制导精度高、引战配合好、具有反突防能力、环境适应能力强、抗干扰能力强、具有机动作战能力等特点。

1.1.2 导弹武器系统组成

导弹武器系统是基本作战单位,一般由作战装备(包括导弹、发控设备、制导设备、电源和运输车辆等)和支援装备(包括导弹的运输和装填设备、作战装备的检测维修设备以及必要的能源设备等)组成。导弹武器系统具有两种功能:作战功能(指发现、跟踪和识别目标;导弹按着规定的航迹和精度要求飞行到目标区;有效地摧毁目标)和维护功能(指在规定的寿命期内具有保证系统正常工作的能力)。不同类型的防空导弹武器系统其组成也不相同。

1. 地空导弹武器系统

一般来说,地空导弹武器系统通常由目标搜索指示系统、跟踪制导系统、发射系统、地空导弹系统、指挥自动化系统和支援保障系统等组成。

(1)目标搜索指示系统,用于搜索、发现和识别目标指示,粗略地测量目标的坐标和运动参数,并向火力单元的其他系统指示空中目标、提供空中目标参数。通常由搜索、识别和指示等设备组成。搜索设备用于探测、发现空中目标,确定目标的坐标,一般为专用的雷达系统,称之为搜索警戒雷达或目标指示雷达。目标识别设备用来确定被发现目标的种类和属性,如判断目标是轰炸机还是侦察机、是我方目标还是敌方目标等。目标指示设备用于将搜索设备所获得的空情(经过分析处理后的模拟信息)以一定的方式及时、准确地传输给指挥控制中心供指挥员确定射击决心、实施射击指挥。

(2)跟踪制导系统,用来精确跟踪目标和导弹,测量目标和导弹的坐标和运动参数,并控制、引导导弹沿着选定的制导规律所确定的弹道飞向目标。跟踪制导系统是地空导弹武器系统的核心装备,也是战斗操作的主要平台,它的一般形式是制导雷达。

(3)发射系统,是对导弹进行支撑、发射准备、随动跟踪、发射控制以及发射导弹的专用设备的总称。导弹发射系统主要由发射设备和发射控制设备(简称发控设备)组成。

发射设备是用于对导弹进行支承、贮存、发射准备、瞄准跟踪及发射导弹的专用设备。地空导弹的发射设备类型多种多样,其结构形式与武器系统的作战使命、战术技术指标、制导体制及导弹的发射方式等有关,称为发射架、发射器或者发射车。就其功能组成来说,一般要有支承导向部件(发射臂、发射筒)、瞄准随动机构、回转基座、发控设备和行驶部分(自行或拖挂)等几个部分。

发射控制设备简称发控设备,它是指挥控制系统与发射装置上的导弹的接口设备,通过它把指挥控制系统和发射装置上的导弹连接在一起。发控设备在指挥控制系统的指挥和控制下完成导弹发射前准备和导弹发射。

(4)地空导弹系统,是实现地空导弹武器系统作战目的的最终设备单元。地空导弹系统主要包括弹体系统、推进系统、弹上制导控制系统、引信与战斗部系统和弹上能源系统等。

(5)指挥自动化系统,是指用于收集、处理、显示空中情报,进行威胁估算、目标指示、目标参数和射击诸元计算、目标分配和辅助决策,并对单个或多个地空导弹火力单元实施指挥控制的人机系统。指挥自动化系统主要包括指挥控制设备、相应的传感器或传感器网、配套的通信系统和各种外部接口等。

(6)支援保障系统,为直接作战装备提供电气能源、导弹补充装填、导弹测试准备、维修保障等技术支援,以确保武器系统能可靠地连续作战。支援保障系统主要包括运输装填设备、维修检测设备、能源和供电设备和后勤保障设备等。

2.空空导弹武器系统

空空导弹武器系统一般由载机平台、空空导弹系统和机载火控系统组成。

载机是空空导弹的挂载和发射平台,主要用于将空空导弹携带到指定空域,按照规定的程序发射空空导弹并攻击目标。载机一般包括战斗机、武装直升机等。

机载火控系统是机载火力与指挥控制系统的简称,主要用于实现战场态势感知、目标信息探测与指示、空空导弹攻击区计算等。通常由外挂管理子系统、目标搜索跟踪子系统、机载惯性制导子系统、任务计算机和显示控制子系统等组成。

空空导弹系统包括空空导弹、导弹发射装置、地面测试和保障设备等。空空导弹通常由导引系统、飞控系统、推进系统、能源系统、引战系统、弹体系统和数据链组成;导弹发射装置主要用于实现空空导弹与飞机的挂装、能源供给、信息传送,并按照时序要求配合空空导弹完成安全分离;导弹发射装置通常有导轨式和弹射式;地面测试设备主要用于对空空导弹和发射装置进行功能和性能指标的检查和测试;地面保障设备用于在导弹检测、对接、运输等使用中提供各种保障支持。

3.舰空导弹武器系统

舰空导弹武器系统一般由舰空导弹、舰艇上的导弹射击控制系统、探测跟踪设备、水平稳定和发射装置、弹库以及各种技术保障装备和辅助设备等构成。

舰空导弹武器系统主要包括舰面导弹武器系统和技术支援系统两大部分。

(1)舰面导弹武器系统。舰面导弹武器系统包含舰空导弹、目标探测系统、制导控制系统、火力控制系统、指挥控制系统、射检发控系统、发射系统以及舰上弹库和输弹装置等。

舰空导弹一般由弹体、制导控制系统、引信战斗部、固体火箭发动机、弹上能源系统五部分组成。

目标探测系统用于搜索、发现和识别空中目标,测定目标的坐标和运动参数,并向舰空导弹武器提供目标指示。目标探测系统按探测波段可分为雷达和光学设备两类,按工作方式可分为主动式和被动式两类。目标探测系统通常由目标搜索设备、目标识别设备和目标指示设备组成。

制导控制系统的任务是制导、控制导弹沿着预定的弹道运动,以尽可能高的精度接近目标,在导弹引信和战斗部的良好配合下,以最高的杀伤概率摧毁目标。制导控制系统由舰面制导系统和弹上制导系统组成。舰面制导系统通常由雷达、计算机、数据传输系统、指令形成和发送装置等组成,它是获取目标和导弹信息,按一定导引规律控制导弹飞行的弹外设备。弹上制导系统通常指按照选定的引导规律,不断调整和修正导弹的飞行路线,导引和控制导弹飞向目标的软件和硬件的集合。

火力控制系统是舰艇上对舰空导弹提供射击诸元和控制发射的系统。其主要功能如下:实现对空中目标的搜索和跟踪、接受目标指示参数并进行处理;实施发射装置位置技术和调转控制;计算导弹的拦截条件和判断发射条件,实施对舰空导弹的自动发射;实施对舰空导弹的引导控制,直至击毁目标。火力控制系统一般包含导弹发射控制系统和导弹舰面制导系统两部分。

指挥控制系统是全舰指挥控制系统的组成部分,包括指挥决策系统和显示系统两个部分,担负着整个舰空导弹武器系统的指挥、控制、空情处理、综合显示和数据管理等任务。其主要设备是高性能的计算机,以及指挥决策应用软件系统。

射检发控系统是火力控制系统与导弹发射装置之间的接口设备,用于按规定的程序进行导弹发射前的检查准备和初始数据的装订,并按火控系统的指令完成舰空导弹发射工作。

导弹发射系统主要由发射装置和控制设备组成,是发射导弹必不可少的专用设备。根据发射方式不同,有倾斜发射和垂直发射两种类型。垂直发射可分为"冷发射"和"热发射"两种工作方式。垂直发射具有舰面空间利用率高、装弹数量大、全方位发射、反应时间短、发射速率高等优点,是第四代舰空导弹武器系统普遍采用的发射方式。

(2)技术支援系统。技术支援系统包含岸基技术支援系统和舰载技术支援系统两部分。其中,岸基技术支援系统包括导弹技术准备系统、导弹维修保障系统和舰载制导雷达标校系统三个子系统;舰载技术支援系统包括舰载在线测试维护系统和舰载数据记录分析系统两个子系统。

1.1.3 导弹组成

不论是地空导弹武器系统、空空导弹武器系统,还是舰空导弹武器系统,其核心是导弹,尽管各种系统的导弹不尽相同,但通常都由弹体系统、推进系统、制导系统、引战系统和能源系统组成。

1. 弹体系统

弹体系统由弹身和翼面等组成,它将导弹各个部分有机地构成一个整体。弹身由各个舱段组成,用来容纳仪器设备,同时还能提供一定的升力;弹翼是产生升力的结构部件;舵面的功能是按照制导系统的指令操纵导弹飞行的。弹体系统通常应具有良好的气动外形以实现阻力小、机动性强的要求,具有合理的部位安排以满足使用维护要求,具有足够的强度和刚度以满足各种飞行状态下的承力要求。

2. 推进系统

推进系统为导弹飞行提供动力,使导弹获得所需要的飞行速度和射程。它由发动机及其他相关部件和设备组成。目前防空导弹上使用的发动机都是喷气发动机。喷气发动机一般可分为火箭发动机、空气喷气发动机和组合发动机。

3. 制导系统

制导系统是用来控制导弹飞向目标的一种设备和装置。它包括导引系统和控制系统两部分。导引系统通过探测或测量装置获取导弹相对理论弹道或目标的运动偏差,按照预定设计好的导引规律形成控制指令,并将控制指令送给控制系统。控制系统根据导引指令,操纵导弹飞向目标,控制系统的另一功能是保持导弹飞行姿态的稳定。

4. 引战系统

引战系统由引信、战斗部和安全执行机构组成,其功能是导弹飞行至目标附近或碰撞目标后,对目标进行探测识别并按照预定要求引爆战斗部毁伤目标。引信的作用是适时地引爆战斗部,使战斗部对目标造成最大程度的杀伤,常用的引信有近炸引信和触发引信;战斗部是导弹的有效载荷,是直接用来摧毁目标的部件,其威力大小直接决定了对目标的毁伤程度,防空导弹常用的战斗部形式有破片式、离散杆式、连续杆式等。安全执行机构用于导弹在地面勤务操作中、导弹发射后飞行一定的安全距离内,确保导弹战斗部不会引爆,而在导弹飞离一定的时间和距离后,确保导弹能够可靠地解除保险,根据引信的引爆信号引爆战斗部。

5. 能源系统

能源系统是指导弹系统工作时所需要的各种能源,主要有电源、气源和液压源等。电源有各种电池,主要用于给发射机、接收机、弹载计算机、电动舵机、陀螺和加速度计、电路板、引战系统等供电;气源有各种介质的高压气体和燃气,主要用于气动舵机、导引头气动角跟踪系统的驱动以及红外探测器的制冷等;液压源主要用于液压舵机的驱动等。

1.2 战术技术要求

战术技术要求是导弹系统的基本作战使用要求和技术性能要求的总称。它由作战任务和技术上实现的可能性来确定,是研制导弹系统的基本条件和原始依据。一般由军方根据战略战术任务、未来的战斗设想、科学技术水平和经济能力等因素向承制方提出,也可由军方和承制方一起进行论证,同时也是军方的验收标准。防空导弹的主要战术技术要求包括战术要求、技术要求及使用维护要求等三方面的内容。

1.2.1 战术要求

战术要求是指导弹能有效地完成预定战斗任务方面的要求,包括导弹性能、目标特征、发射条件、导弹单发杀伤概率、制导系统的主要特性、导弹的作战能力和作战区域等。

1. 导弹性能

导弹的性能实质上指的是导弹的作战能力,主要包括飞行性能、制导精度、威力、突防能力和生存能力、可靠性、使用性能、经济性能等。对于地对空导弹,应包含作战高度、飞行速度(最大速度、平均速度、导弹与目标的最大和最小相对接近速度)、杀伤斜距、航路捷径、最大高低角等。对于空对空导弹,应包含最大高度、最小高度、常用高度、飞行速度、攻击距离、发射允许过载和最大工作时间等。

2. 目标特征

所谓目标特征,是指目标的类型、运动学特性和电磁特性。通常,设计一种导弹要能对付一类或者几类目标,要做到应使导弹性能针对目标的性能,设计时必须设定有目标的典型特性资料(目标速度、飞行高度、机动性能、易损性等)。

目标的类型通常指防空导弹武器系统能拦截的目标的种类,主要包括飞机类目标、导弹类目标。由于不同类型的目标具有不同的特性,因此,防空导弹能拦截的目标类型越多,其性能就越好。

目标的运动学特性包括目标的速度特性和机动特性。目标的速度特性是指能拦截目标的最大速度和最小速度。目标的机动特性是指目标规避防空导弹攻击的能力,通常用目标的机动过载来描述目标的机动能力。

目标的电磁特性主要是指目标的雷达反射截面,目标的雷达反射截面越小,防空导弹武器系统探测发现、跟踪目标的距离就越近,系统射击准备的时间就越短,跟踪射击难度就越大。

3. 发射条件

发射条件包括发射方式、发射速度、武器系统反应时间、火力转移时间等。对于地对空导弹,应说明发射点的环境条件、作战单位发射点的布置、发射点数、发射方式、发射速度等。对于空对空导弹,应说明载机的性能,悬挂和发射导弹的方式,瞄准方式和发射方位角、距离等。

对于水上或水下发射的导弹,应说明运载舰艇、潜艇的主要数据,发射方式及条件等。

4. 导弹单发杀伤概率

导弹的单发杀伤概率(毁伤概率)是单枚导弹在规定条件下,对给定目标的毁伤概率,它决定了导弹杀伤一个目标所需的平均导弹数量。它是导弹武器系统最重要的、最能代表性能优劣的主要综合战术指标。导弹单发杀伤概率除了取决于制导精度、导弹和目标的遭遇参数、引信和战斗部的配合效率、战斗部的威力大小等因素外,还与目标要害部位分布情况及目标的易损性有关。导弹的成本昂贵,要求摧毁一个目标不能发射很多枚导弹,通常要求摧毁一个目标要小于 3 枚导弹,因此,导弹的单发杀伤概率,在战术技术指标中一般要求不低于 0.5,通常要求为 0.7～0.8。

5. 制导系统的主要特性

制导系统与目标探测和导弹制导装置发现目标、跟踪目标以及制导导弹的空域有关,包括发现目标的距离与概率、导引误差、制导精度、抗干扰能力等。

6. 导弹的作战能力

导弹的作战能力主要指对于单个目标和群体目标的作战能力,发射导弹的准备时间,二次发射的可能性等。

7. 作战区域

作战区域是指导弹保证以给定概率杀伤目标的三维空域或二维地面区域,对不同性能的目标有不同的作战区域。防空导弹的作战区域一般用导弹的杀伤区表达。

1.2.2　技术要求

(1)导弹的外廓尺寸及起飞质量限制。导弹的质量和几何尺寸在很大程度上影响导弹武器系统的机动能力和作战使用,与其飞行速度、射程、过载能力等指标密切相关,是导弹总体方案设计中非常重要的问题,因此一般要提出限制。

(2)弹上控制系统的质量和尺寸。

(3)导引方法。

(4)动力装置、推进剂类型、质量与尺寸。

(5)材料的要求、限制及来源。

(6)作战环境条件。主要包括气候条件和地理条件或海情等。气候条件包括温度、湿度,发射时的风速,昼、夜,雨、雪、云、雾等天气情况,最主要的是气温极限值和空气相对湿度。通常,导弹武器系统使用的气温最低为 −50℃,最高为 +55℃,相对湿度极限为 98%。地理条件通常包括海拔高度及地形起伏要求,海拔高度影响地面制导系统、电子通信系统等工作,影响导弹的气动及飞行性能,一般防空导弹使用高度不超过 3 000 m。地形起伏造成地面雷达、通信设备的地形遮蔽,影响它们的作用距离。海情是海上导弹武器系统的重要环境,通常在战术技术指标中规定作战的海情级别,例如舰空导弹要求能在五级海情下作战。

(7)弹体各舱段的气密性、防湿性要求。

(8)成批生产的规模、生产条件、设备。

(9)导弹的研制周期及成本。

对于以上所述各项,已有许多规范,这些规范都有着通用性、完整性、适应性、相关性和强制性。例如,导弹武器系统的总规范、导弹设计和结构的总规范、导弹武器系统包装规范和通用设计要求、地面和机载导弹发射装置通用规范、军用装备的气候极值、运输和贮存标志等各方面都做了明确的规定。

1.2.3 使用维护要求

导弹从勤务处理到发射、飞行直到命中目标的整个与操作有关的过程均属使用过程,在此过程中的一系列有关要求,包括运输与维护要求和使用操作要求。主要有以下几方面:

(1)部件互换能力。

(2)在技术站进行装配的快速性及自动检测设备工作状态的要求。

(3)装配、检验、加注推进剂、安装战斗部的安全条件。

(4)战时维修的简便性。

(5)导弹的贮存条件及时间。

(6)导弹定期检查的工作内容,接近设备的开蔽性、可达性。

(7)导弹包装、运输方式及条件等。

(8)导弹的使用期限、超期服役和定期检查的期限。

1.3 导弹的研制过程

导弹武器系统的研制工作是一项复杂的系统工程,涉及许多技术领域和部门,从设计方案的提出到成批生产和投入使用,要经过一个很长的过程。因此,遵循科学的研制程序,是组织型号研制工作的基本要求,也是搞好武器系统总体设计与试验工作必须遵循的客观规律。

导弹武器系统研制目的是实现使用方提出的战术技术指标要求,为此,研制前就要组织总设计师系统和行政指挥系统,建立责任制,制定研制程序和阶段计划,建立质量可靠性管理系统、标准化管理系统、经济管理系统,各司其职,密切配合,确保研制质量和合理使用研制经费。

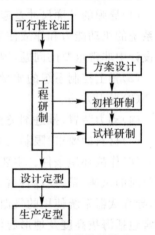

图 1-1 导弹的研制过程

为了能清楚地说明导弹设计这一复杂的技术过程,可把它分为若干阶段。研制阶段的划分,各国不一,各型号也略有区别,但完成的技术工作内容大体上是一致的。一般来说,导弹武器系统的研制过程,大致划分为以下几个阶段:可行性论证、方案设计、初样研制、试样研制、设计定型、生产定型。其中,方案设计、初样研制、试样研制又统称为工程研制阶段,如图 1-1 所示。另外,在上述研制过程的首尾,还分别有战术技术指标要求的拟定和武器系统试用两个阶段,这两个阶段的工作都是以使用方为主的,但研制方都有一些相应的工作,可视为研制过程的前提和继续。

1.3.1 可行性论证阶段

在开始进行正式设计之前,订货部门与研制部门共同拟定导弹设计的战术技术要求,作为研制导弹的依据。

可行性论证是对使用方提出的战术技术要求作综合分析,论证技术上、经济上和研制周期上的可行性,它一般包括作战使命、有效射程、导弹质量和轮廓尺寸、飞行速度、作战空域、命中概率(或命中精度)和发射条件等,除此以外,有关制导方式、动力装置类型、战斗部形式和质量,导弹几何尺寸、可靠性指标、使用环境、研制周期和费用等,则应根据前述的技术要求,经论证协商后决定。

可行性论证阶段的主要任务是,根据使用方提出的战术技术要求,充分考虑预先研究成果、国家现有的技术与工业水平、经济条件、资源条件和继承性等因素,逐条分析战术技术要求在技术上、经济上和周期上实现的可能性,提出武器系统总体方案设想、可供选择的主要技术途径、可能达到的指标及必须进行的支撑性预研工作、研制周期、经费估算的建议。

1.3.2 工程研制阶段

工程研制阶段包括方案设计阶段、初样研制阶段和试样研制阶段。

1. 方案设计阶段

方案设计阶段是根据批准和下达的型号战术技术指标要求,确定导弹武器系统总体方案,突破主要关键技术、完成总体及各分系统设计的阶段。该阶段是型号研制的决策阶段。

该阶段的主要任务是,根据批准的型号战术技术指标要求,对型号研制做出全面的规划和部署,通过对多种方案和技术途径的分析比较,优选出战术性能好、使用方便、成本低、研制周期短的总体方案和分系统方案,提出总体及分系统的主要技术指标,完成主要关键技术研究和必要的试验验证工作,并在此基础上完成总体及各分系统原理样机的设计工作。统筹规划大型试验项目及其保障条件,制定飞行试验的批次状态和分系统对接试验的技术状态和要求;此外还需制定型号质量与可靠性工作大纲、标准化大纲,及其他技术管理保障措施,确定研制程序和研制周期,概算研制经费,编制经费使用计划。

2. 初样研制阶段

初样研制阶段的主要任务是,解决所有关键技术问题,完成各分系统的初样研制,用工程样机(初样)对总体设计、工艺方案进行实态验证,进一步协调技术参数和安装尺寸,完善总体及各分系统设计方案,为飞行试验样机(试样)研制提供较准确的技术依据。在这一阶段,各分系统进行初样设计、单机生产、单机试验和分系统的初样综合试验,以及发动机的地面试验。总体进行工程设计与加工,研制初样弹(模样弹或地面试验弹),进行总体初样弹试验,包括气动、静力、分离、全弹振动和全弹初样综合匹配试验等。完成总体和分系统的技术指标协调,拟定试样技术状态。

3. 试样研制阶段

试样研制阶段是通过试验样机的飞行试验,全面检验与验证导弹武器系统性能的阶段。

该阶段主要任务是,在修改初样弹设计和生产工艺的基础上研制试样弹(一般为遥测试验弹),进行飞行试验,全面鉴定武器系统的设计和制造工艺。这一阶段主要工作是进行总体和分系统试样的设计与加工,进行各种遥测试验弹(模样弹、自控弹、自导弹)等试制,完成各种状态试样弹的地面试验和飞行试验。

地面试验一般有系统仿真和模拟试验、弹上系统地面联试、全弹强迫振动试验、火控系统联试、导弹系统对接试验及全弹环境试验等。

飞行试验包括模样弹、自控弹、自导弹和战斗弹等阶段的飞行试验,并通过遥测和弹道外测获取试验数据。各弹种飞行试验是否都要进行,应根据导弹型号的继承性和技术上的成熟程度来决定。模样弹主要考核导弹的运动稳定性、弹道特性、射入散布、发动机性能、弹体结构及级间的分离特性等;自控弹主要考核导弹自动驾驶仪的飞行控制特性,通过飞行试验协调技术参数,完善控制系统设计参数;自导弹主要考核制导大回路闭合后的导弹飞行性能;战斗弹则主要用于对战斗部性能进行试验验证。

试样阶段也可按模型遥测弹研制、独立回路遥测弹研制、闭合回路遥测弹研制、战斗(遥测)弹研制等阶段进行划分。

(1)模型遥测弹研制阶段。模型遥测弹一般由弹体系统、推进系统和遥测系统组成,主要考核导弹的飞行稳定性、速度特性、弹道特性、发射问题及发射动力学特性、发动机性能和弹体结构等。对于二级导弹要研究级间分离特性;对于筒式发射导弹要检验筒弹动态协调特性和发动机燃气流影响问题。

在此要编写《模型遥测弹飞行试验大纲》,提出《独立回路遥测弹设计任务书》及《模型遥测弹研制报告》。

(2)独立回路遥测弹研制阶段。独立回路遥测弹可分为开环独立回路遥测弹和闭环独立回路遥测弹。

开环独立回路遥测弹由弹体系统、推进系统、稳定控制系统部分设备、能源系统、程序装置和遥测系统等组成。研制目的是通过程控飞行试验,检验导弹的空气动力特性和弹体运动特性。利用飞行试验所获得的遥测数据和外弹道测量数据,通过参数辨识,可以获得更接近实际的导弹气动数据和弹体运动模型。

闭环独立回路遥测弹主要是考核导弹-自动驾驶仪综合体的稳定控制特性,要求稳定控制系统(自动驾驶仪)要全部参加工作。

在此要编写《独立回路遥测弹飞行试验大纲》和《独立回路遥测弹研制报告》,提出《闭合回路遥测弹设计任务书》。

(3)闭合回路遥测弹研制阶段。闭合回路遥测弹由弹体系统、推进系统、稳定控制系统、制导控制系统、能源系统和遥测系统等组成。研制目的是检验导弹在制导控制系统工作条件下的工作性能。闭合回路遥测弹飞行试验一般也是全武器系统的闭合回路试验。其目的是全面检查武器系统的发射控制、制导控制系统的性能和制导精度。

在此要编写《闭合回路遥测弹飞行试验大纲》和《闭合回路遥测弹研制报告》,提出《战斗弹(遥测)设计任务书》。

(4)战斗(遥测)弹研制阶段。战斗弹是防空导弹的最终设计状态。其研制目的是全面检查所研制导弹的战术技术性能,尤其是要通过对实体靶标射击检查引战配合效率、战斗部杀伤目标能力和导弹杀伤效率。

为了确切判断导弹飞行情况下可能出现的故障部位以及研究弹上各系统工作情况,经常使用战斗遥测弹,即在弹上装小型化遥测系统。近年来由于超小型化遥测系统的发展,某些新研制的防空导弹具有遥测接口,在批量生产抽检试验和部队训练打靶时,在技术阵地可以装上遥测系统,将战斗弹改装成战斗遥测弹,以获得导弹飞行时的弹上各系统的遥测数据。

在此要编写《战斗弹飞行试验大纲》《战斗弹研制报告》和《导弹技术说明书》。

1.3.3 设计定型阶段

设计定型阶段是使用方对型号的设计实施鉴定和验收,全面检验武器系统战术技术指标和维护使用性能的阶段。

该阶段的主要任务是,完成型号定型的地面试验和靶场飞行试验,根据飞行试验和各种鉴定性试验结果,全面检验导弹的性能指标,按照原批准的型号研制任务书评定导弹武器系统的战术技术性能。研制单位的主要工作是参与地面试验和飞行试验,对试验结果进行分析,并整理定型设计技术资料,提出型号定型申请报告。

设计定型具体的内容包括弹上各系统、导弹地面试验、靶场飞行试验、导弹作战使用和维护性能鉴定和定型、设计文件资料定型等。

1.3.4　生产定型阶段

通过设计定型之后,武器系统即可转入批量生产并装备部队阶段。导弹工程研制阶段主要是解决设计问题,一般其生产工艺和工装还不够完善,因此,生产阶段的初期,应先经过小批量的试生产,充实完善工艺装备和专用设备,解决工程研制阶段遗留的工艺技术问题,待产品的生产质量稳定之后,通过生产(工艺)定型,才能转入大批量生产。特别是要从提高可靠性、提高劳动生产率和降低成本出发进一步改进生产工艺,建立健全质量控制保证体系和各种规章制度。

该阶段的主要任务是对产品的批量生产条件进行全面考核,以确认其符合批量生产的标准,稳定质量、提高可靠性。

需要提及的是,导弹武器系统的研制程序并不是一成不变的,要视战术技术要求情况,阶段的划分可增可减。

1.4　防空导弹的发展历程

防空导弹已成为现代战争中首选的防御武器,它的发展一方面是科技进步的推动,但更为有力的还是来自军事需求的牵引。迄今为止,防空导弹已有60余年的发展历史,世界各国已装备和在研导弹有上百种,并且还在不断地丰富种类、提高和完善性能,以适应未来战争的需要。

1.4.1　地空导弹发展历程

早在第二次世界大战末期,德国利用当时的火箭技术、空气动力学和电子技术的成就发展了两种亚声速地空导弹"龙胆草"和"蝴蝶"与两种超声速地空导弹"莱茵女儿"和"瀑布",但都未研制成功、装备使用。德国导弹专家所积累的经验,为第二次世界大战后美、苏、英等国的导弹发展打下了坚实的基础。这一阶段可称为地空导弹发展史的序幕,随后,地空导弹的发展经历了四个阶段。

(1)从第二次世界大战结束到20世纪50年代末期是地空导弹发展的第一阶段(重点解决飞机和高炮打不着的问题)。第二次世界大战结束以后,随着航空技术的发展,飞机的作战高度不断提高,主要的空中威胁是高空侦察机、中空和高空轰炸机,而当时最大口径高炮的射高仅为13 km左右,无法对这些目标进行有效的打击。在这种情形下,美、苏、英等国相继研制了"奈基-2""黄铜骑士""波马克""警犬""SA-2"等12种第一代高空地空导弹。这一代导弹的共同特性点是中高空、中远程,最大射程为30~100 km,最大作战高度达30 km。导弹推进系统多为液体火箭发动机;制导控制系统采用了驾束制导、指令制导和半主动寻的制导,稳定控制系统为模拟式;电子设备以电子管为主体,体积大、稳定性差;一个导弹系统只能射击1个目标(单目标通道)。这些地空导弹的共同缺点是笨重、机动性差、抗干扰能力低、地面设备庞大("SA-2"的地面车辆多达50多辆)和使用维护复杂。

(2)从20世纪60年代初期至70年代中期是地空导弹发展的第二阶段(重点应对低空突防和电子对抗)。由于中高空地空导弹武器的发展,特别是雷达技术的发展,迫使空袭兵器由中高空转向低空、超低空飞行和电子对抗技术,以便利用第一代地空导弹武器的低空盲区进行突防。这一阶段研制出40多种导弹,其中具有代表性的为美国的"霍克",苏联的"SA-6"和"SA-8"地空导弹,英国的"长剑"和"海狼"地空导弹,法国的"响尾蛇"地空导弹,德国和法国联合研制的"罗兰特"地空导弹以及瑞典的"RBS-70"地空导弹等。这一阶段的发展重点是低空和超低空地空导弹,同时强调防空火力的快速反应能力(快速调转周期大都在3~4 s),其技术水平较第一阶段有明显的提高。在推进系统方面淘汰了液体火箭发动机,主要使用固体火箭发动机、冲压发动机,以及火箭-冲压复合推进系统。固体火箭发动机双推力技术、安全技术和光电效应研究也取得了很大进展。在制导控制系统方面,除无线电指令制导外,红外制导和激光制导等得到了很大发展,并且由单一制导方向转向了复合制导,导弹的抗干扰能力有了很大提高。由于非线性空气动力学的发展,导弹的气动布局有了新的突破,例如采用了展弦比非常小的长脊鳍形弹翼。此外,地空导弹的快速反应技术、筒式热发射技术、自旋导弹技术以及自动化检测技术等均取得了明显的发展。在杀伤技术方面出现了破片聚焦战斗部和多效应战斗部,提高了导弹的杀伤概率。与第一代地空导弹相比,第二代地空导弹的特点主要体现在强调系统的低空性能、提高导弹机动能力与射击精度、系统小型化与增强机动性等。

(3)从20世纪70年代中期至90年代后期是地空导弹发展的第三阶段(重点解决抗饱和攻击和防区外导弹攻击问题)。针对第一、二代地空导弹战术特征,特别是多为单目标通道的特点,空袭方式发生了重大变化,大幅度提高了空袭的密度。在干扰机的掩护下多波次、全高度的饱和攻击成为此阶段空袭的最主要特征。多架飞机从一个通道高密度突防,只需付出少量牺牲,即可形成多架飞机突防,进入地空导弹所保卫目标的上空进行空袭。空中威胁的新变化又促使地空导弹向着抗干扰、抗饱和攻击、对付多目标、实现全空域拦截的方向发展,既能反飞机也能反战术弹道导弹(TBM)和巡航导弹。于是就出现了具备全空域、多目标拦截能力的第三代地空导弹。典型代表为美国的"爱国者-2"和苏联的"C-300"系列,它们都具有反战术弹道导弹的能力。在空气动力方面采用了无翼式布局和大攻角技术;推进系统采用高能推进剂,导弹采用相控阵雷达和复合制导技术,弹上制导控制系统和稳定控制系统采用数字控制技术。在可靠性与维修性方面也得到了很大提高,例如"C-300B"导弹达到了"10年不检测"的使用水平。与第二代地空导弹相比,第三代地空导弹的特点主要体现在具备全空域内的作战能力、实现了真正的多目标射击能力、较强的电子对抗能力等。

(4)从20世纪90年代中期至现在是地空导弹发展的第四阶段(重点突出防空反导)。20世纪80年代中期到90年代初期,空袭体系的组成和作战方式发生了重大变化,其主要特点为:包括预警指挥机、侦察机、掩护干扰机、防空突击机、护航歼击机和对地攻击机的空袭体系逐渐形成;精确制导武器(包括空地反辐射导弹、巡航导弹、各种制导炸弹等)获得了广泛的应用,并且显示出巨大的潜在威胁;防区外攻击战术的应用;战术弹道导弹的应用;隐身飞机的应用等,这些都成了空袭的主要威胁。因此,迫切需要地空导弹增大射程、能够将预警机纳入防区内,将防区外攻击的飞机归入防区内。迫切需要提高地空导弹的制导控制精度,减轻远射程防空导弹发射质量,适应远程作战的需要。为了对付弹道导弹和近距离直接杀伤空袭兵器,特别是从地面和舰艇发射的巡航导弹,也必须提高地空导弹制导控制精度,以便能有效地摧毁这些空袭武器。在强大的需求牵引下,与第三代地空导弹相比,第四代地空导弹除了具有第三代应具有的能力和特点外,更加强调反战术弹道导弹,具有超远程、反隐身目标、体系作战的能力。其最具特色的技术包括体系作战管理技术、直接碰撞杀伤目标的直接力控制导弹技术、有源相控阵雷达及组网技术等三大关键技术。第四代地空导弹的制导控制精度比第三代地空导弹提高达一个数量级,可在大气高层(高度 40 km 以上)和大气层外(对 TBM 和军事卫星)实现直接碰撞。典型代表为美国的"爱国者-3"改进型、俄罗斯的"C-400"、欧洲的"紫苑"系列等。

1.4.2　空空导弹发展历程

空空导弹于 20 世纪 40 年代问世,1958 年首次投入实战,迄今已有半个多世纪了。半个多世纪以来,发射平台的性能、目标的辐射特性和运动特性以及空战对抗特性等都发生了巨大变化,空战战术的不断发展以及各种新理论、新技术、新材料在空空导弹设计制造中的不断应用,使空空导弹技术获得了迅速的发展,空空导弹由最初的无制导火箭弹发展到现在的制导方式多样化、远、中、近距系列化和海、陆、空三军通用化的空空导弹家族,已经成为世界各国的主要空战武器。主动雷达导引、红外成像技术和复合制导技术等一些标志性关键技术的突破,也使空空导弹性能有了质的变化,从而在战术使用上也更加灵活。目前,红外型空空导弹和雷达型空空导弹都已经发展了四代,美、俄等国家目前正在积极开展第五代空空导弹的研究工作。

1. 红外型空空导弹

红外型空空导弹具有体积小、质量轻、适用性强、维护和使用方便等特点,不需要复杂的雷达火控系统配合,可以装备小型廉价的战斗机。正由于这些特点,红外型空空导弹自 20 世纪 40 年代问世以来就成为世界上装备最广、生产数量最多的导弹。

(1)第一代红外型空空导弹采用敏感近红外波段的非制冷单元硫化铅光敏元件,信息处理系统采用单元调制盘式调幅系统,导弹探测能力、抗干扰能力、跟踪角速度、射程以及机动能力有限,导弹只能以尾后追击方式攻击亚声速飞行的轰炸机。典型代表有美国的"AIM-9B"、苏联的"P-3"等。

(2)第二代红外型空空导弹开始采用制冷硫化铅或制冷锑化铟探测器,敏感波段延伸至中红外,信息处理系统有单元调制盘式调幅系统和调频系统,导弹探测灵敏度和跟踪能力较第一代红外型空空导弹有了一定的提高,导弹可以从尾后稍宽的范围内攻击超声速飞行的轰炸机和早期的战斗机等目标。典型代表有美国的"响尾蛇 AIM-9D/E"、法国的"玛特拉 R-550"以及苏联的"P-80"等。

(3)第三代红外型空空导弹采用高灵敏度的制冷锑化铟探测器,信息处理系统有单元调制盘式调幅系统或调频调幅系统和非调制盘式多元脉位调制系统,导弹探测灵敏度和跟踪能力较第二代红外型空空导弹有了较大的提高。导弹可以从前向攻击大机动目标,导弹的位标器能够和飞机的雷达、头盔随动,能够离轴发射,方便飞行员捕获目标,为空空导弹的战术使用提供了便利。典型代表有美国的"响尾蛇 AIM-9L/M"、法国的"R-550 Ⅱ"和苏联的"P-73"等。

(4)第四代红外型空空导弹主要针对近距格斗和抗强红外干扰的作战需求进行设计,采用了红外成像制导、小型捷联惯性制导、气动力/推力矢量复合控制以及"干净"弹身设计等新技术,可以有效攻击载机前方±90°范围内的大机动目标,达到"看见即发射",并具有发射后截获的能力,甚至可以实现"越肩"发射,降低了载机格斗时的占位要求,同时具有优异的抗干扰能力。典型代表主要有美国的"响尾蛇 AIM-9X"、英国的"ASRAAM"、以德国为主多国联合研制的"IRIS-T"等。

2.雷达型空空导弹

雷达型空空导弹的基本特征是采用雷达导引系统,它靠接收空中目标自身辐射或反射的无线电波,经信号处理,获取导弹制导误差信息,引导导弹飞向目标。半个多世纪以来,雷达型空空导弹的研制型号达 50 多种。

(1)第一代雷达型空空导弹采用雷达驾束制导,导弹只能以尾后±45°范围内追击亚声速小机动飞行的轰炸机目标,导弹的射程在 3.5~8 km。典型代表有美国的"猎鹰 AIM-4"和"麻雀 AIM-7A"、苏联的"碱 PC-1Y"等。这一代导弹机动能力和抗干扰能力较差,使用效果不理想,很快被第二代所取代。

(2)第二代雷达型空空导弹采用圆锥扫描式连续波半主动制导,导弹可以尾追攻击和前方上视拦截有一定机动能力的目标,导弹的射程超过了 20 km,最大飞行马赫数达到了 3,但导弹低空下视能力差。典型代表有美国的"麻雀 AIM-7E"、苏联的"灰 P-80"等。

(3)第三代雷达型空空导弹采用了单脉冲半主动导引头,能够全天候、全方位、全高度攻击大机动目标,下视下射能力也有所提高,导弹的最大发射距离可达 40~50 km。半主动的制导体制要求载机发射导弹后机载雷达必须一直照射目标,直至导弹命中目标,因而存在载机脱离距离近,生存能力低等不足。半主动制导体制也无法实现多目标攻击和远距离攻击等。典型代表有美国的"麻雀 AIM-7F/M"和俄罗斯的"P-27"等。

(4)第四代雷达型空空导弹采用数据链修正+惯性中制导+主动雷达末制导的复合制导体制,具有发射后不管和多目标攻击的能力;采用高性能固体火箭发动机作为动力装置,从而使导弹的射程更远、速度更快,导弹的射程超过了 70 km,最大飞行马赫数达到了 5;采用制导/控制/引战系统一体化的设计技术,提高了导弹对各类目标的毁伤效率;采用先进的抗干扰技术,提高了导弹在强电子干扰环境下的作战能力。典型代表有美国的"AIM-120C"、法国的"MICA-EM"、俄罗斯的"P-77"等。

1.4.3 舰空导弹发展历程

舰空导弹发展过程大致可分为四个时期。

(1)第一阶段为 20 世纪 50 年代至 70 年代初,当时水面舰艇的主要威胁是携带炸弹的各种飞机,因此,第一代舰空导弹主要是对付中高空目标,用于水面舰艇打击各类来袭飞机。这一时期的舰空导弹系统反应时间长、可靠性低、体积和质量大、杀伤空域小、抗干扰性能差、拦截低空目标能力差、作战范围有限和火力不足等。典型代表有美国的"三 T"系统("黄铜骑士""小猎犬"和"鞑靼人"),苏联的"海浪"(SA-N-1),"风暴"(SA-N-3),"奥萨"(SA-N-4),英国的"海蛇",法国的"玛舒卡"等。

(2)第二阶段为 20 世纪 70 年代至 80 年代,各种反舰导弹的陆续装备开始成为水面舰艇的主要威胁,并出现了低空突防、电子干扰等新的战术。第二代舰空导弹开始发展相应的低空反导能力,系统的反应时间也大大缩短,抗干扰能力有所增强,出现了具有反导能力的各类舰空导弹武器。其中,以美国的"标准"和"海麻雀"、英国的"海狼"、法国的"海响尾蛇"、苏联的"黄蜂(SA-N-4)"等最为典型。其特点为,采用多种制导体制,导弹命中精度高,系统反应时间较短,低空性能好,具有一定的拦截中低空目标的能力,系统体积、质量相对较小,导弹可靠性提高。

(3)第三阶段为20世纪80年代至90年代,随着新技术的发展,战场环境日益复杂多变,多目标饱和攻击、低空或超低空突防、电子对抗等已成为通用战术,舰空导弹遇到了新的挑战,其发展也进入了新的时期。其中,以美国海军大力发展的"宙斯盾"防空导弹武器系统最为典型。这一代舰空导弹武器系统除具有第二代的导弹命中精度高、低空性能好、可靠性高的特点外,还具有以下特点:可同时进行360°全空域作战;火力强,具多通道、多目标拦截能力,可以抵抗目标饱和攻击的能力;系统反应时间短,导弹发射率高,从发现目标到导弹发射时间间隔为6~8 s,导弹采用垂直发射可达1发/s;装弹量大,特别是采用垂直发射装置,可使舰船携载上百枚防空导弹。

(4)第四阶段为21世纪以来,海上空袭作战体系对抗特征凸显,呈现规模大、强度高、信息化和超视距的态势,要求舰空导弹武器系统具备防空打飞机、低空拦截巡航导弹、高空反弹道导弹、太空反卫星等"四位一体"的作战能力,要求舰艇编队将其多个舰艇平台上的舰空导弹武器系统组建成网络化的舰空导弹武器系统,实现超视距协同反导作战能力。与第三代舰空导弹相比,其突出特点是远射程、高精度和高火力密度,即:①具有有效拦截各类飞航式导弹和战术弹道导弹的能力;②舰空导弹的射程幅度大,可达400 km或者更远;③导弹平均飞行速度和目标通道数大大提高;④反干扰能力和反隐身能力大大增强。

1.4.4 反导导弹发展历程

第二次世界大战结束后,世界进入了以美国和苏联为首的两大阵营全球争霸的局面。1957年8月21日,首枚洲际弹道导弹"SS-6"在苏联诞生。自此,弹道导弹的攻防对抗成为美苏争霸的重要战略手段,从此,也促使反导武器的诞生,到目前为止,反导武器的发展经历了四个阶段。

(1)1955年至1976年为反导武器发展的第一阶段,其主要任务是以核反导,保护核力量。在此期间,美国与苏联均研制装备了多个系列战略弹道导弹,为取得对己方有利的战略态势,美苏双方同时大力发展弹道导弹防御技术。限于当时精确制导与控制的技术水平,选用以核反导方式,虽有一定的副作用,却是当时的最佳防御手段。最具代表的型号是美国"奈基"X系统,它是一种双层的战略弹道导弹防御系统,有两种拦截弹,均使用核弹头。其中"斯帕坦"(Spartan)导弹用于在大气层外100~160 km高度拦截来袭的弹道导弹;"斯普林特"(Sprint)导弹用于在大气层内30~50 km高度拦截来袭的弹道导弹。

第一阶段弹道导弹防御系统的主要特征为,①采用指令制导,核战斗部,实施末段防御;②对拦截精度、目标识别要求不高;③在作战使用方面,采用以核反导会带来核辐射污染等负面影响,具有一定的潜在危害性;④重点用于保护陆基部署的报复打击力量。

(2)1983年至1993年为反导武器发展的第二阶段,以"星球大战"计划为代表。在美苏争霸最激烈的时期,美国的里根总统推出战略防御倡议(SDI)计划,以建立一个能够全面防御大规模核袭击的反导系统,试图"消除战略核导弹的威胁",完全"否定"苏联的战略核力量。SDI

计划能够对大规模弹道导弹攻击实施"天衣无缝"的全面防御(来袭弹道导弹的弹头数量为上万个),目标是以"相互确保生存"的防御系统,取代"相互确保摧毁"的核威慑力量,所要建立的弹道导弹防御系统采用各种类型的先进防御武器,以及天基与地基相结合,能够对来袭弹道导弹实施全程拦截,研究的防御武器包括激光和粒子束等各种定向能武器,以及电磁炮和动能拦截弹等各种动能武器。

第二阶段弹道导弹防御系统的主要特征为,①重点启动定向能与动能防御技术研究,逐步确认动能反导为优先发展方向;②采用全程"惯性制导+中段指令+末段寻的"制导方式;③防御规模逐步缩小,由防御 5 000~10 000 个大规模来袭弹头缩减至对付 200 个弹头的有限规模防御;④重视中段反导目标识别研究;⑤SDI 计划未能实现,但为美国后续反导技术发展奠定了坚实的基础。

(3)1993 年至 2001 年为反导武器发展的第三阶段,主要任务是发展战区导弹防御与国家导弹防御计划。此阶段开始于苏联解体,已不存在大规模的核威慑,而战术弹道导弹(TBM)已成为现实威胁。当时全世界有 30~40 个国家装备了 10 800 枚 TBM,并且在局部战争中已经开始使用。因此,1993 年克林顿民主党政府上台后,对共和党政府推行 10 年之久的 SDI 计划进行全面调整,将发展"战区导弹防御系统"(TMD)作为第一重点,将发展地基"国家导弹防御系统"(NMD)作为第二重点,降格为一项"技术准备"计划。

第三阶段弹道导弹防御系统的主要特征为,①大规模弹道导弹威胁消失,重点发展战区动能反导系统,保护海外部队与盟友,同时贮备国家导弹防御技术,防御有限弹道导弹对本土构成的威胁;②"爱国者"末段反导系统开始进入实战部署;③动能反导技术趋于成熟,动能毁伤的有效性逐渐得到验证与认可。

(4)2001 年至今为反导武器发展的第四阶段,其主要任务是全面发展一体化的弹道导弹防御系统。随着美国弹道导弹防御技术的迅速发展和日趋成熟,在苏联解体的背景下,为了研制和部署导弹防御体系以谋取战略上的绝对优势,布什总统在 2001 年 12 月 13 日正式宣布退出 1972 年美国与苏联签订的《反导条约》。自此以后,美国以技术援助、装备出口、联合研发等方式团结了盟国,拉开了与其他同家在反导技术上的差距,巩固了其在反导技术领域的领先地位,并逐步推行全球弹道导弹防御,谋求构建其全球利益新的反导保护伞。

弹道导弹防御系统(BMDS)的目的在于保卫美国本土、美军与盟友,能对付所有射程的弹道导弹,能在其所有飞行阶段拦截这些导弹。BMDS 包括末段低层防御、末段高层防御、中段防御、助推段防御,按部署位置分为地基、海基、天基防御系统等。

在发展动能拦截弹的助推段/上升段防御方面:一是进行天基动能拦截弹研究;二是以海军"标准-3"(SM-3)动能拦截弹为基础,研制携带助推段拦截器的高速、高加速助推火箭,发展海基助推段防御系统。

在中段防御方面,美国要发展的中段防御系统 MDS 用于保护美国全国,包括两大部分:一是地基导弹防御系统(GMD),拦截弹称为地基中段拦截弹(GBI),此即以前的 NMD 系统;二是海军"标准-3"防御系统。

GMD 系统的任务是发射 GBI 在地球大气层外拦截来袭弹道导弹弹头,由地基拦截弹上的大气层外拦截器(EKV)以碰撞方式摧毁这些来袭弹道导弹弹头。

海基中段防御系统是一种可以在海上机动部署的中段防御系统。依据部署位置的不同,该系统既可以拦截在中段的上升段飞行的弹道导弹,也可以拦截在中段的下降段飞行的弹道导弹。该系统以美国海军"宙斯盾"巡洋舰和驱逐舰上现有的设备为基础,主要由改进的"AN/SPY - 1"雷达、"宙斯盾"作战管理系统和新研制的"标准- 3"动能杀伤拦截弹等组成。

在末段防御方面,按照布什政府的计划,美国把末段高层区域防御(THAAD)系统、"爱国者 PAC - 3"系统等,统称为末段防御系统。其中,THAAD 系统负责对战术弹道导弹的末段高层区域防御,"爱国者 PAC - 3"系统负责对战术弹道导弹的末段低层防御。这两个系统是当前在技术上最成熟或接近成熟的弹道导弹防御系统,主要用于对近程和中程弹道导弹实施拦截。

THAAD 系统是美国陆军重点研制的一种机动部署的高空战区动能反导武器系统,由 X 波段监视与跟踪雷达、动能拦截弹、八联装导弹发射车以及指挥控制、作战管理与通信系统组成。主要用来防御射程 3 500 km 以下的弹道导弹,也具有防御更远射程弹道导弹的潜力。

"爱国者 PAC - 3"系统主要负责末段低层防御,由四个相控阵雷达、交战控制站、发射装置和拦截弹组成。导弹作战距离为 30 km,作战高度为 15 km,采用"INS＋指令修正＋Ka 波段毫米波雷达主动寻的"制导体制,并采用直接碰撞和引爆杀伤增强装置相结合的双重杀伤方式,能拦截射程为 1 000 km 的 TBM。

随着空中威胁的不断升级和科学技术的飞快进步,防空导弹所面临的拦截目标也越来越多,一方面要面对目标的机动、隐身、干扰等方面的挑战,另一方面还必须解决拦截战术弹道导弹、再入弹头、卫星、临近空间飞行器和其他空间飞行器的问题。总的来说,防空导弹武器未来发展将面临更大的挑战,通俗地讲,主要是解决打击更高更快、更低更慢、更灵更小目标,实现更远更准拦截的问题。因此,未来发展的防空导弹应具有的特点为,①突出反导能力,发展分层拦截系统;②采用命中概率高或具有直接命中目标(直接碰撞)的精确制导导弹;③增强防空导弹系统的电子战能力,对抗空袭体系的光电侦察、干扰、隐身突防和反辐射导弹的硬杀伤威胁;④更多地采用固态相控阵雷达,增强远距离探测能力;⑤采用先进的推进技术和气动外形设计,提高导弹速度;⑥采用毫米波和红外成像导引头技术,提高末制导精度。因此,防空导弹将朝着自主化、智能化、模块化与标准化的发展方向。所谓自主化就是"发射后不管",这有利于解决多目标拦截问题;所谓智能化就是利用导弹各种敏感器的信息和计算机软件,根据最优决策拦截目标,并对目标状态变化做出智能反应。模块化和标准化可以提高导弹的性能,降低成本,缩短研制周期,提高导弹的可靠性和维修性。

第 2 章 导弹飞行原理

导弹按照什么样的规律飞向目标,涉及许多因素。本章将重点介绍导弹飞行环境及特性、导弹运动与力、导弹的气动外形、导弹的飞行控制和导弹弹道及导引方法等内容。

2.1 飞行环境及特性

2.1.1 地球大气

1. 大气层

大气层就是围绕在地球周围的空气层。它的底界明显,而上界模糊。按照温度变化的特点来划分,可将大气层分为对流层、平流层、中间层、高温层和外层大气五层,如图 2-1 所示。

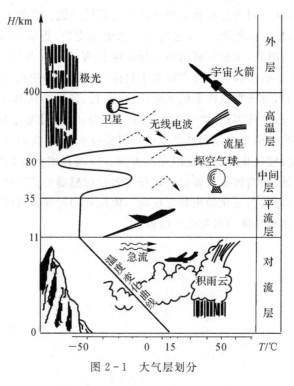

图 2-1 大气层划分

(1)对流层。对流层是最底下的与地球相接触的一层,其高度在赤道上空为 16~18 km,在两极为 7~10 km。这一层由于处在最下层,里面所包含的空气质量几乎占整个大气质量的 3/4。在对流层里空气有上下的流动,雷雨都发生在这一层里,温度随高度而下降。

(2)平流层。平流层位于对流层的上面,上界延伸到 32 km 左右。平流层是一层近乎等温的大气层,气温基本上不随高度而变化,因此又称为同温层。平流层的气温之所以有这种特点,是由于这一层大气受地面温度影响很小,并且存在着大量臭氧,能直接吸收太阳辐射热的缘故。平流层中,空气只有水平方向的流动,水蒸气极少,已经没有雷雨现象。

(3)中间层、高温层和外层。高度从 32 km 到 80 km 称为中间大气层,这一层里温度先随高度而上升后又下降。这一层中的空气质量只占全部大气质量的 1/3 000。再上去,80～400 km 的空间是高温层,这里温度随高度而升高,到 400 km,温度可达 1 500～1 600 K。当高度在 150 km 以上时,由于空气非常稀薄的缘故,可听到的声音已经不存在了。400 km 以上直到 1 500～1 600 km 是外层大气,它的质量只占全部大气质量的 10^{-11}。另外需要说明的是,在约 60 km 以上,空气已发生电离,人们又常称发生电离的大气层为电离层,电离层的高度可达 350 km。

防空导弹通常在对流层和平流层中飞行,飞机的高度记录是 39 km,探测大气球最大高度纪录达 44 km,人造卫星的轨道近地点可以是一百多千米,远地点可以是几千千米。

2.标准大气

不同高度上的大气温度、压强和密度有差异,并且因所处的经、纬度不同而不同,还会因季节、昼夜等变化而有所差异。无论做飞行器设计,还是做实验,都要用到大气的条件,为了便于比较,工程上需要规定一个标准大气。这种标准大气是按照中纬度地区的大气状态参数的平均值,经适当修正得到的。国际标准大气规定:

(1)以海平面的高度作为零。在海平面上,空气的状态如下:

温度　　$t_0=15℃$　或　$T_0=288.15$ K;

压强　　$P_0=760$ mmHg$=101\ 325$ Pa;

密度　　$\rho_0=1.225$ kg/m³。

(2)在对流层中,$0\leqslant H\leqslant 11\ 000$ m,每升高 1 000 m,空气温度下降 6.5℃。高度为 H m 处,气温是 $T=288.15-0.006\ 5H$。

(3)在平流层中

11 000$\leqslant H\leqslant$20 000 m,温度为常数,即 $T=216.65$ K。

20 000$\leqslant H\leqslant$32 000 m,每上升 1 000 m,温度上升 1℃,即 $T=216.65+0.001(H-20\ 000)$。

2.1.2　空气流动特性

1.气体流动的质量方程

由于这个方程是在流动连续性的条件下导出来的,所以称为连续方程。它的实质是质量守恒在空气动力学中的具体表达式,因此又称质量方程。

按照质量守恒原理,在定常流动时,沿着流管流过任何一个截面的质量流量(流量有质量流量和体积流量之别,前者指每秒若干千克;后者指每秒若干立方米)应相等。在图 2-2 中,选定一个区域,该区域两端为流管 1,2 两个截面,再加上

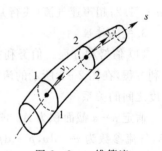

图 2-2　一维管流

两截面之间的管壁构成一个控制面(选择来进行讨论的一个封闭曲面),对所选定的控制面计算其流出与流入的每秒流量。假定 1 处的气流截面积为 A_1,流速为 v_1,密度为 ρ_1,在 2 处的气流截面积为 A_2,流速为 v_2,密度为 ρ_2,则每秒流过截面 1 和截

面 2 的质量流量分别为 $\rho_1 v_1 A_1$ 和 $\rho_2 v_2 A_2$。按质量守恒得

$$\rho_1 v_1 A_1 = \rho_2 v_2 A_2 \tag{2-1}$$

对不可压缩流，$\rho_1 = \rho_2$，式（2-1）成为

$$vA = \text{const} \tag{2-2}$$

因此，对一维不可压缩流，沿流程各截面的流速与管截面积成反比。截面积收缩，流速增大；截面积增大，流速变小。

应当指出，连续方程的推导对流体的性质未加限制。因此，它既可用于理想流动，亦可用于黏性流动。

2. 声速和马赫数

（1）声速。当物体在大气中发生振动时，就会对周围的大气发生扰动，使大气的压强和密度发生微小变化并以一定的速度向四面八方传播。这一传播速度称为声速，用 a 表示。声速与大气的温度有关，其关系为

$$a = 20.05\sqrt{T} \tag{2-3}$$

式中，T 为大气的热力学温度值（K）。

在气温为 15℃ 的海平面，声速为 340.3 m/s。

声速还可以用大气的压强 p、密度 ρ 和比热比 k 表示为

$$a^2 = \frac{kp}{\rho} \tag{2-4}$$

（2）马赫数。马赫数（Mach number）是指气体流动速度（或飞行器的飞行速度）与当地声速的比值，通常用 Ma 表示，即

$$Ma = \frac{v}{a} \tag{2-5}$$

同一个流场中，各个位置上的运动速度可能不同。这样在各点处的压强、密度也就不同，也就是说温度也不同，显然各处的声速就不相同，自然 Ma 也不相同。当气体流动的速度（或飞行器飞行速度）v 为超过声速（$v > a$）和未超过声速（$v < a$）时，气体流动的特性有着本质上的不同。

根据气体流动特性不同，把气体的流动分为下面几种状态：低速气流（飞行）情况，此时 $Ma \leqslant 0.4$；亚声速气流（飞行）情况，此时 $0.4 < Ma \leqslant 0.75$；跨声速气流（飞行）情况，$0.75 < Ma \leqslant 1.2$；超声速气流（飞行）情况，$1.2 < Ma < 5$；高超声速气流（飞行）情况 $Ma \geqslant 5$。

3. 气流特性

（1）伯努利方程。伯努利方程实质上是牛顿第二定律在流体力学中的应用。为了推导伯努利方程，在图 2-3 所示的流管中，沿流管轴线 s 取流管微团 ds，以建立它所受的力与它的加速度之间的关系。

假定 a—a 截面积为 A。该截面上的气流参数为 v,p；截面 b—b 上相应的截面积为 $A + dA$，气流参数为 $v + dv, p + dp$。假设流体为无黏，作用在微团上的外力为压力与它本身的重力。

作用在两个截面上压力的合力为

$$pA - (p + dp)(A + dA) = -(p dA + A dp + dp dA) \tag{2-6}$$

其方向为沿流管轴线 s 向右；

作用在侧表面上的压力,其沿流管轴线 s 方向的分力为

$$\left(p+\frac{\mathrm{d}p}{2}\right)\mathrm{d}A$$

忽略二阶小量,上面两者合力为 $-A\mathrm{d}p$。

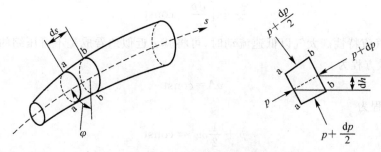

图 2-3　气流沿流管的流动

流体微团的重力在流管轴线 s 方向的投影,在忽略二阶小量后可得

$$\left[\frac{A+(A+\mathrm{d}A)}{2}\mathrm{d}s\right]\rho g\cos\varphi = A\rho g\frac{\mathrm{d}h}{\mathrm{d}s}\mathrm{d}s \tag{2-7}$$

其作用方向为沿 s 方向向左。

根据牛顿第二定律,得

$$-A\mathrm{d}p - A\rho g\,\mathrm{d}h = \rho A\,\mathrm{d}s\frac{\mathrm{d}v}{\mathrm{d}t} \tag{2-8}$$

式中,$\dfrac{\mathrm{d}v}{\mathrm{d}t}$ 为沿轴线 s 方向的加速度,它亦可表示为

$$\frac{\mathrm{d}v}{\mathrm{d}t}=\frac{\partial v}{\partial t}+v\frac{\partial v}{\partial s} \tag{2-9}$$

式(2-9)右边表明,流体微团的加速度可由两项组成,第一项是在 s 处流体微团的速度随时间的变化率,称为当地加速度,这是非定常流中存在的一种加速度;第二项为流体微团从 s 处流向速度不同的邻近点而产生的速度变化率,称为迁移加速度。这两项加速度之和,在空气动力学中,常用符号 $\dfrac{\mathrm{D}v}{\mathrm{D}t}$ 表示,即

$$\frac{\mathrm{D}}{\mathrm{D}t}=\frac{\partial}{\partial t}+v\frac{\partial}{\partial s}$$

导数 $\dfrac{\mathrm{D}v}{\mathrm{D}t}$ 称为流体的实质导数或实导数,因此

$$\frac{\mathrm{D}v}{\mathrm{D}t}=\frac{\partial v}{\partial t}+v\frac{\partial v}{\partial s} \tag{2-10}$$

当定常流时,$\dfrac{\partial v}{\partial t}=0$,式(2-10)变为

$$\frac{\mathrm{D}v}{\mathrm{D}t}=v\frac{\partial v}{\partial s}\quad\text{或}\quad\frac{\mathrm{D}v}{\mathrm{D}t}=v\frac{\mathrm{d}v}{\mathrm{d}s}$$

因此式(2-8)成为

$$v\mathrm{d}v+\frac{\mathrm{d}p}{\rho}+g\mathrm{d}h=0$$

该式为微分形式的伯努利方程,对其进行积分得

$$\frac{v^2}{2} + \int \frac{\mathrm{d}p}{\rho} + gh = \text{const} \qquad (2-11)$$

对空气,如果 h 不大,一般可以略去,式(2-11)可简化为

$$\frac{v^2}{2} + \int \frac{\mathrm{d}p}{\rho} = \text{const} \qquad (2-12)$$

(2)低速气流特性。大气以低速流动时,可将其 ρ 近似地看成是不可压缩的,即密度为常数,此时的质量方程为

$$vA = \text{const}$$

伯努利方程为

$$p + \frac{1}{2}\rho v^2 = \text{const} \qquad (2-13)$$

式(2-12)为定常流的伯努利方程或伯努利公式,式(2-13)为定常、不可压流的伯努利方程或伯努利公式。从式(2-13)可知,在流线或流管上某点的速度增加时,其压强降低;反之,速度降低时,其压强升高。在速度为零时该点的压强为最大,称为驻点压强。对于流线上任一点,把式(2-13)中的 p 称为静压,它代表单位体积空气的压力能;把 $\frac{1}{2}\rho v^2$ 称为动压,它代表单位体积空气的动能。上面两者之和称为总压,代表单位体积空气的总能量。伯努利方程说明,理想定常流中,沿流线总压(或总能)为常数,其值等于驻点压强,用 p_0 表示:

$$p_0 = p + \frac{1}{2}\rho v^2 \qquad (2-14)$$

应当注意,方程式(2-14)只有在下述条件成立时才是适用的:

1)气流是连续的、定常的;

2)理想流体,即气流中没有摩擦,或者摩擦很小,可以略去不计;

3)气流的密度不变,即气体是不可压缩的。

对于低速流动的空气来说,密度变化很小,可以认为空气的密度是不变的,其流动又是连续而定常的。因此,以后讨论低速情况下空气动力的产生时,就可以应用这个结论。在日常生活中,很多现象都可以用伯努利方程来解释。例如图 2-4 所示,为两张平行悬挂的纸。向两纸中间吹气时,两纸不是远离而是靠拢。这是因为向两纸中间吹气时,形成了一定速度的气流,而使压强降低,这样两纸中间的压强就小于其外侧大气的压强。于是在内外压力差的作用下,两纸相互靠拢。

(3)高速气流特性。随着气流速度的增加,当其接

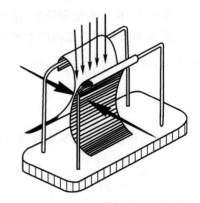

图 2-4 两纸间有气流时相互靠拢

近或高于声速时,大气呈现出强烈的压缩和膨胀现象,压力、密度和温度都会发生显著的变化,气流特性会出现一些不同于低速流动的质的差别。为了简单起见,以一维流(管流)为例加以介绍。

一维流是指气流的参数(压强、密度、温度和流速)只随一个坐标变化。下面不加推导地写出在一维管道中气流流速 v 和流过的截面 A 之间应满足的质量方程式为

$$\frac{\mathrm{d}A}{A} = (Ma^2 - 1)\frac{\mathrm{d}v}{v} \tag{2-15}$$

式中,Ma 为气流的马赫数;$\mathrm{d}A$ 为管道截面面积 A 的变化量;$\mathrm{d}v$ 为气流速度 v 的变化量。

由此可见,当 $Ma < 1$ 和 $Ma > 1$ 时,$\mathrm{d}A$ 和 $\mathrm{d}v$ 之间的变化规律截然不同。当 $Ma < 1$ 时,$\mathrm{d}A$ 和 $\mathrm{d}v$ 之间是异号关系,就是说在亚声速流动时,随着管道截面积变小,气体的流速就会增加;若管道截面积变大,气流的流速就会减小。但当 $Ma > 1$ 时,$\mathrm{d}A$ 和 $\mathrm{d}v$ 同号,因此在超声速流动时,管道截面积变大,气流的流速增加;管道的截面积变小,气流的流速减小。根据这个道理,可以得出如下结论:在亚声速气流中,随着流管截面积的减小,气体的流速必然增加;在超声速气流中,随着流管截面积的减小,气体的流速反而减小。将上面所说的结论用图 2-5 所示的图形表示。

要使气流由亚声速加速至超声速气流,除了沿气流流动方向有一定的压力差之外,还应具有一定的管道形状。这种形状应该为先收缩后扩大的喇叭形,如图 2-6 所示。这种能产生超声速气流的管道称为拉瓦尔喷管(Laval nozzle)。在此喷管中直径最小的地方称为喉道。当一亚声速气流自左面进入管道时,在喉道左半部分随着截面积减小气流的速度加快,马赫数也不断增大。在喉道处使气流达到 $Ma = 1$。气流经过喉道后,随着管道截面积的增大气流速度不断加快,变为超声速气流。因此说,只有采用拉瓦尔喷管(先收敛后扩张)才有可能产生超声速气流。

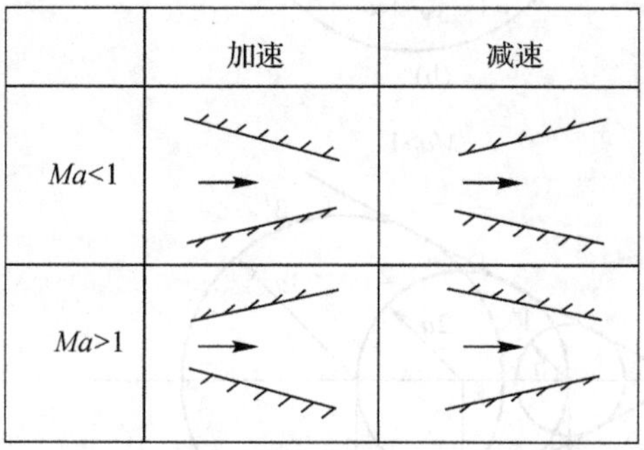

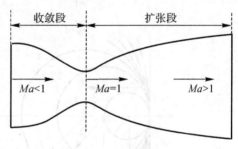

	加速	减速
$Ma<1$		
$Ma>1$		

图 2-5　Ma 与管道截面变化之间的关系

图 2-6　拉瓦尔喷管

4.激波和膨胀波

(1) 微弱扰动的传播。为便于说明问题,认为扰动源在静止空气中以速度作等速直线运动,并每隔 1 s 发生一次扰动。在图 2-7 中描述了下面四种不同扰动源运动速度 v 和扰动传播速度(声速)a 的比值情况。

在图 2-7 中,O 为某瞬时扰动源所在位置;v 为扰动源的速度;$1'$,$2'$,$\cdots$ 为前 1 s,前 2 s,$\cdots$ 扰动波所达到的位置;a 为扰动波传播的速度(声速)。

1)扰动源静止。由于扰动源是静止不动的($Ma = 0$),所以扰动波以声速一层接一层地向四周传播,形成以 O 为球心,a,$2a$,$3a$,$\cdots$ 为半径的同心球面,如图 2-7(a) 所示。

2)扰动源以亚声速运动。由于扰动源是以亚声速运动($Ma < 1$)的,所以扰动波总是跑在扰动源的前面,形成不同心的球面扰动波。在扰动源的前方,扰动波比较密集;在扰动源的后方,扰动波比较稀疏,如图 2-7(b) 所示。

3)扰动源以声速运动。由于扰动源是以声速运动的($Ma = 1$),所以,扰动波总是与 O 点重合在一起,并且所有的扰动波都在 O 点相切,形成一个波面,这个波面成为扰动气流与未扰动气流的分界面,如图 2 - 7(c) 所示。

4) 扰动源以超声速运动。由于扰动源以超声速运动($Ma > 1$),所以,扰动波总是落在扰动源的后面,形成一个比一个大的扰动波,这些扰动波都相切于一个圆锥面上,造成了扰动波在圆锥面上的集中。该锥面即为扰动区和未扰动区的分界面,称为扰动锥或马赫锥,如图 2 - 7(d) 所示。

马赫锥的顶角为马赫角,由图 2 - 8 所示的直角三角形 $\triangle ABO$ 可以看出

$$\sin\mu = \frac{a}{v} = \frac{1}{Ma} \tag{2-16}$$

式中,Ma 为扰动源的马赫数。

由此可见,扰动源的运动速度越大,扰动锥就拉得越细长,即扰动锥越尖锐。

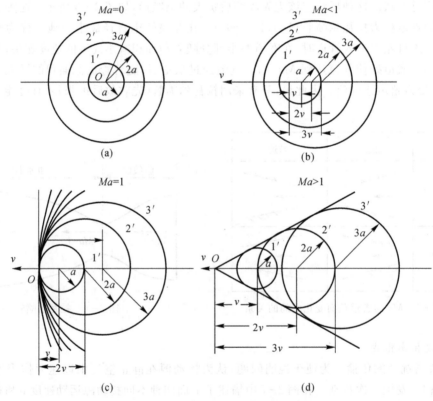

图 2 - 7 微弱扰动传播图
(a)扰动源静止的情况; (b)扰动源为亚声速运动情况;
(c)扰动源为声速运动情况; (d)扰动源为超声速运动情况

(2)激波及其分类。激波是强烈的空气压缩波。当飞行器以超声速在大气中飞行时,飞行器前面的大气还来不及让开,就被飞行器突然地压缩起来,产生一种强压缩波,即激波。波后的压强、密度和温度都突然升高。激波的厚度为 $10^{-5} \sim 10^{-4}$ cm,由于这个厚度很小,所以可完全不计这一厚度,而把激波看成是突跃面。

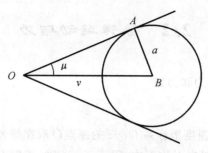

图 2-8　马赫锥示意图

激波具有正激波和斜激波之分。正激波是指波面和飞行速度相垂直的激波,而斜激波则是波面相对于飞行速度方向倾斜成一定角度的激波,如图 2-9 所示。钝头的飞行器会产生正激波,尖头的飞行器会产生斜激波。决定激波强度的一个重要因素是飞行器飞行的马赫数,马赫数越大,激波越强。决定激波强弱的另一个重要因素是波面的角度,正激波最强,斜激波的倾斜程度越大,则激波越弱。

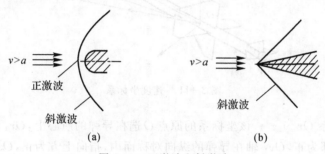

图 2-9　正激波和斜激波

(3)膨胀波。当超声速气流绕经凸角流动时,相当于流动截面逐渐扩大的情况。于是,气流会发生膨胀,在气流转折点将形成一个扇形的膨胀区域,即所谓膨胀波。气流在膨胀后的 Ma 是增大的。图 2-10 表示剖面为菱形的弹翼以超声速运动时翼面上激波的情况。其中实线表示斜激波,虚线表示膨胀波。

气流通过斜激波在弹翼的前半部分相当于绕凹角的流动,气流受到压缩,Ma 下降,压强升高,流过最大厚度以后相当于绕凸角的流动,截面加大,气流膨胀,Ma 上升,压强下降。这样一来,在弹翼的前半部分是高压区而后半部分是低压区,于是形成所谓的波阻。由此可见,波阻也是一种压差阻力。

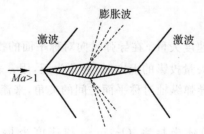

图 2-10　翼面上的激波与膨胀波

2.2 导弹运动与力

2.2.1 作用在导弹上的力和力矩

1.常用坐标系

（1）速度坐标系 $Oxyz$。速度坐标系 $Oxyz$ 的原点 O 取在导弹的质心上，Ox 轴取沿导弹飞行速度的方向，Oy 轴在导弹纵向对称面内，垂直于 Ox 轴，指向上方为正，Oz 轴按右手定则确定，如图 2-11 所示。

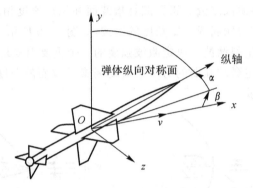

图 2-11 速度坐标系

（2）弹体坐标系 $Ox_1y_1z_1$。该坐标系的原点 O 选在导弹的质心上，Ox_1 轴取在导弹的纵轴上，指向导弹的头部为正，Oy_1 轴在导弹的纵向对称面内，指向上方为正，Oz_1 轴的位置和正指向按右手定则确定，如图 2-12 所示。

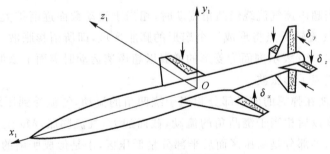

图 2-12 弹体坐标系

2.迎角（攻角）与侧滑角

迎角为导弹质心运动的速度矢量 v 在导弹纵向对称平面的投影与弹体坐标系中 Ox_1 轴之间的夹角。弹体纵轴在速度矢量投影的上方时，迎角为正，用 α 表示。

侧滑角为速度矢量 v 与导弹纵轴对称平面之间的夹角，来流从右侧方向流向弹体时，侧滑角为正，用 β 表示。

迎角和侧滑角反映出弹体坐标系 $Ox_1y_1z_1$ 和速度坐标系 $Oxyz$ 之间的关系，如图 2-13 所示。

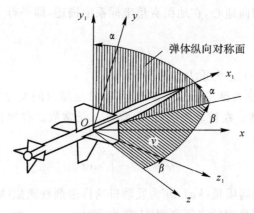

图 2-13　弹体坐标系和速度坐标系间的关系

3. 作用在导弹上的力

（1）发动机推力。发动机推力 P 是导弹飞行的动力，导弹发动机内的推进剂燃烧后，产生高温高压燃气流，燃气流从发动机尾喷管高速喷出，产生推力。导弹上使用的发动机有火箭发动机和空气喷气发动机。发动机的类型不同，推力特性也不一样。推力矢量 P 可能通过导弹的质心，也可能不通过导弹的质心，方向可能与导弹纵轴一致，也可能与导弹纵轴有一定夹角。

为了使导弹在短时间内获得较大的加速度，很快离开发射装置，并且能在离开发射装置后稳定飞行，快速击中目标，在某些导弹上装有助推器。助推器一般采用固体火箭发动机，特点是工作时间短（一般只有几秒钟），推力大。图 2-14 所示是典型的固体火箭发动机推力与时间的关系曲线。

助推器工作完毕后，自行脱落，以减少导弹的质量。导弹主发动机在助推器工作即将结束时，即点燃工作，继续推动导弹运动。主发动机有火箭发动机、空气喷气发动机、冲压发动机等类型。

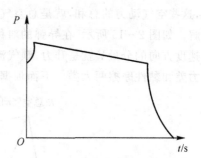

图 2-14　固体火箭发动机推力曲线

火箭发动机的推力为

$$P = \dot{m}u_e + (p_e - p_a)A_e \tag{2-17}$$

式中，P 为发动机推力（N）；$\dot{m}$ 为质量流率（kg/s）；u_e 为喷气速度（m/s）；A_e 为喷管出口截面积（m²）；p_a 为外界大气压强（Pa）；p_e 为喷管出口截面处燃气压强（Pa）。

火箭发动机推力的大小取决于发动机的性能参数，并且与导弹的飞行高度有关，与导弹的飞行速度无关。

空气喷气发动机的推力表达式为

$$P = \dot{m}_a(u_e - v) + (p_e - p_a)A_e \tag{2-18}$$

式中，$\dot{m}_a$ 为空气的每秒质量流量（kg/s）；v 为导弹的飞行速度（m/s）。

由式（2-18）可以看出，空气喷气发动机的推力大小与导弹的飞行速度和飞行高度有关。

（2）重力。重力 G 就是地球和导弹之间的引力。重力 G 作用在导弹的质心上，方向始终沿

着地球表面的法线方向指向地心,在地面直角坐标系中描述,即平行于 Oy 轴,与 Oy 反向。重力为

$$G = mg \tag{2-19}$$

式中,m 为导弹的质量(kg);g 为重力加速度(m/s²)。

导弹在飞行过程中,推进剂不断消耗,因此其质量是随时间变化的。在主动段飞行中,导弹的质量 m 是时间的函数。在被动段飞行中,质量 m 是常数。在导弹飞行过程中的瞬时 t,导弹的质量为

$$m = m_0 - \int_0^t \dot{m}\mathrm{d}t \tag{2-20}$$

式中,m_0 为导弹的起始瞬间质量(kg);$\dot{m}$ 为发动机的推进剂秒流量(kg/s)。

重力加速度的大小与导弹的飞行高度 H 有关,即

$$g = g_0 \frac{R_\mathrm{e}^2}{(R_\mathrm{e} + H)^2} \tag{2-21}$$

式中,g_0 为地球表面处的重力加速度,一般取值为 9.81 m/s²;R_e 为地球平均半径,$R_\mathrm{e} = $ 6 371 km;H 为导弹离地球表面的高度(km)。

当 $H = 32$ km 时,$g = 0.99g_0$,重力加速度仅减少 1%。有翼导弹一般飞行高度都不很高,因此在整个飞行过程中,可认为重力加速度 g 是常量,取地面上的数值。

(3)升力和阻力。导弹以一定速度在大气中运动时,导弹各部分都会受到空气动力的作用,这些空气动力的总和,就是总空气动力,用 R 表示。可以将总空气动力 R 向任意方向进行分解。如图 2-15 所示,在导弹的对称平面内向垂直于速度方向和顺气流速度方向分解,垂直于速度方向的分量 Y 就是升力,顺气流方向的分量 X 就是阻力。产生空气动力的来源,主要是压力差和黏性摩擦两大类。下面根据这两类来源讨论产生升力和阻力的原因。

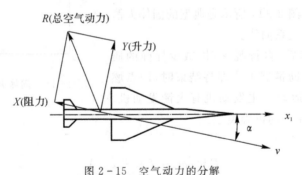

图 2-15 空气动力的分解

1)升力。这里以低速理想流为例,用质量方程和伯努利方程来解释翼面由压力差产生升力的机理。

如图 2-16 所示为非对称翼型的流线图。流线即空气微团流动的路线,流线之间的气体微团不会串流。因此,流线之间好似一根变截面的管道,称为流管。图 2-16 中,气流经过翼前缘后分成上、下两股气流,沿翼的上、下表面流动,到翼的后缘处重新会合成一股气流向后流去。由于翼剖面上下不对称,上表面的流管比下表面的流管细。由上节叙述的连续方程和伯努利方程,上表面的流速比下表面的流速大,上表面的压力比下表面的压力低,上、下表面形成压力差,从而产生向上的升力 Y。

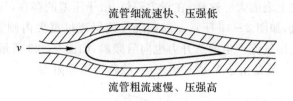

图 2-16　升力产生的原理

　　如弹翼的翼剖面为对称翼型,将其平放在气流中,由于上、下翼表面压力分布对称,不存在压力差,也就没有升力。如翼型与气流存在一定的夹角(称为迎角),这时气流就会产生和非对称翼型类似的现象,也会产生升力。

　　2)阻力。任何物体在空气中运动都会受到空气的阻力。阻力按其产生的原因可分为摩擦阻力、压差阻力和诱导阻力等。

　　摩擦阻力是由空气的黏性产生的。由于黏性的存在,空气流过导弹表面时,紧贴表面的一层空气的速度为 0,从导弹表面向外,气流速度一层比一层增大。这种气流不同层之间的速度变化,是由于气流内摩擦力以及气流与导弹表面摩擦力作用的结果。根据作用与反作用力相等的原理,摩擦力一层层传递,最后传递给导弹表面与飞行方向相反的作用力,这就是摩擦阻力。摩擦阻力不论在低速或高速飞行时都是存在的。

　　压差阻力是由导弹前方和后方的压力差造成的。如图 2-17 所示,气流在翼面前缘部分受到阻挡,速度减慢,压力升高;在气流流经翼表面时,由于上面讲到的黏性作用造成的离开翼表面的速度变化,形成旋涡,到翼面后缘形成压力下降的涡流区,使翼面前后形成压力差,产生向后的压差阻力。另外,在导弹作超声速飞行时,由于激波和膨胀波的作用,前缘部分压力升高,后缘部分压力降低,也会形成压差阻力,称为波阻,如图 2-18 所示。

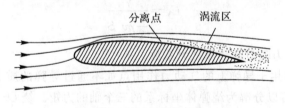

图 2-17　压差阻力

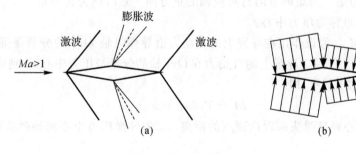

图 2-18　波阻的形成

(a)激波和膨胀波;　(b)压强分布

　　诱导阻力是伴随升力产生的。前面讲到升力是由于上、下翼面的压差形成的,翼面产生升力时,下表面的压力比上表面大。这样,在翼尖部位,由于压差的存在,气流会由下表面向上表面流动,形成翼尖绕流,如图 2-19 所示。翼尖绕流使得流过翼尖内侧翼面的气流向下偏离,称为下洗流。这样,使得气流产生的总升力也向后倾斜,如图 2-20 所示。按来流方向将其分解为升力 Y 和阻力 X。X 是由于 Y 诱导出来的,故称为诱导阻力。

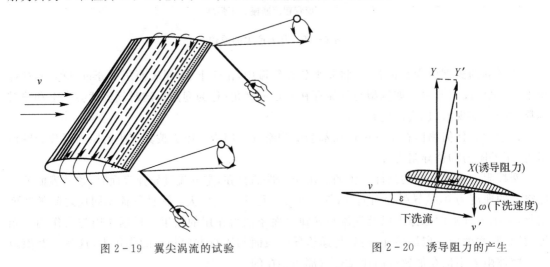

图 2-19 翼尖涡流的试验   图 2-20 诱导阻力的产生

3)升力系数和阻力系数。一般情况下,升力和阻力与导弹产生升力的面积 S 和动压成正比。为便于表示飞行器的升力特性,通常用下列比例系数来表示飞行器的升力和阻力特性

$$C_X = \frac{X}{\frac{1}{2}\rho v^2 S} \tag{2-22}$$

$$C_Y = \frac{Y}{\frac{1}{2}\rho v^2 S} \tag{2-23}$$

式中,C_X 和 C_Y 分别称为阻力系数和升力系数。

(4) 气动力矩。作用于导弹上的气动力作用点如不通过导弹的质心,这样就会产生绕质心的力矩。这一力矩可以分解为绕弹体坐标系的三个轴的力矩。绕 Oz_1 轴的力矩称为俯仰力矩,也称纵向力矩。绕 Oy_1 轴的力矩称为航向力矩,也称偏航力矩。绕 Ox_1 轴的力矩称为滚动力矩,也称倾斜力矩。力矩的方向与对应轴的正方向一致时则为正力矩。

气动力的作用点称为压力中心。

1)俯仰力矩 M_z。假设作用在导弹上的气动力沿导弹纵轴 Ox_1 的分量是通过质心的,这时,俯仰力矩 M_z 等于作用在导弹上的气动力在 Oy_1 轴的分量与压力中心 x_p 到质心 x_G 之间距离的乘积,如图 2-21 所示,即

$$M_z = Y_1(x_G - x_p) \tag{2-24}$$

式中,x_G 为导弹质心到导弹头部理论顶点的距离;x_p 为导弹压力中心到导弹头部理论顶点的距离。

下面概略介绍一下俯仰气动力矩和角运动参数之间的关系。

a)由迎角所产生的俯仰力矩 $M_z(\alpha)$。当导弹以迎角 α 飞行时,导弹和气流之间的相对运动会产生升力。在小迎角条件下,升力与迎角 α 之间为线性关系,即 $Y(\alpha) = Y^\alpha \alpha$。由迎角 α 所

产生的这部分升力在导弹上的作用点称为焦点,用 x_F 表示。焦点的特点是在小迎角和 Ma 一定的条件下,它不随迎角的变化而变化。由迎角所产生的俯仰力矩,如图 2-22 所示。

$$M_z(\alpha) = Y_1(x_G - x_F) \tag{2-25}$$

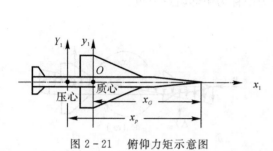

图 2-21 俯仰力矩示意图

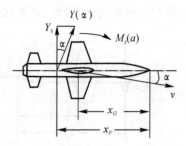

图 2-22 迎角所产生的俯仰力矩

在小迎角条件下 $Y_1 = Y_{\cos\alpha} \approx Y$,而 $Y = Y^\alpha \alpha$,故

$$M_z(\alpha) = Y^\alpha \alpha (x_G - x_F) \tag{2-26}$$

令 $M_z(\alpha) = Y^\alpha(x_G - x_F)$,式(2-26)可以写成

$$M_z(\alpha) = M_z^\alpha \alpha \tag{2-27}$$

由此可见,迎角 α 所产生的俯仰力矩与迎角之间呈线性关系。

从式(2-26)可以清楚地看出,当焦点 x_F 在质心 x_G 之后,导弹以正迎角飞行时,由迎角所产生的俯仰力矩为负值;若导弹以负迎角飞行时,则产生的俯仰力矩为正值,故 $M_z^\alpha < 0$。若焦点在质心之前时,则情况完全相反,即 $M_z^\alpha > 0$。对于焦点 x_F 在质心 x_G 之后时,称为具有静稳定性的导弹;而焦点 x_F 与在质心 x_G 之前时,称为不具有稳定性的导弹,也称为静不稳定的导弹;焦点 x_F 和质心 x_G 重合时,称为中立稳定的导弹。

b)升降舵偏角所产生的俯仰力矩 $M_z(\delta)$。在迎角为零的条件下,当升降舵相对弹身轴线有一个偏转角时,舵面相对于气流就有夹角,此时导弹的舵面上就会产生升力 $Y(\delta)$。这部分升力的作用点距导弹头部顶点的距离用 x_δ 表示,如图 2-23 所示。因为在小舵偏角条件下舵面偏转所产生的升力 $Y(\delta)$ 与升降舵舵偏角为线性关系,$Y(\delta) = Y^\delta(\delta_z)$,所以,升降舵舵偏角所产生的俯仰力矩和升降舵舵偏角之间也为线性关系,即

$$M_z(\delta) = Y^\delta(x_G - x_\delta)\delta_z \tag{2-28}$$

若令 $M_z(\delta) = Y^\delta(x_G - x_\delta)$,式(2-28)可表示为

$$M_z(\delta) = M_z^\delta \delta_z \tag{2-29}$$

由升降舵舵偏角所产生的这部分力矩称为俯仰操纵力矩。M_z^δ 表示单位升降舵舵偏角所产生的俯仰操纵力矩,故称为操纵效率。

c)由俯仰角速度 ω_z 引起的俯仰力矩 $M_z(\omega_z)$。在迎角 α 和升降舵舵偏角 δ_z 均为零的条件下,当导弹绕其 Oz_1 轴以角速度 ω_z 转动时,在导弹的各部件上都会产生附加的相对气流。这些附加的相对气流,在导弹质心前后的方向是不相同的,如图 2-24 所示。由图可以看出,当导弹绕 Oz_1 轴有一正的角速度 ω_z 时,在导弹质心以前的部分有一个附加向下的相对气流;而在质心以后部分则有一向上的附加相对气流。因此,在质心前面部分就产生负的附加力(即向下的升力),而在质心后面部分所产生的升力为正升力(向上的升力)。这两部分附加升力就会产生绕 Oz_1 轴的附加力矩 $M_z(\omega_z)$。在 ω_z 较小的情况下,这个附加力矩 $M_z(\omega_z)$ 的大小与导弹的

转动角速度 ω_z 成正比例,即

$$M_z(\omega_z) = M_z^{\omega_z}\omega_z \qquad (2-30)$$

附加力矩 $M_z(\omega_z)$ 的方向与转动角速度 ω_z 方向相反,即 $M_z^{\omega_z} < 0$。这个附加力矩总是阻止导弹绕其 Oz_1 轴转动的,因此,就把这部分力矩称为俯仰阻尼力矩。

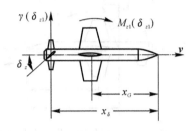

图 2-23　舵偏角所产生的俯仰力矩

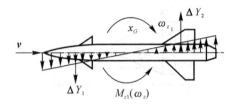

图 2-24　俯仰角速度引起的俯仰力矩

综上所述,在既有迎角 α、升降舵舵偏角 δ,又有俯仰角速度 ω_z,并且在它们的值都不大的情况下,总的俯仰力矩为

$$M_z = M_z^\alpha \alpha + M_z^\delta \delta_z + M_z^{\omega_z}\omega_z \qquad (2-31)$$

2)偏航气动力矩 M_y。偏航气动力矩 M_y 是指由作用在导弹上的气动力绕 Oy_1 轴所产生的力矩。

对轴对称气动外形的导弹,在侧滑角 β、方向舵舵偏角 δ_y 和偏航角速度 ω_y 均较小的情况下,偏航气动力矩 M_y 与这三个参数之间也呈线性关系,即

$$M_y = M_y^\beta \beta + M_y^\delta \delta_y + M_y^{\omega_y}\omega_y \qquad (2-32)$$

这三部分力矩产生的物理原因和俯仰气动力矩相应部分产生的物理原因相类似。

对面对称的导弹,其偏航气动力矩 M_y 除式(2-32)所表示的三部分外,还有由于绕 Ox_1 轴转动所引起的偏航力矩,即 $M_y(\omega_x) = M_y^{\omega_x}\omega_x$。

3)滚动气动力矩 M_x。当导弹对称面的左右或上下发生气动力不对称时都会产生绕 Ox_1 轴的滚动气动力矩 M_x。在此仅就副翼舵偏角 δ_x 和绕 Ox_1 轴的滚动角速度 ω_x 所产生的滚动气动力矩做一定性介绍。

由于副翼是差动的,所以,两个舵面的偏转方向必然是相反的,如图 2-25 所示。当副翼的右舵面的后缘向下偏转时,左舵面的后缘向上偏转。这时在右舵面上产生向上的附加升力 ΔY,而在左舵面上产生向下的附加升力 $-\Delta Y$,这两个附加升力就会对 Ox_1 轴产生滚动力矩 $M_x(\delta_x)$。当副翼舵偏角比较小时,由副翼舵偏角 δ_x 所产生的滚动力矩 $M_x(\delta_x)$ 可以认为与副翼舵偏角 δ_x 呈线性关系,即

$$M_x(\delta_x) = M_x^\delta \delta_x \qquad (2-33)$$

式中,M_x^δ 为滚动力矩与副翼舵偏角 δ_x 之间的比例系数。

当导弹绕 Ox_1 轴以角速度 ω_x 转动时,这时在导弹左、右两边就会产生方向完全相反的附加相对速度,如图 2-26 所示。右半部分的附加速度向上,左半部分的附加速度向下。

这样就会在左半部分产生一个向下的附加升力 $-\Delta Y$,而在右半部分产生一个向上的附加正升力 ΔY,从而产生了绕 Ox_1 轴的附加滚动力矩 $M_x(\omega_x)$。在 ω_x 较小时,可以认为与 ω_x 之间为线性关系,即

$$M_x(\omega_x) = M_x^{\omega_x}\omega_x \qquad\qquad (2-34)$$

除上面所介绍的产生气动力矩的因素之外,还有一些更为复杂的影响因素,在此不再一一陈述。

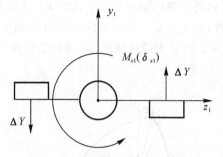

图 2-25　副翼产生的滚动力矩

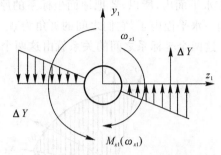

图 2-26　由角速度 ω_x 产生的滚动力矩

2.2.2　导弹运动方程

初步研究导弹在空中的运动时,可以认为它是一个外形不发生变化的刚体。这样,导弹的运动就可以分解为其质心的移动和绕质心的转动,导弹质心的移动可以用牛顿第二定律描述,绕质心的转动则可由相对质心的动量矩定理来描述。

1. 常用坐标系

为了研究导弹的运动,除了前面已经介绍过的速度坐标系 $Oxyz$ 和弹体坐标系 $Ox_1y_1z_1$ 外,这里还要介绍一下地面坐标系 $A_0x_0y_0z_0$ 和弹道坐标系 $Ox_2y_2z_2$。

(1) 地面坐标系 $A_0x_0y_0z_0$。地面坐标系的原点 A_0 取在发射点,A_0x_0 轴在地平面上可以指向任意方向,对于地-地导弹而言,一般取指向目标方向;A_0y_0 轴垂直于地面,向上为正;A_0z_0 轴与 A_0x_0,A_0y_0 轴构成右手直角坐标系,如图 2-27 所示。

地面坐标系与地球固连,随着地球运动而运动,实际上,它是一个动坐标系。但是,研究近程导弹运动时,往往把地球视作静止不动,也就是把地面坐标系作为惯性坐标系。

引进这个坐标系的目的,在于决定导弹质心的坐标(质心的坐标是由 x_0,y_0,z_0 来决定的)和导弹在空间相对地面的姿态等。对于近程导弹来说,可以把地球表面看作平面,重力与 A_0y_0 轴平行方向相反。

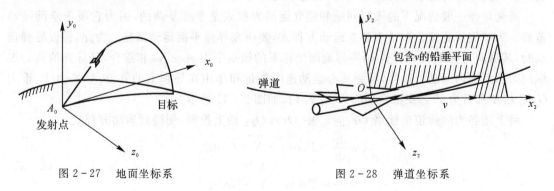

图 2-27　地面坐标系　　　　　　　　图 2-28　弹道坐标系

(2) 弹道坐标系 $Ox_2y_2z_2$。原点取在导弹的瞬时质心上,Ox_2 轴和导弹速度方向一致;

Oy_2 轴位于包含速度矢量的铅垂平面内,垂直于速度方向,向上为正;Oz_2 轴与 Ox_2,Oy_2 轴构成右手直角坐标系,如图 2-28 所示。

(3) 各坐标系之间的关系。分析弹道坐标系 $Ox_2y_2z_2$ 和地面坐标系 $A_0x_0y_0z_0$,由于 z_2 和 z_0 均在水平面内,所以,若把地面坐标系的原点平移到导弹的瞬时质心上,则 Oz_2 就和 Oz_0 轴处在同一水平面内了,它们之间的夹角为 ψ_v。另外,速度矢量与水平面的夹角为 θ,如图 2-29 所示。这两个坐标系之间的关系就由这两个角决定。称 θ 为弹道倾角,ψ_v 为弹道偏角。

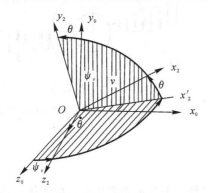
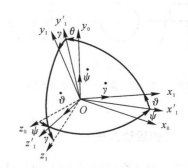

图 2-29　弹道坐标系与地面
坐标系之间的关系

图 2-30　地面坐标系和弹体坐
系之间的关系

弹体坐标系 $Ox_1y_1z_1$ 和地面坐标系之间的关系如图 2-30 所示。可以看出,导弹相对于地面的姿态可以用三个欧拉角表示。现定义如下:

ϑ——导弹俯仰角。导弹俯仰角也就是导弹的纵轴 Ox_1 与水平面的夹角。导弹纵轴在水平面上取正,反之为负。

ψ——偏航角。偏航角是导弹纵轴在水平面内的投影与地面坐标系的 A_0x_0 轴之间的夹角。以 Ox_0 轴逆时针转至 Ox_1 时为正,反之为负。

γ——滚动角。滚动角是导弹的 Oy_1 轴与包含纵轴的铅垂平面之间的夹角。从尾部向前看,向右转为正。

2. 导弹平面运动方程

导弹在空中飞行受到外力和外力矩的作用,其运动可分解为质心的运动和绕质心的运动。要研究导弹的运动情况和规律,就要建立运动方程式。

研究导弹一般情况下的飞行问题和建立运动方程式是非常复杂的,因为它属于空间运动范畴。为了使问题简化和便于建立运动方程式,要研究导弹平面运动情况。为此,假设导弹运动时,其纵向对称平面 Ox_1y_1 始终与地面坐标系的铅垂平面 $A_0x_0y_0$ 相重合,且导弹的质心在纵向对称平面内运动。这样,导弹质心运动速度矢量和作用在导弹上的外力,如推力 P、重力 G、阻力 X 和升力 Y 都在铅垂平面 $A_0x_0y_0$ 内,如图 2-31 所示。

将上述各力向弹道坐标系 $Ox_2y_2z_2$ 中 Ox_2,Oy_2 轴上投影,便得到运动方程式

$$\left.\begin{array}{l} m\dfrac{\mathrm{d}v}{\mathrm{d}t}=P\cos a-X-G\sin\theta \\[2mm] m\dfrac{v^2}{\rho}=P\sin a+Y-G\cos\theta \end{array}\right\} \tag{2-35}$$

由解析几何知,曲率半径 ρ 可表示为如下关系:

$$\rho = \frac{\mathrm{d}s}{\mathrm{d}\theta} = \frac{\mathrm{d}s/\mathrm{d}t}{\mathrm{d}\theta/\mathrm{d}t} = \frac{v}{\dot\theta} \tag{2-36}$$

把式(2-36)代入式(2-35),得

$$\left.\begin{array}{l} m\dfrac{\mathrm{d}v}{\mathrm{d}t} = P\cos a - X - G\sin\theta \\[2mm] mv\dot\theta = P\sin a + Y - G\cos\theta \end{array}\right\} \tag{2-37}$$

式(2-37)就是导弹质心在铅垂平面运动的方程式。

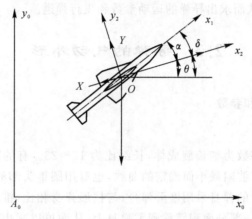

图 2-31　导弹质心运动示意图

式(2-37)中第一式中的 $\dfrac{\mathrm{d}v}{\mathrm{d}t}$ 表示导弹质心运动的切向加速度,也即质心运动速度大小的变化率;第一式描述了导弹运动速度大小的变化率与作用在导弹上的外力沿速度矢量方向的分量之间的关系。第二式中 $v\dot\theta$ 表示导弹质心运动的法向加速度,也即质心运动速度方向的变化率;第二式描述了导弹运动速度方向的变化率与作用在导弹上的外力沿垂直于速度矢量方向的分量之间的关系。利用这一组方程就可以求得导弹质心运动速度大小和方向的变化率。

现在来建立导弹绕质心转动的动力学方程式。由于方程中涉及转动惯量,所以最好选择弹体坐标系 $Ox_1y_1z_1$ 作为参考系。

由于所研究的问题是导弹沿 $A_0x_0y_0$ 铅垂平面运动,亦即导弹运动时其纵向对称平面不偏离 $A_0x_0y_0$,故导弹的外力矩在 Ox_1、Oy_1 轴上的投影都为零,外力矩只对 Oz_1 轴的投影不为零。于是,得到导弹转动的动力学方程式

$$J_{Z1}\frac{\mathrm{d}^2\vartheta}{\mathrm{d}t^2} = \sum M_{Z1} \tag{2-38}$$

式中,J_{Z1} 为导弹对 Oz_1 轴的转动惯量,它和质量一样,也是随时间而变化的;$\sum M_{Z1}$ 为作用在导弹上的俯仰力矩之和;$\dfrac{\mathrm{d}^2\vartheta}{\mathrm{d}t^2}$ 为导弹对 Oz_1 轴的俯仰转动角加速度。

为了确定导弹质心相对于地面的位置,需要建立导弹质心相对地面坐标系的运动方程式。由于导弹的速度矢量 v 与地面坐标系中的 A_0x_0 轴的夹角是弹道倾角,故速度矢量 v 沿 A_0x_0 轴和 A_0y_0 轴的投影分别为

$$\left.\begin{array}{l} \dfrac{\mathrm{d}x_0}{\mathrm{d}t} = v\cos\theta \\[3mm] \dfrac{\mathrm{d}y_0}{\mathrm{d}t} = v\sin\theta \end{array}\right\} \qquad (2-39)$$

最后，导弹沿铅垂面 $A_0 x_0 y_0$ 的运动还有一个角度之间的几何关系式

$$\vartheta = a + \theta \qquad (2-40)$$

把式(2-37)～式(2-40)和质量变化的方程联立求解，在一定的初始条件下，可以求出 v, $\vartheta, a, \theta, x_0, y_0$ 等参数来，从而求出导弹的运动参数和飞行弹道。

2.3 导弹的气动外形

2.3.1 导弹的外形和参数

1. 弹身的外形

防空导弹的弹身大多数为细长旋成体，长细比为 12～23。有的甚至更大，头部母线有圆弧、抛物线、指数曲线或按波阻最小而确定的曲线，也有用圆锥头部的。弹身中段大多为圆柱体。有些无翼式布局导弹的弹身采用锥形弹身，与柱形弹身相比，锥形弹身的优点是，作为稳定性要求，相当于舵面的一部分面积转移到了弹身上，从而可以减小舵面；压力中心变化范围缩小，有利于导弹的飞行控制；尾舱径向尺寸相对扩大，有利于设备安装。

2. 弹翼的外形及参数

翼面的平面形状有矩形翼、三角形翼、梯形翼等。翼面的剖面形状又称为翼型，常见的翼型有双弧形、六边形、菱形和钝后缘形等，如图 2-32 所示。为了便于对翼面的形状进行几何描述，下边简单介绍一下翼面的几何参数。

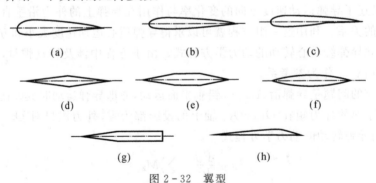

图 2-32　翼型

(a)低速翼型；　(b)亚声速层流翼型；　(c)跨声速超临界翼型；　(d)超声速菱形翼型；
(e)超声速六角形翼型；　(f)超声速双弧线翼型；　(g)超声速钝后缘翼型；　(h)高超声速三角楔翼型

（1）翼面的剖面形状（翼型）。顺着气流的方向，把翼面切开所显示出来的剖面，称为翼剖面，也称为翼型。确定翼型的主要参数有相对厚度 $\bar{c}$、最大厚度位置 x_c、中弧曲度 $\bar{f}$ 等，如图 2-33 所示。

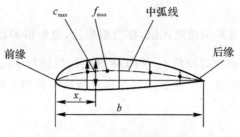

图 2-33　翼剖面特征参数

1）相对厚度 $\bar{c}$。翼型前后缘间的连线称为翼弦，其长度以 b 表示。翼型的最大厚度 $c_{\max}$ 与弦长之比，称为翼型的相对厚度，常以百分数表示，即 $c = \dfrac{c_{\max}}{b} \times 100\%$。它表明翼面的厚薄程度，是一个相对数值，$\bar{c}$ 相同，翼弦 b 不同时，翼型的绝对厚度是不同的。

2）最大厚度位置 x_c。翼型最大厚度位置到前缘的距离，称为最大厚度位置。翼型的最大厚度位置 x_c 越小，表明翼型最大厚度越靠近前缘，即翼剖面前部弯曲程度大。反之表明前部弯曲程度小。

3）中弧曲度 $\bar{f}$。在翼型的上、下表面之间，沿翼弦作垂线，连接每条垂线的中点，可得一中弧线，中弧线到翼弦的垂直距离称为弧高。最大弧高与翼弦之比值，称为翼型的中弧曲度，常以百分数表示，即 $\bar{f} = \dfrac{f_{\max}}{b} \times 100\%$。中弧曲度是非对称翼型的特点（因为对称翼型 $\bar{f} = 0$）。

（2）翼面的平面形状。目前，导弹所采用的翼面平面形状有梯形翼、后掠翼、三角翼和鳍式翼等，如图 2-34 所示。

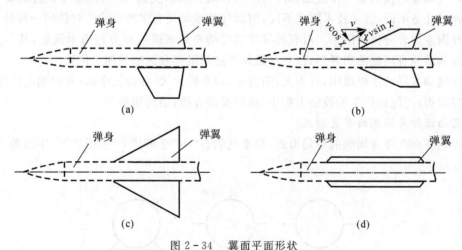

图 2-34　翼面平面形状

（a）梯形翼；　（b）后掠翼；　（c）三角翼；　（d）鳍式翼

下边介绍几个描述翼面平面形状的参数，如图 2-35 所示。

1）展弦比 λ。一对对称翼面两端之间的距离为翼展 L。翼展与平均翼弦 $b_{平均}$ 比值称为展弦比，即 $\lambda = \dfrac{L}{b_{平均}}$。若已知翼面的面积 S，则可用 $\lambda = \dfrac{L^2}{S}$ 来计算 λ（因为翼面的面积 $S = b_{平均} L$）。翼面的展弦比 λ 可用来说明翼面平面形状的长短和宽窄程度。导弹的翼面多采用小展弦比翼面。

2) 根梢比 η。翼根弦与翼尖弦之比值，称为根梢比，也称根尖比，即 $\eta=\dfrac{b_根}{b_尖}$。

3) 翼面后掠角 χ。分前缘后掠角 $\chi_前$ 和1/4翼弦线后掠角 $\chi_{\frac{1}{4}}$。前缘后掠角 $\chi_前$ 是翼面的前缘与垂直于弹轴直线间夹角；1/4翼弦线后掠角是指翼面各剖面翼弦的1/4处的连线与垂直弹轴直线间的夹角。

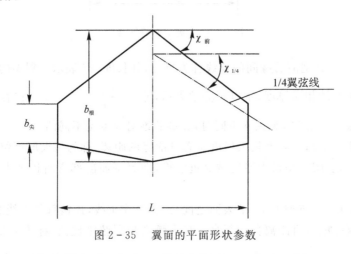

图 2-35　翼面的平面形状参数

2.3.2　导弹气动布局

导弹气动布局指的是弹体组成部件（弹身、弹翼、尾翼、舵面）之间的相互位置安排。由于各种导弹的任务不同，战术技术要求不同，因而气动布局又有多种形式。对任何一种外形布局都是多种因素综合分析的结果。对有翼导弹的气动布局来讲主要分析两个问题，其一是翼面的数目及其沿弹身周侧的布置形式；其二是翼面之间沿弹身纵轴的相对位置。

选择气动布局的主要原则：升力大，阻力小，即升阻比大；舵面效率高；导弹响应特性好；过渡过程时间短；使舵面产生的铰链力矩小；部位安排方便；结构简单等。

1. 翼面沿弹身周侧的布置形式

导弹的翼面在弹身周侧的布局形式，最常见的有"一"字形、"十"字形、"×"字形等三种，如图 2-36 所示。

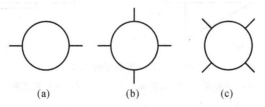

　　　(a)　　　　　　　(b)　　　　　　　(c)

图 2-36　翼面在弹身周侧的布局

(a)"一"字形；　(b)"十"字形；　(c)"×"字形

(1)"一"字形布局。此种布局形式对于攻击固定目标和运动速度不大的目标、机动性要求不高的导弹来讲是较适宜的。其最大的优点就是质量小、迎面阻力小，这对于中远程导弹来讲是很重要的。最大的不足则是机动性较差,因此目前多用在飞航式导弹上。

(2)"十"和"×"字形布局。它们的特点是不论在哪个方向上均能产生同样大的升力,即俯仰与偏航的气动力特性是相同的,而且在各方向产生升力时都具有快速响应的特点,这样可以简化控制系统,因此,被广泛地应用在机动性要求较高的导弹上。这两者比较来看,"×"字形布局无论是挂机或在发射架上都较"十"字形更为有利。与"一"字形比较则是多了一对翼面,使导弹的结构质量有所增加。

2.翼面沿弹身纵轴的布置形式

按照弹翼与舵面的相对位置不同,气动布局有正常式、无尾式、鸭式、旋转弹翼式等四种形式,另外,还有一种无翼式。

(1)正常式。这是一种舵面在弹翼之后的一种气动布局形式,如图 2-37(a)所示。在这种布局形式中,舵面的偏转变化方向与迎角的变化方向相反,即在平衡状态时,舵面偏转所产生的附加升力方向与导弹由迎角变化所产生的附加升力的方向相反。因此,导弹的响应特性较慢,总升力减小。由于舵面总迎角较小,所以对于减小舵面载荷和铰链力矩是有利的。当采用固体火箭发动机时,正常式操纵机构的安置会受到空间位置的限制。"SA-2"地空导弹采用正常式气动布局。

(2)无尾式。这种气动布局形式是正常式气动布局形式的发展,它是在弹翼后安置舵面而去掉尾翼的,如图 2-37(b)所示。这种形式的优点是减少了翼面的数量,从而减小了导弹的阻力和降低了导弹的成本。最大的问题是弹翼的位置很难确定,弹翼靠后时导弹会出现过稳定性,这就要求有较大的舵面及舵偏角,如将弹翼前移靠近导弹的质心,又会使导弹的稳定性降低,使舵面的操纵效率下降。为克服这一缺点,在无尾式气动布局的导弹上安置反安定面。这样处理,弹翼往后布置不致引起过稳定现象,同时提高了操纵效率。"霍克"地空导弹采用无尾式气动布局。

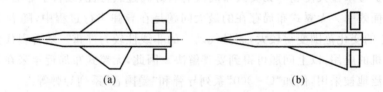

图 2-37　正常式和无尾式气动布局

(a)正常式；　(b)无尾式

(3)鸭式。舵面在弹翼之前的一种气动布局形式称为鸭式,如图 2-38(a)所示。在这种布局形式中,舵面的偏转方向与迎角的改变方向一致,即导弹在平衡状态时,舵面偏转所产生的升力方向总是与导弹迎角改变所产生的升力方向相同。因此,响应比正常式的快,总升力大。它的另一个优点是操纵机构与固体火箭发动机在空间布局上无矛盾,在采用固体火箭发动机的导弹上位置配置比较方便。它的主要缺点是由于舵面的不对称洗流对弹翼的气动力有影响,使得在通过舵面差动来进行滚转时造成稳定困难。对于要求操作性能好、单通道控制的便携式地空导弹,鸭式布局是一种好的布局形式。"SA-7"导弹,"毒刺"导弹、"响尾蛇"导弹采用鸭式气动布局。

(4)旋转弹翼式。这是一种弹翼可以转动而尾翼为全固定的一种布局,如图 2-38(b)所示。正常式、无尾式和鸭式皆是只有舵面偏转,产生附加气动力操纵导弹绕其质心旋转,从而改变导弹的迎角,进一步改变弹翼的升力。而旋转弹翼式在弹翼旋转之后就改变了弹翼的迎角,同时也改变了弹翼的升力。因此,旋转弹翼式对控制信号的响应特性最快,但要使弹翼旋转,弹翼操纵系统的铰链力矩大,这就要求舵机具有较大的功率。旋转弹翼式布局主要应用于冲压发动机的导弹和射程较近的小型导弹上。采用旋转弹翼式的地空导弹有"阿斯派德""罗兰特""SA-6";空空导弹有"麻雀-Ⅲ""响尾蛇"。

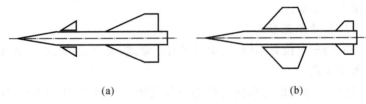

(a)   (b)

图 2-38　鸭式和旋转弹翼式气动布局

(a)鸭式；　(b)旋转弹翼式

　　(5)无翼式。只在弹身尾段处装有舵面而无弹翼的气动布局,称无翼式布局,如图 2-39所示。无翼式布局实际就是全动弹翼式的变异,即将整个弹翼做成可转动的,且向弹身后部移动,它既可起翼的作用,又可以起舵面的作用,可提供很大的法向力,亦即提供大机动过载。这种布局产生升力的主要部件是弹身。

　　随着空中威胁的发展,对中高空地空导弹的射程要求越来越大,这就要求导弹有更快的飞行速度。另外,为了拦截战术弹道导弹,要求导弹具有更快的响应特性。当导弹在大速度飞行时,弹身对升力的贡献增加,而弹翼的贡献相对地减小,特别是大攻角技术的应用,弹身对升力的贡献更大了,弹翼的作用更小了,缩小弹翼面积以至完全取消弹翼成为有翼导弹气动布局发展的一个新方向。无翼式布局具有结构质量小、结构简单、工艺性好、发射装置简单的特点,为制造和使用维护带来极大便利。无翼式布局具有较好的过载特性,改善了非对称气动力特性,具有较高的舵面效率。无翼式布局存在的最大问题是在导弹飞行过程中,随着飞行马赫数的变化,压力中心的变化范围变得较大,而且气动力的非线性较为严重。随着现代控制技术的发展和弹上计算机的应用,以上问题可得到妥善解决。因此,无翼式布局近年来在先进的地空导弹中越来越广泛地被采用,例如"C-300"系列导弹和"爱国者"系列导弹等。

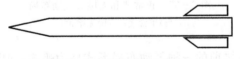

图 2-39　无翼式气动布局

2.4　导弹的飞行控制

2.4.1　导弹控制力的分类

1. 利用空气动力控制

　　当导弹在稠密大气层内飞行时,空气舵是最广泛采用的操纵机构。空气舵是在离导弹重心某一距离处安置的不大的承力面,如图 2-40 所示。

当空气舵偏转一个角度 δ 时，舵面上就会作用有空气动力 Y_δ，该力作用在舵面的压力中心上，并产生相对于导弹重心的力矩。在该力矩作用下，导弹绕其重心转动，进而使导弹绕重心转动产生迎角，最终使迎角平衡在一定的数值上。由此迎角来产生控制飞行所需要的法向力。

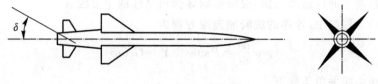

图 2-40　空气舵

空气舵面可以放在导弹重心的前面（如鸭式布局），也可以放在导弹重心的后面（如正常式布局）。

空气舵面可以直接安装在弹身上而形成全动舵面，也可以安装在弹翼的后缘或者安定面的后缘处。

2.用反作用力控制

(1) 燃气舵。燃气舵是装在发动机喷管出口端面处的燃气流中的一种舵面，如图 2-41 所示。当燃气舵相对燃气流有一夹角时，由于燃气流和舵面之间的相对运动，也会产生俯仰力矩 $M_z(\delta)$，在此力矩的作用下使导弹绕重心发生转动。

燃气舵具有结构简单、响应速度快和不受飞行高度影响等优点。缺点是燃气舵阻力会使发动机轴向推力产生较大的损失。

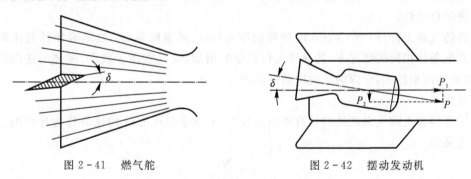

图 2-41　燃气舵　　　　　　　　图 2-42　摆动发动机

(2) 摆动发动机。这是一种安装在主发动机周围可摆动的操纵发动机（即摆动燃烧室），如图 2-42 所示。操纵发动机摆动时，能改变推力 P_2 的方向，形成操纵力矩，这个力矩使导弹绕其重心转动，从而改变主发动机推力在弹道坐标系中沿 Oy_2 轴的分量，获得控制力。

利用发动机推力产生操纵力矩的方法还有摆动喷管、摆帽、燃气挡片等方法。

2.4.2　导弹的机动性、稳定性与操纵性

1.机动性

导弹的机动性是指导弹改变飞行速度方向的能力，如果导弹要攻击运动目标，特别是攻击空中高速机动的目标，导弹必须具有良好的机动性。导弹的机动性可用法向加速度描述，但通常用法向过载评价导弹的机动性。

在同一飞行高度和速度下,导弹的法向机动性越好,则导弹的转弯半径就越小,就越利于攻击高速活动目标。对采用空气动力控制的有翼导弹,其法向机动性取决于法向空气动力的大小,导弹能提供的最大法向空气动力越大,其法向机动性就越好。对推力矢量控制的导弹,其法向机动性取决于发动机推力的大小及其可偏离弹体轴线的角度。

以导弹在铅垂平面内运动为例,说明影响导弹机动性的主要因素。

在导弹运动方程组中,导弹的法向加速度方程为

$$mv\frac{\mathrm{d}\theta}{\mathrm{d}t} = P\sin\alpha + Y - G\cos\theta \tag{2-41}$$

在小迎角和小舵偏角条件下,

$$\left.\begin{array}{l} \sin\alpha = \dfrac{\alpha}{57.3} \\ Y = Y^{\alpha}\alpha + Y^{\alpha_z}\delta_z \end{array}\right\} \tag{2-42}$$

在平衡条件下,升降舵舵偏角 δ_z 和攻角 α 之间的关系为

$$\delta_z = -\frac{M_z^{\alpha}}{M_z^{\delta_z}}\alpha \tag{2-43}$$

则
$$v\dot{\theta} = \frac{\dfrac{P}{57.3} + \left(Y^{\alpha} - Y^{\delta_z}\dfrac{M_z^{\alpha}}{M_z^{\delta_z}}\right)}{m}\alpha - g\cos\theta \tag{2-44}$$

由式(2-37)可知,导弹的法向加速度 $v\dot{\theta}$ 的大小取决于迎角 α 的大小。在小迎角条件下,迎角 α 越大,导弹产生的法向加速度越大,其法向机动性就越好。导弹所能使用的最大迎角 $\alpha_{\max}$ 是有限值,一般用在最大迎角 $\alpha_{\max}$ 条件下,导弹所能产生的法向加速度 $v\dot{\theta}$ 的大小来衡量导弹的法向机动性。

导弹的气动力特性(即 C_Y^{α},$C_Y^{\delta_z}$)、导弹的质量(m)、弹道倾角(θ)也影响导弹的法向机动性。在其他条件相同的情况下,随导弹飞行高度的增加,大气密度 ρ 减小,导弹的法向机动性下降;弹翼的面积越大,导弹的法向机动性越好。

2.过载

作用在导弹上除重力之外的所有外力的合力 N 与导弹重力 G 的比值称为导弹的过载。过载的定义为

$$n = \frac{N}{G} \tag{2-45}$$

过载 n 的方向与外力 N 的方向一致。过载是一个无量纲的量。

因为过载为一矢量,故可将其在不同的坐标系下分解。

以铅垂平面内运动为例,这时沿弹道坐标系中的 Ox_2 轴和 Oy_2 轴的分量为

$$\left.\begin{array}{l} n_x = \dfrac{P\cos\alpha - X}{G} \\ n_y = \dfrac{P\sin\alpha + Y}{G} \end{array}\right\} \tag{2-46}$$

导弹质心的动力学方程可用过载 n_x 和 n_y 表示为

$$\frac{\mathrm{d}v/\mathrm{d}t}{g} = n_x - \sin\theta, \quad \frac{v\mathrm{d}\theta/\mathrm{d}t}{g} = n_y - \cos\theta \tag{2-47}$$

由此可见,过载 n 同样可用来衡量机动性的好坏。自然我们总是希望导弹的过载大一些

好,但对一枚具体导弹来说,它的过载受很多因素的限制。第一,操纵元件的偏转范围是有限的;第二,产生气动法向力的攻角和侧滑角不可能太大,不能超过它们的临界值;第三,导弹弹体结构强度不允许法向力很大,否则会导致弹体结构破坏。因此,一枚导弹所能提供的过载是有限的。导弹所能提供的过载称为可用过载,而导弹沿实际要求的轨迹飞行所需要的过载称为需用过载。可用过载一般应大于或等于需用过载。

3.稳定性

所谓导弹的稳定性,是指导弹在飞行过程中,由于受某种干扰,使其偏移原来的飞行状态,在干扰消失以后,导弹恢复到原飞行状态的能力。若导弹可以恢复到原来的飞行状态,就称它是稳定的,或称之具有稳定性;反之,称为不稳定的,或称之为不具有稳定性。

导弹在飞行过程中的稳定性,包括两组参数的稳定性。一组为质心运动参数(如速度 v、高度 H 等);另一组为导弹角运动参数(如攻角 α,弹道倾角 θ 和姿态角 ϑ,ψ,γ 以及它们的角速度等)。

一般所说导弹的稳定性,实际上包含着两个方面的含义。一是指导弹(包括导弹稳定系统)的稳定性;另一是指导弹弹体自身(不包含导弹稳定系统)的稳定性。

导弹自身的稳定性是指舵面锁住情况下的稳定性。这时的稳定性与导弹的气动外形和部位安排有着十分密切的关系。通过理论推导和试验研究,只要保证气动力焦点在质心之后,并有一定的距离,就不仅可以保证迎角 α 是稳定的,而且能出现如图 2-43(a)所示的稳定过程。如果导弹的焦点在质心之前的一定距离上,则迎角是不稳定的,如图 2-43(b)所示。

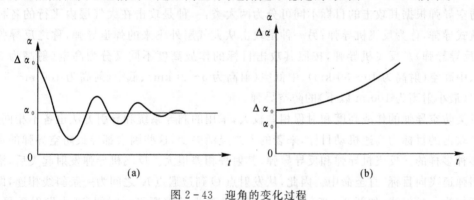

图 2-43　迎角的变化过程

如果在导弹上装有自动稳定系统,这时对焦点和质心间的相互位置就不像前面所说的那样严格,由于自动稳定系统参与工作,可使原先不稳定运动过程转变为稳定过程。不仅如此,而且还能用来改变其稳定过程的品质,如图 2-44 所示,图中曲线 a 为导弹自身的迎角 α 稳定过程;曲线 b 为导弹带有自动稳定系统迎角 α 的稳定过程。显然,带有自动稳定系时的稳定过程较平稳,并且恢复到原飞行状态所需的时间也短。

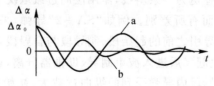

图 2-44　迎角 α 的稳定过程

a—飞行器自身的稳定过程;　b—带稳定自动器的飞行器稳定过程

4.操纵性

导弹的操纵性是导弹重要的特性之一。导弹在操纵元件发生动作时,改变其原来飞行状态的能力以及对此反应快慢的程度,称为导弹的操纵性。譬如,如果导弹的操纵元件为空气动力舵面的话,导弹在舵面偏转某一定角度时导弹的飞行状态改变得愈快,运动参数(姿态角、攻角和侧滑角等)的改变量愈大,则导弹的操纵性就愈好;反之,导弹的操纵性就愈差。

导弹的稳定性与操纵性是既对立又统一的。导弹的操纵性愈好,导弹就愈容易改变其原来的飞行状态;而导弹的稳定性愈好,导弹则愈不容易改变其原来的飞行状态。因此,提高导弹的操纵性,就会削弱导弹的稳定性;提高导弹的稳定性,就会削弱导弹的操纵性。这就是说,导弹的操纵性和稳定性是矛盾的,对立的。另一方面,静稳定性差,或者静不稳定的导弹,则要求自动稳定系统使操纵元件发生动作而产生操纵力矩,以便对导弹进行操纵,来克服外加干扰,维持导弹的稳定。在这种情况下,如果导弹的操纵性好,导弹在自动稳定系统作用下,能够较快地改变其飞行状态,使导弹迅速达到稳定。因此,导弹的操纵性有助于加强导弹的稳定性。这说明导弹的操纵性和稳定性又是统一的。

2.5 导弹弹道与导引方法

2.5.1 典型导弹弹道

防空导弹根据其攻击的目标不同可分为两大类:一种是攻击在大气层内飞行的各种飞机和飞航式导弹,称为反飞机导弹;另一种是攻击从大气层外飞来的弹道导弹,称之反导弹导弹(简称反导导弹)。反飞机导弹,按照其攻击目标的作战高度不同又分为高空(射高为 30 km 以上)、中高空(射高为 10~30 km)、中低空(射高为 5~l0 km)、低空(射高为 100 m~5 km)、超低空(最小射高为 100 m 以下)的防空导弹。

各类防空导弹的作战高度和射程相差较大,采用的制导系统和导引方法也各不相同,同时由于其攻击的目标为高速机动目标,来袭的方式灵活多变,这些因素都导致防空导弹的典型弹道是多种多样的。反飞机导弹和反导导弹,其射程相差很大。反飞机导弹发射起飞后,沿着一条倾斜弹道飞向目标,直至命中。因此,从发射点 O 到遭遇点 K 之间为一条斜线相连,即典型弹道近似为一条斜线,如图 2-45(a)所示;反导导弹为了缩短飞行时间,减小发射质量,提高导弹的机动作战性能,常采用垂直(或接近垂直的大射角)发射,导弹很快飞出稠密大气层后,达到预定高度,即按预定程序转入平飞,在弹道末段,再根据高度和方向对导弹进行制导,使之命中目标。因此,其典型弹道由上升段和平飞弹道组成,如图 2-45(b)所示。

远程防空导弹的典型弹道与飞航式导弹的典型弹道相似,由于机动性要求最高,即需用过载最大的转弯段。

远程反飞机导弹的典型弹道为一条斜线,需用法向过载取决于作战高度和射程,但在全弹道各段上由于导引方法不同而有所差别。例如"SA-2"导弹,采用倾斜发射、无线电指令制导、三点法导引,其弹道分为导引之前的起始段、制导段与自毁段,如图 2-46 所示。其中起始段包括助推器工作、导弹离轨起飞后进入波束制导、助推器分离,过渡到续航发动机工作,直到导弹接受指令开始制导。起始段内导弹受到的纵向过载大,初始扰动和助推器分离时的扰动作用影响大,需用法向过载不会达到最大值。制导段包括使导弹消除初始偏差的导入段和导弹在控制指令输入后被导向目标的导引段。这一段是弹道的主要部分,导弹绝大部分时间在这一段弹道上飞行,这一段内导弹需要做较大的机动飞行,需用法向过载可能达到最大值。在导弹飞过遭遇点,"脱靶"以后,才进入自毁段。如果导弹命中目标,自毁段自然也就失去意义。

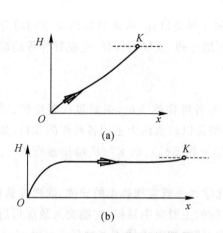

图 2-45 防空导弹的典型弹道

(a)短程反飞机导弹的典型弹道;

(b)远程反导导弹的典型弹道;"K"为命中点

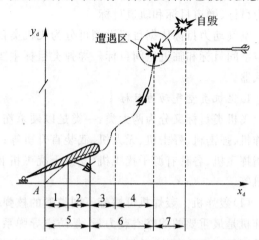

图 2-46 反飞机防空导弹弹道分段

1—助推段; 2—过渡段; 3—导入段; 4—导引段;
5—起始段; 6—控制段; 7—自毁段

1. 助推段

助推段就是助推器工作的那一段。它包括在滑轨上的飞行段和离轨后直到助推器工作结束为止的空间飞行段。该段以固体火箭发动机作为动力,推力较大,推动着导弹以很大的加速度飞行。在助推器工作结束后,助推器脱落,以减小导弹的质量。在此段,控制系统尚未开始工作,导弹由倾斜稳定系统操纵其助推器上的副翼(在稳定尾翼上),使弹体绕纵轴滚动。一般在滑轨上飞行 0.2~0.3 s,助推段飞行时间为 3~4 s。

2. 自动稳定段

从助推器脱落到导弹进入波束受控时为止,称为自动稳定段(也称为过渡段)。因助推器脱落,使导弹产生较大的波动,此时它靠弹上自动驾驶仪的角度灵敏元件的作用,产生控制舵面的信号。通过舵面的偏转,来抑制弹道的波动,达到自动稳定的目的。

3. 控制段

从导弹射入天线捕获空域且开始接受制导站控制起,到导弹导引至目标附近为止,称为控制段。在这一段飞行中,导弹在控制指令作用下,将导弹引导到理想弹道上,并进行稳定控制飞行。控制段一般由引入段和导引段组成。

4. 自毁段

从导弹到达目标遭遇区起,到导弹自行爆炸为止,称为自毁段。在使用无线电引信情况下,往往在离目标 500~600 m 远时,无线电引信解除最后一级保险,引信中的磁控管开始发射电磁波。距目标一定距离时,引信启动,使战斗部爆炸。如果导弹因某种原因,未能击中目标时,无线电引信中的定时机构将会发出自毁指令,使导弹飞至一定时间自行炸毁。

2.5.2 空中目标及其运动规律

依据目标飞行的技术原理,目前对防空导弹系统构成威胁的空袭目标可分为三大类:空气动力目标、弹道目标和轨道目标。

空气动力目标依据目标类型可分为飞机类目标和导弹类目标,依据目标活动空间可分为航空空间目标和临近空间目标。导弹类目标主要指空地导弹、反辐射导弹、巡航导弹等精确制导武器。

1. 飞机类空气动力目标

飞机类目标又分为两大类:一类是以硬杀伤为主的各种作战飞机,主要包括轰炸机、歼击轰炸机、强击机、歼击机、无人机、武装直升机等;另一类是以软杀伤为主的各种作战飞机,如预警指挥飞机、各种有源干扰飞机(支援干扰飞机和伴随干扰飞机)、战术与战略侦察有人/无人飞机等。

(1)轰炸机。轰炸机可携带不同类型的核弹头、化学弹头或常规弹头的导弹、炸弹等载荷。轰炸机是最重要的战略空袭力量,是防空导弹系统拦截的主要空中目标,它能突入敌深远后方对重要目标实施轰炸,破坏力极大,并且可以完成反舰、侦察和电子战等多种任务。经过近70年的发展,轰炸机已发展到第三代,目前正在发展第四代,现役典型装备有俄罗斯"Tu-95"、"Tu-160"(海盗旗),美国"B-52""B-1B""B-2""隐身"战略轰炸机。

1)轰炸机典型特点。目前世界各国装备和在研的中远程战略轰炸机多数为亚声速($Ma=0.85\sim0.9$,最大实用升限为 15 000 m。某些机型如"F-111A""B-1B""Tu-26""Tu-160"采用了可变后掠翼,在高空可以 $Ma=2\sim2.2$ 的超声速飞行,但在低空飞行时,其最大飞行速度仍为 $Ma=0.95$。战略轰炸机最大机动过载在低空一般不超过 $3.5g$,随飞行高度增加而逐渐减小。

对于第三代中远程战略轰炸机其特点体现在:具有很强的低空突防能力和超声速低空巡航能力;机载设备先进;采用隐身技术;航程远、体积小、载弹量大,具有远距离实施攻击能力。

2)空袭进入运动特征。战略轰炸机均采用亚声速飞行,空袭可以采用从一个方向进入,也可从多个方向进入。从一个方向进入时,一般以 2~8 机的多个战术编队梯次出动,从一个方向,沿同一航线进入目标区,对目标实施集中突击。编队的间隔为 2~15 min,飞机高度为7 000~8 000 m,时速为 800 km/h。从多方向进入时,以密集队形出航,沿同一航线至预定空域展开为数批,然后从几个方向进入,形成一个宽大的正面(小于 30 km),对目标实施集中突击。突击时各批的高度在 2 000~9 000 m 之间不等,间隔 3~12 min。

3)空袭攻击运动特征。战略轰炸机采用制导炸弹或空地导弹对地面目标实施攻击。

投掷炸弹时,通常采用中低空轰炸,如图 2-47 所示。中低空轰炸时,巡航高度为 100~300 m,速度为 900 km/h,距攻击目标为 80 km 左右加速至为 1 000 km/h 以上,距轰炸目标30 km 左右时,上升至预定高度(1 500~3 000 m)进行俯冲轰炸,以 7 000~9 000 m 高度返航。低空轰炸时,飞机保持 50~150 m 高度高速飞向目标,离目标一定距离上升到 600 m 高度,判定飞机和目标的相对位置,同时进行概略瞄准,然后保持任一角度向目标俯冲并进行精确瞄准。完成精确瞄准后,自动投弹系统开始工作。飞机下降到安全高度后,飞行员操纵飞机退出俯冲,立即保持固定的上仰角,不带坡度上升。计算机求出投弹时机,自动投弹,随即从任一方向脱离目标。

　　发射空地导弹时,导弹的发射距离为 5～250 km,发射高度为 3 000～7 000 m,发射时飞机时速在 800～1 600 km 之间,载机在发射后不对导弹进行制导。

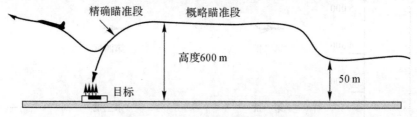

图 2-47　B-52 低空轰炸示意图

　　(2)多用途战斗机。多用途战斗机依据作战任务不同又可划分为空中优势战斗机、对地攻击机、歼击轰炸机等,随着航空技术的发展,这些不同类型飞机正向多用途方向发展。目前以三代机为主,正在向四代机发展,五代机处于研制中。现役典型装备有俄罗斯的"Su-25""Su-27""Su-30"" Su-35""Su-39""Mig-27""Mig-29""Mig-31"等,美国的"F-15""F-16""F/A-18"等,欧洲的"幻影-2000""美洲虎"和"狂风"等。上述各类目标中,目前对地空导弹系统威胁最严重的是多用途隐身战斗机,其中美军的"F-22"和"F-35"、俄罗斯的"T-50"最具有代表性。

　　1)攻击进入运动特征。沿"8"字形航线进入攻击。飞机以 5 000～5 500 m 高度进入目标区,先作航线机动,并下降高度至 4 500～1 500 m,然后转弯180°,实施第一次攻击,攻击后上升高度至 4 500～5 000 m,再转弯180°,进行第二次攻击,尔后作 90°航向机动退出,如图2-48所示。

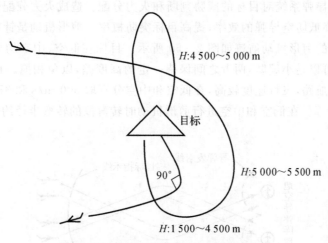

图 2-48　战术飞机"8"字形攻击形式之一

　　沿交叉航线进入攻击,如以 5 000 m 高度进入目标区,至目标上空时高度下降至 1 500 m 对目标实施第一次攻击,然后作 180°转弯对目标实施再次攻击。

　　分散进入攻击。如编队出航,到达目标前 3～8 min(距目标 20～100 km)变为疏散队形,以单机或双机进入目标区实施攻击。

　　从不同高度进入攻击。数个攻击编队在同一航线上保持不同高度进入目标区实施攻击,如图 2 - 49 所示。

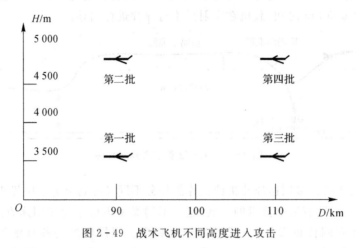

图 2-49　战术飞机不同高度进入攻击

2）机动规避运动特征。目标规避是指单机或编队突防时不断改变飞行方向、高度和速度以降低防空兵器的射击效果。飞机为突破地空导弹阵地，摆脱地空导弹的反击，一般在制导雷达精密跟踪、照射雷达开机发射导弹瞬间要进行规避。自越南战争开始的多次局部战争中，飞行员在发现遭到敌防空导弹雷达跟踪或发现受导弹攻击时，往往采取适时突然机动的方式，以躲避导弹的袭击，甩开地空导弹。

机动规避方式主要有以下几种：

剪形机动：剪形机动是一种重要的反指挥机动形式。反指挥机动是指来袭目标通过其机动飞行来影响地空导弹系统对目标的威胁判断和火力分配。造成火力分配失误或延误发射时机，从而从总体上降低防空导弹的效率，提高目标突防概率。剪形机动是针对两个或两个以上火力单元的。典型的剪形机动航迹如图 2-50 所示。目标在低空、中空均可作剪形机动。目标可以是单机，也可以是小编队，两者之间保持一定的高度差，以免相撞。目标在进行剪形机动时尚未进入轰炸航路，飞行速度较高，在低空和中空分别取 300 m/s 和 370 m/s。机动过载一般较小，按 2g 计算。在低空和中空进行剪形机动时转弯段的转弯半径约分别为 5 000 m 和 8 000 m。

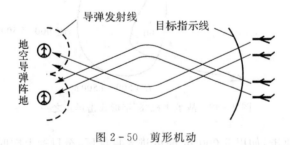

图 2-50　剪形机动

蛇形机动：蛇形机动是一种反雷达、反高炮、反导弹机动，目的在于增加雷达跟踪误差，增大高炮的前置量计算误差和导弹的飞行过载，以便达到降低高射兵器射击效果的目的。飞机在地（水）面防空兵器火力区内，并在进入轰炸航路前或投弹后脱离时作此机动。在进行此种机动时，飞机以尽快速度通过防区或脱离防区，其左右转弯时偏离主航向的角度一般为 15°～

20°。蛇形机动主要在低空进行,若目标速度为 300 m/s,蛇形机动一周的时间为 10 s 左右。若在中空进行蛇行机动,其过载取 $2\sim3g$,平均为 $2.5g$;速度取 370 m/s(相当于高度 8 000 m 时,$Ma=1.2$);蛇形机动一周的时间为 20 s 左右。飞机在高空不考虑蛇形机动,蛇形机动如图 2-51 所示。

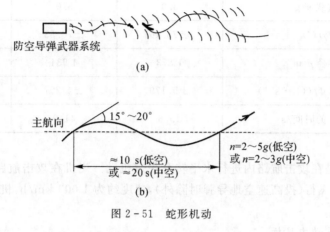

图 2-51　蛇形机动

山羊跳机动:战斗轰炸机在对地面目标进行攻击时,往往采取山羊跳机动,首先以 $2g$ 左右机动进入俯冲攻击,投弹后,立即采取大过载上拉动作,迅速退出目标区。典型的垂直平面"山羊跳"机动攻击如图 2-52 所示。

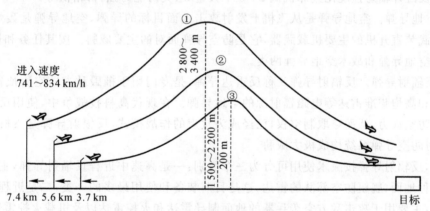

图 2-52　垂直平面"山羊跳"攻击

①45°角俯冲攻击;　②30°角火箭攻击;　③5°~15°小角度攻击

水平急转弯机动:进行水平急转弯机动的时机有两种。其一是当飞机发现正被防空导弹拦截时,进行水平急转弯机动,企图甩掉拦截过程中的防空导弹。其二是飞机在投弹后立即转弯脱离防区。在低空、中空和高空都可进行此种机动。

空袭飞机进行水平转弯机动时的飞行速度取值有两种情况。第一种情况是在进入轰炸航路前,可以以外挂作战时的最大飞行速度飞行,即在低空、中空和高空分别以马赫数 0.9,1.2 和 1.5 飞行。机动过载取该高度下的最大过载,即 $5g$,$3g$ 和 $1.5g$。上述条件下的水平转弯机动参数如表 2-2 所示。

表 2 - 2   水平转弯的机动参数

飞行高度 H/m	300	8 000	12 000
飞行速度 v/(m·s^{-1})	300	370	450
机动过载 n/g	5.0	3.0	1.5
坡度 γ/(°)	±78.46	±70.53	±48.19
转弯半径 ρ/m	1 873	4 934	8 463
偏航角角速率 Φ/((°)·s^{-1})	±9.179	±4.297	±1.397
转弯180°的时间/s	19.6	41.9	128.9

第二种情况是在攻击航路内进行水平转弯规避机动。飞机在攻击航路内,为了投弹的需要,一般以亚声速飞行(投高速空地导弹时除外),速度约为 1 000 km/h,机动过载仍取该高度下的最大过载。

2. 导弹类空气动力目标

目前精确制导导弹目标主要包括空地导弹、反辐射导弹、空地巡航导弹等,各类精确制导导弹与飞机相比,其特点是速度快,现代空地导弹的速度达 $Ma=3\sim4$;体积较小,相应的雷达散射面积及红外辐射强度比轰炸机低 2～3 个数量级,突防能力强,价格低等。

(1)空地导弹。空地导弹是从飞机上发射攻击地面目标的导弹,空地导弹是轰炸机、歼击轰炸机和武装直升机的主要机载武器,它是防空导弹面对的主要威胁。按其任务和性能,可以分为战略空地导弹和战术空地导弹两类。

(2)反辐射导弹。反辐射导弹又称反雷达导弹,是专门用于摧毁敌方防空警戒雷达、导弹制导雷达和高炮瞄准雷达等电磁辐射源的空地导弹。在现代高科技战争中,使用反辐射导弹压制敌方防空火力,从而夺取制空权,已经成为常规的作战模式,反辐射导弹是飞机突防的重要手段,对防空导弹系统构成极大威胁。

目前,反辐射导弹按战术使用可分为三个类别:一是高速中近程反辐射导弹,主要用于攻击敌方各种地面、舰艇防空部队的雷达,这是目前装备和使用最多的一类;二是近程自卫式反辐射导弹,主要用于攻击敌方空袭兵器的地面制导雷达和火控雷达以及机载火控雷达;三是远程、高声速巡航式反辐射导弹,主要用于对敌防空雷达群实施大面积的压制,以弥补前两类反辐射导弹执行防空压制任务时在时间和空间上的不足。

为提高反辐射导弹的命中精度和射击时的隐蔽性,载机一般都采用低空俯冲发射或低空上仰发射,尤以低空上仰发射较多,有时也采取中、高空发射。

低空俯冲发射:载机确定目标后,使反辐射导弹的天线对准目标,然后在 1 500～2 000 m 高度上向目标俯冲并发射导弹,尔后伺机脱离。导弹按定向直线飞向目标,最有效的发射距离一般为 15～18 km。

低空上仰(跃升)发射:载机超低空或低空(1 500 m 以下)进入,搜索到辐射源后,上升至 2 400～3 000 m,接近发射距离(24～28 km)时,对准目标俯冲到 1 500 m 高度,以 35°～55°跃升发射,为捕捉目标波束,导弹先按程序爬升一段距离,然后飞向目标。此种发射方式射程远,载机比较安全,但导弹不易进入雷达波束。

中、高空发射:载机在中高空平直或小机动飞行,以自身为诱饵,故意使敌方雷达照射跟踪,以造成发射反辐射导弹的有利条件。发射后载机仍按照原航线继续飞行一段,以便使导弹导引头稳定可靠地跟踪目标雷达。这种方式命中率相当高,但载机被击落的危险性也很大,因此目前多采用计算机控制实现发射后不用管的功能,通常导弹载机在距目标雷达 $75\sim90$ km、高度 $9\sim12$ km 高空位置发射导弹,载机在发射后脱离原航线,机动飞离现场。

(3)巡航导弹。巡航导弹的主要飞行过程类似于飞机的“巡航”,以近于等速和等高度的状态飞行。空射巡航导弹是一种专门为战略轰炸机等大型机种设计的远程攻击型武器,重点攻击敌国的政治中心、经济中心、军事指挥中心、工业基地和交通枢纽等重要战略目标,包括战略巡航导弹和远程战术巡航导弹。

巡航导弹主要用于突击四类目标:处于敌纵深内防卫严密、坚固的高价值点状目标;航空兵突击风险较大的目标(如机场、防空导弹阵地);大面积目标;不适宜飞机突击的隐蔽目标。巡航导弹武器系统由发射平台和导弹两部分组成。发射时导弹测出发射平台实际位置,计算发射点与目标的方位与距离,然后进行发射。导弹转入巡航状态的飞行方案有两种:一是海上飞行时,选用对飞行最有利的高空弹道,进入陆地后再转入超低空飞行,此种方式导弹速度快,但隐蔽性较差,易被过早发现和拦截;二是在水上以 $8\sim15$ m 高度超低空飞行,进入陆地后则转入离地 50 m 左右的高度飞行,此种方式隐蔽性好,但导弹飞行速度较低。

1)空射攻击运动特征。在执行任务前先将目标数据装上导弹,当飞机抵达预定发射阵位时,在预贮的多个目标中选定一个目标。导弹发射后先在 3 000 m 的最佳高度以 $Ma=0.7$ 的速度巡航,以节省燃料、提高射程。当接近敌防区时,降低高度(丘陵地 150 m,平地 20 m 左右)以避开雷达探测。当接近攻击目标 25 km 时,有时会增速到 $Ma=0.9$ 的高亚声速飞行。导弹通过目标前方的设防区时,为避免被对方防空火力击落,常选择两防空阵地之间的空隙飞向目标。到最后攻击阶段,导弹可选择从目标的正面、侧面或背面进行攻击。

2)面射攻击运动特征。海基发射巡航导弹有舰射和潜射两种方式。潜射巡航导弹在水下 $15\sim30$ m 深处,靠空气压力从鱼雷管中射出,点火后从水中急速升向空中。导弹升至 600 m 高度尾翼张开,然后下降到距海面 10 m 左右的巡航高度,向目标飞行。舰射巡航导弹也是发射后先升至预定高度后,再下降到距海面 10 m 左右巡航高度,向目标飞行。进入陆地后进行地形匹配制导,修正航路。当距目标 24 km 左右时,上升至一定高度或直接校对地图上的位置,通过末制导对目标实施攻击。

3.临近空间空气动力目标

临近空间(near space)是近年来才出现的一个新概念,它首先由美军提出。“临近空间”是指处于现有飞机最高飞行高度和卫星最低轨道高度之间的空域,也可称亚轨道或空天过渡区,大致包括大气平流层区域、中间大气层区域和部分电离层区域。根据国际航空联合会(FAI)的定义,临近空间的范围确定在 $23\sim100$ km。美国空军将临近空间范围确定为 $19.8\sim106.68$ km。目前大多数专家倾向于把临近空间范围定义为 $20\sim100$ km,这基于多种考虑,把 20 km 作为临近空间的最低界限,主要是因为它必须在国际民航组织(ICAO)控制的空域 18.3 km 之上;临近空间的最高界限暂时为 100 km,主要依据 FAI 的定义,考虑已有国际空域主权的协议和惯例。

临近空间目标是指主要在临近空间区域内飞行并完成侦察、通信、导航、预警及攻击等多种作战任务的飞行器。临近空间飞行器根据飞行速度的不同,通常可分为低动态和高动态两类。低动态飞行器飞行速度一般不超过 $Ma=3$,包括升力型、浮力型和升浮一体型三种,主要用于情报侦察、预警和通信;高动态飞行器通过采用特殊空气动力构型或动力装置,可以实现临近空间内超声速、高超声速飞行,主要执行兵力投送、精确打击和战略威慑等任务。

从目前外军一系列发展计划看,临近空间飞行器主要包括飞艇、作战飞机和导弹三类目标,其中"X-51A""HTV-2"等试验飞行器初步具备了临近空间目标的典型特征。从目标特征看,临近空间目标红外辐射特征明显高于航空空间目标,临近空间目标飞行弹道可采用巡航、滑翔弹道、再入-跳跃弹道等多种形式。

临近空间高超声速巡航导弹、再入式滑翔弹飞行弹道与弹道导弹、传统巡航导弹飞行弹道对比如图 2-53 所示。

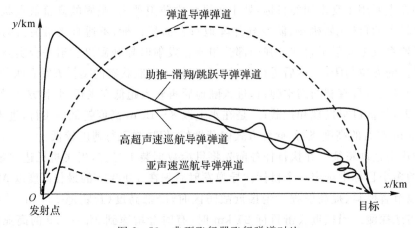

图 2-53　典型飞行器飞行弹道对比

4. 弹道导弹类目标

弹道导弹按作战用途可分为战略弹道导弹和战术弹道导弹;按射程可以分为近程弹道导弹(射程小于 1 000 km)、中程弹道导弹(射程介于 1 000～3 000 km)、远程弹道导弹(射程介于 3 000～8 000 km)和洲际弹道导弹(射程大于 8 000 km)。弹道导弹与常规武器相比,最大的优势在于其速度非常高和射程非常远。射程为 120～3 000 km 的战术弹道导弹飞行时间为 2.7～15 min,再入速度为 1.1～5 km/s,再入角为 44°～39°,弹道顶点高度为 30～600 km;射程为 10 000 km 的洲际弹道导弹,飞行时间为 25～35 min,再入速度为 7～7.7 km/s,再入角为 15°～35°,弹道顶点高度为 1 600 km。

弹道导弹除了在初始段以火箭发动机作动力加速飞行并进行制导外,弹道的其他部分均沿只受地球重力作用的椭圆弹道飞行。运动特性主要是指各种弹道导弹目标,由于自身质量和外形尺寸不一样,再入时所受的大气阻力影响也不同。在运动速度上,弹头比碎片和诱饵的减速高度低。弹道导弹目标的飞行速度和质阻比,可用雷达和激光设备测量。

弹道导弹飞行所需要的推力是由火箭发动机提供的。火箭发动机工作时,弹道导弹进行主动飞行;发动机关闭后,弹头与弹体分离,弹头进行被动飞行,靠惯性飞向落点。被动飞行的起点动能达到最大;随后,弹头飞到弹道的最高处,动能变为最小,而势能却达到最大。在从弹道的最高点至再入大气层之前的一段下降的弹道中,弹头的速度因受到地球引力的影响而由小增大。重返大气层之后,弹头受空气阻力的影响,其速度又开始下降,表现出不同的减速特性。

若只考虑气动阻力,则再入目标的减速特性只依赖于质阻比,即质阻比相同的再入目标,具有相同的运动规律,质阻比不同的再入目标,有着不同的减速特性。弹道导弹目标再入飞行时,气动阻力使目标轨道能量受到损耗,导致目标减速和变姿。当目标迎风截面积一定时,气动阻力与大气密度成正比,并与其飞行速度的二次方成正比。

弹道导弹目标再入大气层时,大气阻力对不同质量和迎风截面积的目标的减速影响也不同。弹道导弹目标中,弹头目标质量最大,其质阻比很大。重诱饵质量虽小,但它的迎风截面积小,其质阻比可做到与弹头相近似。气球轻诱饵质量最小,展开后迎风截面积较大,其质阻比最小。

弹道导弹飞出稠密大气层后,其弹头与弹体分离。弹头受分离作用力和自身结构影响,会引起不同程度的姿态运动。如果弹头尾部装有稳定裙并有姿态控制系统,则可以防止翻滚运动。在外大气层,弹头主要的微运动特征是旋转和章动(鼻锥摇摆)。同样,炸破的碎片和碎块、释放的诱饵,都受到外力作用,也存在各式各样的微运动特征。例如,气球诱饵可能发生翻滚运动。

5. 轨道类目标

轨道类目标主要是指运行于外大气层空间的各类目标,主要包括各类卫星、飞船、空天飞行器等。其中,空天飞机将是一类具有重要军事应用价值和高威胁的新型轨道类飞行器,如美军正在试验的轨道试验飞行器"X-37B",具备了未来空天飞机的典型特征。

通常,可将空间轨道分为低轨道(100~1 000 km),中轨道(1 000~20 000 km)和高轨道(20 000 km 以上)三大类。轨道目标运行轨道越高,其环绕速度就越小。空间轨道高度与环绕速度、运行周期的关系如表 2-3 所示。

表 2-3　空间轨道高度与环绕速度、运行周期的关系

轨道高度/km	环绕速度/$(km \cdot s^{-1})$	运行周期/h. min. s
200	7.791	1.28.28
300	7.732	1.30.27
500	7.619	1.34.32
1 000	7.356	1.45.02
3 000	6.525	2.30.31
6 000	5.679	3.48.18

轨道类目标依据其任务的不同,运行于不同的轨道。按照轨道平面倾角的大小,卫星轨道可分为顺行轨道、极轨道、逆行轨道、赤道轨道四种类型。实际使用的轨道主要是上述轨道中的近地轨道、地球同步轨道、太阳同步轨道、极轨道、回归轨道等。

目前典型轨道类目标的轨道特性如表 2-4 所示。

表 2－4　典型轨道目标的轨道特性

目标类型	轨道类型	轨道高度/km	备注
成像侦察卫星	近圆形低轨道	150～300	
电子侦察卫星	大椭圆低轨道	300～1 000	周期约 90～105 min
DSP 导弹预警卫星	地球同步轨道	35 800	
SBIRS 红外预警系统	高轨部分:地球同步轨道	35 800	
	低轨部分:大椭圆轨道	近地点:600	
测绘卫星		1 400～1 500	
海洋监视卫星	近圆轨道	900～1 100	
GPS 导航卫星	近圆高轨道	20 200	轨道倾角 55°
通信卫星	战术:大椭圆轨道 战略:地球同步轨道	35 800	
X－37B 试验飞行器	大椭圆轨道	200～1 000	

2.5.3　导引方法

导引方法又称导引规律,或称制导规律,就是使导弹按预先选定的运动学关系(运动规律)飞向目标的方法。运动学关系,一般是指导弹、目标在同一坐标系中的位置关系或相对运动关系。它一般可分为两类,即经典导引规律和最优导引规律。

1.经典导引规律

经典导引规律是建立在早期经典理论基础上的制导规律,它包括追踪法、前置角或半前置角法、三点法、平行接近法和比例导引法等。经典导引规律需要的信息量少,制导系统结构简单,工程实现容易。因此,现役的战术导弹大多数还是使用经典导引规律或其改进形式。

防空导弹经典制导规律可分为"位置导引"和"速度导引"两大类。位置导引的制导规律,是对导弹在空间的运动位置,直接给出某种特殊的约束。据此,可构想出多种不同的制导规律,但就其基本特点而言,可归纳为两种,即"三点法"和"前置角法"。速度导引的制导规律,是对导弹的速度矢量给出某种特定的约束。据此,同样可形成多种具体的制导规律,但是其中具有典型意义的可归纳为三种,即"追踪法""平行接近法"和"比例接近法"。

(1)位置导引。位置导引主要用于遥控制导。在位置导引中,制导规律的形成与遥控制导的特点密切相关。遥控制导的基本组成包括三个主要部分,即制导站、导弹和目标。而导弹位置在空间的变化也必然与专司跟踪、测量和导引的制导站的位置,以及作为拦截对象的目标的位置在空间的变化相关。位置导引的制导规律就是对这三者位置关系的约束准则。在制导规律的分析研究中,是将制导站、导弹和目标视为三个质点,对这三个质点的空间位置关系所应遵循的准则,给出的数学描述就是导引方程。

位置导引的主要特点是它所需要的设备一般均设置在制导站内,形成制导规律所需的量测信息较少,因此就制导规律而言,制导站和弹上相应的设备均较简单。

1)三点法。三点法导引是指导弹在攻击目标的导引过程中,导弹始终处于制导站与目标

的连线上,常用于遥控制导导弹。如果观察者从制导站上看目标,目标的影像正好被导弹的影像所覆盖,

因此,三点法又称目标覆盖法或重合法,如图 2-54 所示。

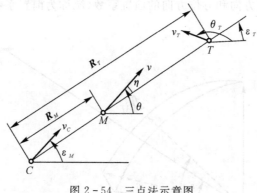

图 2-54　三点法示意图

由于制导站(C)与导弹(M)的连线 CM 和制导站与目标(T)的连线 CT 重合在一起,所以三点法的导引关系方程为

$$\left.\begin{array}{r}\varepsilon_M = \varepsilon_T \\ \beta_M = \beta_T\end{array}\right\} \tag{2-47}$$

式中,ε 为高低角;β 为方位角。

三点法导引最显著的优点就是技术实施简单,抗干扰性能好,因此它是遥控制导导弹常用的导引方法之一。例如,反坦克导弹是射手借助光学瞄准具进行目视跟踪目标,并控制导弹时刻处在制导站与目标的连线上;地空导弹是用一束雷达波束既跟踪目标,同时又制导导弹,使导弹始终在波束中心线上运动,如果导弹偏离了波束中心线,则制导系统就会发出指令,控制导弹回到波束中心线上来。

三点法导引也存在明显的缺点。首先,在迎击目标时越是接近目标,弹道越弯曲,需用法向过载越大,命中点的需用法向过载最大,这对攻击高空和高速目标很不利。因为随着高度增加,空气密度迅速减小,由空气动力所提供的法向力也大大下降,使导弹的可用法向过载减小,又由于目标速度大,导弹的需用法向过载也相应增大,这样,在接近目标时可能出现导弹的可用法向过载小于需用法向过载而导致导弹的脱靶。其次,导弹在实际飞行中,由于导弹及制导系统的各个环节都是有惯性的,不可能瞬时地执行控制指令,由此,将引起所谓动态误差,导弹将偏离理想弹道飞行。理想弹道越弯曲(即法向过载越大),引起的动态误差就越大。为了消除误差,需要在指令信号中加入动态信号予以校正。在三点法导引中,为了形成补偿信号,必须测量目标机动时的坐标及其一阶和二阶导数。由于来自目标的反射信号有起伏现象,以及接收机有干扰等原因,致使制导站测量的坐标不准确,如果再引入坐标的一阶和二阶导数,就会出现更大的误差,结果使形成的补偿信号不准确,甚至不易形成。因此,在三点法导引中,由于目标机动所引起的动态误差难于补偿,而会形成偏离波束中心线十多米的动态误差。

2)前置角法。前置角法导引要求导弹在遭遇前的制导飞行过程中,任意瞬时均处于制导站和目标连线的一侧,直至与目标遭遇。一般情况下,相对目标运动方向而言,导弹与制导站连线应超前于目标与制导站连线某个角度,如图 2-55 所示。

其导引方程为

$$\left.\begin{aligned} \varepsilon_M &= \varepsilon_T + \eta_t \Delta R \\ \beta_M &= \beta_T + \eta_\beta \Delta R \end{aligned}\right\} \qquad (2-48)$$

式中，η_t，η_β 分别称为高低方向和方位方向的前置系数（统称为前置系数，并记为 η）；ΔR 为导弹与目标的相对距离。

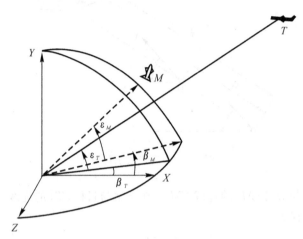

图 2-55　前置角法示意图

在前置角法中，前置系数可取为任意常值，亦可取为某种函数形式。前置系数取法不同，则可衍生出多种不同的导引方法。当取为零值（即 $\eta_t - \eta_\beta = 0$ 时），则为三点法。显然，随着前置系数的取法不同，可获得具有不同运动特性的导弹飞行轨迹，因此，前置角法导引规律分析设计的重点就是选择前置系数的具体变化规律。

与三点法相比，前置角法所需量测信息较多，导引方程的解算也较复杂。但是，据此进行导引，可通过对前置系数的选择设计，对飞行弹道的曲率和目标机动的影响给予一定程度的调整，从而在制导精度上有所改善。因此，这种导引方法在防空导弹遥控制导中得到了较多的应用。

2. 速度导引

速度导引多用于寻的制导，因此，随着寻的制导和复合制导技术的发展，它的实际应用也日益广泛。寻的制导是一种仅涉及导弹与目标相对运动的制导方式，因此，在运动学上，它只涉及目标与导弹的相对运动。而速度导引的导引规律就是约束这种相对运动的一种准则。速度导引的主要特点是所需设备大都设置在弹上，因此，弹上设备较复杂。但是，在改善制导精度方面，这种导引方法有较好的作用。

1）追踪法。追踪法又称为追踪曲线法。采用这种导引方法时，要求导弹速度矢量在任意瞬时均准确地指向目标，即导弹速度矢量 $\boldsymbol{v}$ 和导弹与目标的相对距离矢量 $\Delta \boldsymbol{R}$（即目标视线 MT）在指向上保持瞬时一致，如图 2-56 所示。

追踪法的导引方程为

$$\varphi_M = 0 \qquad (2-49)$$

式中，φ_M 为导弹速度矢量与目标视线间的夹角。

在速度导引中这种导引方法是较简单的一种，但按此方法导引时，导弹飞行轨迹的曲率较大。因此,实际应用较少。

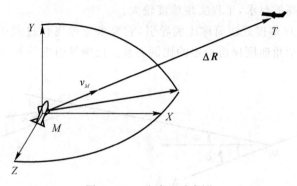

图 2 - 56　追踪法示意图

2) 平行接近法。平行接近法又称瞬时遭遇点法或逐次前置法。按此方法导引时,要求在制导过程中的任意瞬时,均需保持目标视线在空间平行移动(亦即视线转率为零),故称其为平行接近法。为此,要求导弹速度矢量和目标速度矢量在目标视线垂线方向上的投影必须始终保持相等。或者说,在任意瞬时,导弹的速度矢量必须指向瞬时遭遇点,故又称为瞬时遭遇点法。所谓瞬时遭遇点,指的是在任意瞬时,当假设目标和导弹由此瞬时开始均保持等速直线运动时,导弹与目标的遭遇点。而为了达到这种要求,导弹速度矢量的指向相对目标视线的指向,在任意瞬时上,必须达到该瞬时所要求的前置角(即速度矢量超前于目标视线指向的角度),因而又称为逐次前置法。平行接近法中,导弹与目标的相对运动示意图如图 2-57 所示。

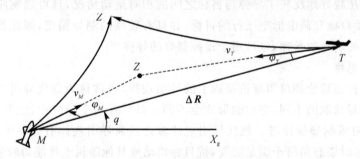

图 2 - 57　平行接近法示意图

v_T— 目标速度;　φ_T— 目标速度矢量与目标视线的夹角

q— 目标视线角(制导中保持常值);x_g— 基准线;Z— 瞬时遭遇点

平行接近法的导引方程可表示为

$$\left.\begin{array}{l} q=\text{const} \\ \dot{q}=0 \end{array}\right\} \qquad (2-50)$$

式中,$\dot{q}$ 为目标视线的转动角速度。

与其他导引方法相比,按平行接近法导引的导弹飞行弹道比较平直,曲率比较小;当目标保持等速直线运动、导弹速度保持常值时,导弹的飞行弹道将成为直线;当目标机动、导弹变速飞行时,导弹的飞行弹道曲率亦较其他方法小,并且,弹道需用法向加速度不超过目标的机动加速度,亦即受目标机动的影响较其他方法小。但是,平行接近法要求制导系统在每一瞬时都要精确地测量目标及导弹的速度和前置角,并严格保持平行接近法的导引关系,这种导引方法对制导系统提出了很高的要求,工程实现难度较大。

3)比例接近法。比例接近法简称比例导引,它要求导弹飞行过程中,速度矢量的转动角速度与目标视线的转动角速度保持给定的比例关系。比例导引中导弹与目标运动的几何关系如图 2-58 所示。

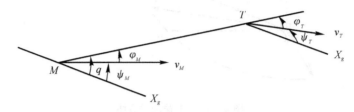

图 2-58 比例导引法示意图

ψ_M——导弹速度矢量与基准线的夹角; ψ_T——目标速度矢量与基准线的夹角;

φ_M——导弹速度矢量与弹目连线的夹角; φ_T——目标速度矢量与弹目连线的夹角

比例导引法的导引方程为

$$\dot{\theta} = k\dot{q} \tag{2-51}$$

式中,$\dot{\theta}$ 为导弹速度矢量的转动角速度;$\dot{q}$ 为目标视线的转动角速度;k 为比例系数。

比例导引法的特点是,当导弹跟踪目标并发现目标视线偏转时,就通过控制飞行速度的方向,抑制目标视线的偏转,使导弹与目标的相对速度对准目标,在弹道的末段以直线轨迹飞向目标。比例导引法较好地反映了导弹与目标之间的相对运动情况,且可以响应快速机动的目标,适于攻击机动目标和截击低空飞行的目标,并具有较高的制导精度,因此被广泛应用。它既可用于自动寻的制导的导弹,也可用于遥控制导的导弹。

2.现代导引规律

建立在现代控制理论和对策理论基础上的导引规律,通常称为现代导引规律。现代导引规律随着性能指标选取的不同,它们的形式也不同。目前在防空导弹中,主要有线性最优、自适应制导、微分对策制导规律等。现代导引规律较之经典导引规律有许多优点,如制导误差小,导弹命中目标时姿态角易于满足需要,抗目标机动或其他随机干扰能力较强,弹道平直,弹道需用过载分布合理,可有效扩大作战区域,等等。但是,现代导引规律会使制导系统结构变得复杂,需要测量的参数较多,给导引规律的工程实现带来一定的技术困难。随着微型计算机、微电子技术和目标探测技术的发展,现代导引规律将逐步走向工程实用。

(1)线性最优导引规律。线性最优导引规律主要是运用"求解一组约束方程的极小值"的原理来确定导弹的导引规律。通常将导弹或导弹与目标的固有运动方程简化为一组具有约束的线性方程,若方程中采用导弹与目标的相对距离为自变量,则可以通过求解脱靶量和导弹横向加速度等性能指标的最小值而求得导弹的某一线性最优导引规律。

(2)自适应导引规律。自适应导引规律能够反映导弹运动参数随外界环境因素(如飞行高度、速度、大气条件、导弹系统本身的不确定因素)的变化而随时发生变化的状态信息,从而自行感知或掌握导弹系统当前的飞行状况,并与期望的参数相比较,进而做出决策来调整和改变导弹控制器的结构和参数,确保导弹在某种性能指标下的最优或相对最优的状态下飞行。自适应导引规律可通过采用"模型参考自适应控制系统"或"自校正自适应控制系统"实现。

（3）微分对策导引规律。微分对策导引规律是应用微分对策理论实现的。微分对策导引规律不但考虑了本身带有的机动装置、其机动性事先无法确定的目标类型，而且还把其他干扰或扰动形成的目标不确定性等效于目标的受控机动，从而使导弹拦截目标时，既可以选择采用各种性能指标的对策，也可以允许目标以相应的对策实施对抗。例如，当选择使终端脱靶量及控制量为最小的微分对策导引规律时，目标此时则力图规避机动以摆脱导弹跟踪，使本身在控制量最小的情况下使来袭导弹脱靶量最大。

第3章 弹体结构

导弹弹体是战斗部、发动机、弹上各种仪器设备、翼面、推进剂的安装和承载平台,同时导弹弹体还要承受导弹飞行和运载过程中的各种载荷。因此,弹体结构应保证能可靠地承载,结构布局应与相应的外载荷相匹配。本章将重点介绍弹体的功用组成、弹身的结构形式、弹翼结构与受力、弹上机构的类别等内容。

3.1 弹 体

3.1.1 功用与组成

导弹的弹体是导弹的重要组成部分,其功用是把导弹的战斗部系统、制导系统及动力系统等连成一个整体,并使导弹具有良好的空气动力外形,保证导弹完成预定的战斗任务。

防空导弹的弹体指弹身和各种空气动力面(弹翼、操纵面、稳定面)组成的整体,其中还包括安装在它上面的操纵机构、分离机构和折叠机构等,如图3-1所示。

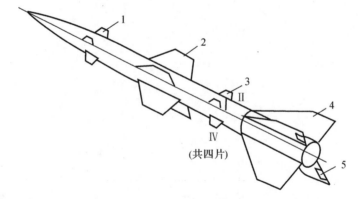

图3-1 有翼导弹的弹体
1—前翼; 2—弹翼; 3—舵面; 4—尾翼; 5—副翼

弹身为弹上各种仪器设备提供装载条件,为各空气动力面和助推器提供连接和固定的条件。弹身常被分为导引舱、仪器舱、战斗部舱、燃料舱、发动机舱等若干舱段。

弹翼利用空气动力产生导弹飞行时所需的升力或横向控制力。

操纵面(指可以操纵的空气动力面)和稳定面(主要是指安装在导弹尾部的固定空气动力面)产生相对于导弹质心的控制力矩,改变或维持导弹的飞行姿态角。

操纵机构将控制伺服机构传来的能量传递给操纵面,使操纵面作相应的偏转,以产生对导弹质心的控制力矩。

分离机构在导弹飞行过程中,使需要与弹体分离的部分(如头部、助推器、尾段等)适时可靠地分离。

翼面折叠机构的功用在于可靠地实现翼面展向尺寸的缩短和恢复。

弹体的各个部分虽然功用、要求不同,但它们都是弹体的一个组成部分,共同完成弹体所承担的任务,在构造上有许多共性,设计时应满足以下几方面的基本要求。

1. 空气动力方面

为了使导弹具有良好的气动性能和飞行性能,要求导弹具有良好的空气动力外形。

2. 质量及强度刚度方面

导弹在发射、飞行、运输过程中都会受到很大的载荷作用,如推力、气动力等。因此,导弹要有足够的强度,使弹体构件在上述载荷作用下不会破坏;同时要有足够的刚度,使弹体在上述载荷作用下其变形不超过允许值。否则,弹体将在外力作用下破坏或者产生过大的变形,发生危险的振动,破坏导弹的气动外形,使飞行性能变化,严重时会造成事故。如果将弹体设计得尽量强,刚度尽量大又会引起导弹结构质量的增加。而质量对导弹来说具有特殊的意义,质量的增加就意味着降低导弹的性能指标,或者减小导弹的有效载荷(战斗部)。因此,在设计中应保证在足够的强度和刚度条件下导弹弹体结构质量为最轻。采取的方法之一是选择轻而强的材料(如铝镁合金、复合材料),之二是进行结构优化设计。

3. 工艺性和经济性方面

导弹弹体构造的工艺性好,就简化了生产,降低了成本,提高了生产效率。满足这一要求可采取的措施有,尽可能采用标准件、通用件、半成品及成品,如螺钉、螺帽、型材等;统一零件的某些尺寸规格,选用来源广的材料等。在成批生产时尽可能采用生产率高的工艺方法,如挤压、冲压、铸造、焊接等。

4. 使用维护方面

要求便于部队的使用和维护,发射迅速,操作安全、可靠,易于贮存、保管,具有较长的寿命等。

以上四方面的要求,在弹体设计中都应予以考虑。从表面上看这些要求是彼此孤立的,实际上这些要求是相互联系,相互制约,甚至是矛盾的。例如,按气动力要求,导弹外表面应尽可能光滑,应减少舱口,以免造成缝隙、凸起物而影响气动性能,但为了便于使用维护又要求布置足够数量、足够大小的舱口,舱口的存在又削弱了弹体构造,为了保证强度,又要增加结构尺寸,从而增加了结构质量。这些说明,弹体构造是一个矛盾的统一体,因此,导弹弹体设计要求具体问题具体分析,抓住主要矛盾,设计出在该条件下最优的结构来。

3.1.2 承受的载荷

导弹在运输、发射、飞行过程中,弹体上作用着各种力,如导弹在飞行过程中,作用在它上面的升力 Y、阻力 X、发动机推力 P 和导弹的重力 G,如图 3-2 所示。这些作用力通常称为外力或外载荷。

外力作用方式可分为集中力和分布力两类。集中力是指集中在一块很小接触面积上的力,如运输过程中支架对弹的作用力;分布力是指沿弹体表面的气动力和在弹体内体积上分布的重力。外力对弹体内结构受力情况有直接影响,如弹身头部的空气动力不仅影响头部结构的受力,它还通过连接头把载荷传递给其他舱段,影响弹身的受力。另外还有一些力,如贮箱、气瓶内部的空气压力和分离机构的预紧力等,它们仅在一个局部的范围内形成一个能自身平衡的受力系统,不影响弹体其他部分的受力,称这种力为局部力。

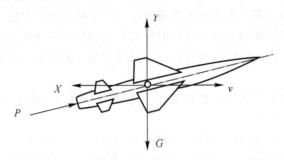

图 3-2　导弹水平直线等速飞行时作用在它上面的力

3.1.3　强度与刚度要求

对导弹结构的基本要求之一是在最小质量的条件下具有必要的强度和刚度。在结构设计时必须合理地选择受力形式、材料类型,并进行强度、刚度计算,以保证结构的强度、刚度要求,而依据实际情况确定作用在弹体上的外载荷则是进行这些工作的前提条件。作用在导弹上的力有空气动力、发动机推力、重力及惯性力。导弹飞行速度一般在每秒数百米,甚至数千米,要在很短时间将导弹加速到这么高的速度,发动机的推力是相当大的,如固体火箭,其推力/重力比在 30 以上。这就使得导弹上作用很大的轴向力。为了追击目标,要求导弹有较好的横向机动能力,这时横向过载会达 20 以上。此外,还要考虑气动加热、振动等因素的影响。

导弹从地面运输到发射飞行,其环境条件、载荷形式、载荷大小等都有很大的变化,设计时应使弹体结构在所有情况下都能正常工作而不致破坏。而我们不可能对所有情况都进行强度和刚度计算。根据大量的实践经验总结,从这些可能情况中选一些严重的典型情况,这些典型情况基本概括了导弹多种多样的受力情况。把这些典型情况叫作设计情况或设计工况。导弹只要满足了设计工况的要求,在正常情况下,弹体的强度和刚度就足够了。

弹体结构在设计工况下的载荷(称之为使用载荷 P_0)作用下,不仅不破坏,而且主要构件不应产生明显的永久变形。通常用一个比 P_0 大一定倍数的载荷来对结构进行强度计算,使确定下来的结构在该载荷作用下达到强度极限。这一用来进行强度计算的载荷称为设计载荷 P_1。设计载荷与使用载荷之比称为设计安全因数 f,即

$$f = \frac{P_1}{P_0}$$

安全因数越大,说明结构越安全。但安全因数过大,结构就会过重。通常取 $f = 1.2 \sim 1.5$,上面所述的设计方法称为传统的静设计方法,它是过去一直使用的设计思想,而且目前仍在广泛应用。然而,这种设计方法偏于保守,难以适应高性能、小型化导弹设计的需要。

由于计算手段(电子计算机)的发展和计算方法(有限元方法)的提高,按数学方法设计的导弹结构与实验十分接近,所以安全因数可以明显降低。然而,上述的设计思想只考虑了结构的静力学特性。随着设计手段的提高,安全因数的减小,结构的刚度则明显削弱,特别是结构的固有频率和振型等动力学特性对导弹的影响愈加明显,出现了结构固有频率与控制系统频率和发动机振动频率相耦合的问题,使系统发生共振而破坏导弹正常工作;出现了惯性敏感元器件测出的参数不真实,造成误导引的问题等。为了解决这些设计矛盾,适应新型导弹设计的

需要,目前正在兴起一种称为结构动态设计的设计方法。根据这一设计方法,通过建立结构的数学模型,在满足强度要求和固有频率、振型分布的条件下设计出质量最小的导弹结构。

3.1.4 结构材料要求

弹体结构所用的材料,希望它轻而强。即密度小,强度高,刚度大。通常用比强度、比刚度来表示材料的综合性能,即

$$比强度 = \frac{抗拉强度(\sigma_b)}{密度(\gamma)}$$

$$比刚度 = \frac{弹性模量(E)}{密度(\gamma)}$$

1. 材料的选用原则

选择材料要综合考虑各种因素,选用的主要原则是要求质量轻,有足够的强度、刚度和断裂韧性,具有良好的环境适应性、加工性和经济性。

(1)充分利用材料的机械及物理性能,使结构质量最轻。

(2)材料应具有足够的环境适应性。

(3)材料应有足够的断裂韧性。

(4)材料应具有良好的加工性。

(5)选用的材料成本要低,来源充足,供应方便。

(6)相容性好。

2. 弹体结构常用材料

目前,弹体所用材料主要有铝合金、镁合金、合金钢、钛合金以及复合材料等。

(1)铝合金。这类合金主要是铝与铜、镁或锌的合金。密度约为 2.8 g/cm³,在常温下有较高的比强度和比刚度。硬铝(LY12),$\sigma_b \geqslant 40.0$ GPa;超硬铝(LC4),$\sigma_b \geqslant 60.0$ GPa。硬铝的切削、冷压等加工性能很好。通常用作弹体蒙皮,弹翼和弹体的一些骨架构件。铝加入适量的硅便成为铸造铝合金,用来作加强框和仪器设备支架。铝中加入锰、铬,便成防锈、防腐蚀铝合金,可用来作液体推进剂贮箱;其低温性能也好,装液氧(−183℃)、液氢(−253℃)仍不变脆。铝合金在 120℃以下能长期工作,但在 150℃以后,随温度升高而强度降低。铝与锂的合金可使其耐热性能得到改善,使用温度可达 260℃。

(2)镁合金。镁合金是以镁为基加入其他合金元素如铝、锌、锰等而成的,密度约为 1.8 g/cm³。与铝合金比较,虽然强度低些,但比强度反而高,比刚度也不低。由于镁合金弹性模量低,减震性能好,能承受较大的冲击振动载荷。镁合金具有良好的切削加工和铸造性能,故可用来制造仪器设备支架、支座、仪表板,以及各种整体壁板结构的翼面和弹身舱段。这种材料的缺点是易受腐蚀。此外,材料的耐热性较差,仅适用于 120℃以下使用。若在其中加入稀有元素,特别是锆,使用温度可扩大到 300℃。

(3)合金钢。合金钢主要有高强度结构钢和耐高温、耐腐蚀的不锈钢。其中典型的高强度钢有 30 铬锰硅钢(30CrMnSiA),经热处理后,强度极限达 110.0 GPa,易于焊接和切削加工。这种合金钢密度约为 7.9 g/cm³,一般用作受力大的构件,如梁、框及接头,也可用于作高压容器。不锈钢含有镍、铬、钨等元素,具有抗腐蚀性能,良好的冷加工和焊接性能,可耐 600℃高温。不锈钢板可用作高速导弹的弹体蒙皮和大型导弹的推进剂贮箱。

(4)钛合金。这类合金密度约为 4.5 g/cm³,强度近似于合金钢,因而有好的比强度。有

好的抗腐蚀性能和耐高温性能,在150～300℃范围内强度下降较小,能耐到500℃高温,且在低温下不变脆。大多数钛合金可焊接。钛合金多用于作蒙皮、骨架和高压气瓶,以及低温推进剂贮箱。其缺点是切削加工性能差,且价格比较高。

(5)复合材料。复合材料是由两种以上性能不同的材料所构成的,以高强度纤维做主体,由基体材料把高强度纤维固定在一起所构成的一种新型材料,它们之间既未发生化学反应,也不相互溶解或融合,故复合材料是一种多相材料,纤维通过基体材料承受主要载荷,而基体材料承受剪力,并向纤维施加负荷,纤维在复合材料中的方向可以是定向、无定向或选择定向的。基体材料是金属或非金属的,它们均有严格的适用温度,因此应规定各种复合材料的温度界限,复合材料可以用于制造导弹壳体,还可以用于制造导弹气动面、整流罩等结构件。

复合材料的优点:①比强度和比模量(比刚度)高;②减振性能好;③高温性能好;④破损安全性好;⑤成形工艺性好;⑥性能可设计性好。

复合材料也存在缺点,如断裂伸长较小,抗冲击性差,复合材料的横向强度低(易引起分层),层间剪切强度较低以及树脂的吸湿性对结构性能的影响,构件制造手工劳动多,质量控制难度较高等。

例如,玻璃钢是一种最常用的复合材料,它是用玻璃纤维和树脂黏结起来的。目前多用聚酯树脂、环氧树脂、酚醛树脂、有机硅树脂与玻璃丝或玻璃布复合而成。其密度只有$1.8～2.0 \text{ g/cm}^3$,比强度可与高强度铝合金相比,且成型工艺简单,故广泛用于制造弹体、夹层结构的翼面和雷达导引头外罩等。玻璃钢的缺点是弹性模量低,刚度太小。

除玻璃钢外,还有用碳纤维、石墨纤维或硼纤维与环氧树脂复合而成的另一类复合材料,其强度和刚度比玻璃钢要高得多。而树脂在200℃以上会变软,为了克服树脂本身不能承受高温的缺点,人们用金属代替了树脂,制成了硼-铝复合材料,使用温度可达250～500℃。此外,还有一些用合金纤维与合金材料复合制成的复合材料,这种材料不仅高温性能更好,而且比强度和比刚度也有显著的提高。总之,复合材料是一种多相材料,它具有单一材料无法达到的性能。近年来,在复合材料的研究和应用方面已取得了重要进展,特别受到了航空航天部门的重视。

(6)塑料。塑料的特点:①质轻,化学性稳定,抗腐蚀性好;②耐冲击性好;③绝缘性好,导热性低;④加工成本低;⑤大部分塑料耐热性差,热膨胀率大,易燃烧;⑥尺寸稳定性差,容易变形。塑料(如热固性玻璃纤维塑料)已广泛用在导弹上,一些小型导弹的弹身、弹翼、舵面以及雷达天线罩等很多都是用塑料制成的。

3.2 弹 身

3.2.1 功用及所受的载荷

弹身是导弹弹体的重要组成部分,它的功用是安装装载设备(如各种仪器仪表、战斗部、动力装置等),并用于连接弹翼、舵面,使之成为一个整体。

弹身的受力与弹翼相类似,也作用有分布载荷和集中载荷。分布载荷有沿弹身表面分布的空气动力$q_空$,如图3-3所示,弹身结构的质量力$q_{弹身}$,如图3-4所示。集中载荷如发动机的推力P,弹翼、舵面传给弹身的作用力$Y_翼$和$Y_舵$,以及弹内设备的质量力R_G(横向力)、N_G(轴向力）。对于弹身来说主要作用是集中载荷，但对于弹身头部，导弹飞行时气动压力可能比较大，它有可能是头部蒙皮的设计载荷。另外，对弹身来说，它是呈轴对称的，设计时要考虑水平平面和垂直平面两个方向的载荷及受力，保证两个方向都有足够的强度和刚度。

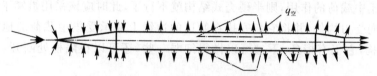

图 3-3　作用在弹身上的气动载荷

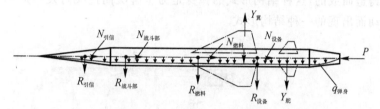

图 3-4　作用在弹身上的外载荷

3.2.2　结构形式及受力构件

弹身的基本结构一般是由纵向受力构件、横向受力构件和蒙皮组成的，其结构形式则由于受力构件的组成情况不同而不同。目前导弹弹体有硬壳式、半硬壳式和整体壁板式等几种结构形式。

1. 弹身结构

（1）硬壳式。这种结构的弹身由隔框和蒙皮所组成，如图 3-5 所示。多数情况下，隔框只起舱段之间的连接作用，弹体上的载荷（轴向力、剪力和扭矩）均由蒙皮来承受，因而蒙皮厚度较大。这种结构形式的特点是简单，易于制造，表面质量好。但是，由于蒙皮所受临界应力随抗弯刚度的增大而降低，当抗弯刚度较大时，蒙皮临界应力的数值比其材料的比例极限小得多，这样就得将蒙皮加厚，使得质量增大。此外，这种结构不宜开各种舱口，尤其不允许开大的舱口，不能承受集中载荷。因此，它仅适合于小型导弹的弹体。

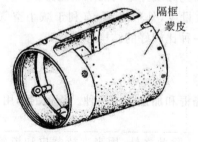

图 3-5　硬壳式弹身

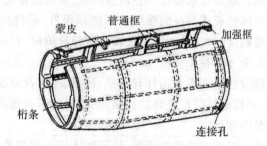

图 3-6　半硬壳式弹身

（2）半硬壳式。为了改善硬壳式结构蒙皮的承载能力，用一些纵向受力构件——桁条来加强蒙皮，这样，硬壳式结构就转变成半硬壳式结构。这种半硬壳式结构是由桁条、隔框和蒙皮所组成的，如图 3-6 所示。蒙皮用点焊或铆接的方法与桁条、隔框固接在一起，蒙皮被桁条、隔框所加强,因而提离了蒙皮的承载能力。蒙皮和桁条一起承受轴向力、弯矩、剪力和扭矩。对于不开大的舱口的弹体,采用这种结构对减轻质量有利。

如果弹身需要开较大的舱口,为了防止在开舱口的范围内刚度突变和应力集中,或者弹身需要承受较大集中载荷的作用,则半硬壳式结构就不行了,此时应该采用贯穿于整个舱体的桁梁来做主要纵向受力构件,并将它们安排在舱口的边缘上或承受集中载荷的地方。这种结构称为桁梁式结构,它仍有桁条,不过可以做得细弱一些,还可以在隔框处断开,蒙皮也可以薄一些。

(3)整体壁板式。这种结构的弹身由几块整体壁板焊接而成,如图 3-7 所示。目前还有采用整体低压铸造而成的,这种结构形式的弹身是为了解决高速飞行发生局部气动载荷剧烈增大和结构振动而出现的一种结构形式。

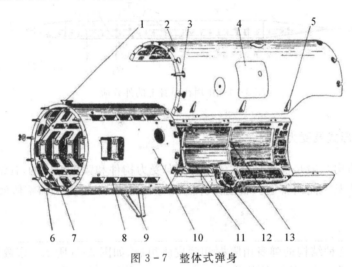

图 3-7 整体式弹身

1—吊挂接头; 2—大口盖; 3—折返螺栓; 4—设备维护口盖; 5—大口盖连接孔; 6—舱段连接螺柱; 7—加强框; 8—弹翼槽口; 9—发射支撑架; 10—舱体; 11—纵向加强筋; 12—加强口框; 13—横向加强筋

整体壁板可用铸造、锻造或化学腐蚀等方法制成。壁板内表面有纵向、横向加强筋。壁板的厚度和筋的粗细及布局可以根据载荷和结构上的需要来确定,如在受较大集中载荷的地方和开舱口的部位就布置一些较强的纵、横向加强筋,以充分发挥结构的承载能力。

整体壁板式弹身的强度和刚度都很好,零件的数量少,外形光滑,有利于减小空气阻力。对于受载情况复杂,刚度要求较高的弹身舱段,它是一种比较好的结构形式。

2.受力构件

弹身的主要受力构件有隔框、桁梁、桁条及蒙皮等。

(1)隔框。隔框是环状的横向受力构件,有普通隔框和加强隔框两种。隔框的作用主要是用来传力和维形。

普通隔框主要用来维形,保证弹体横向剖面外形。除此之外,用来支持蒙皮和桁条,承受局部气动载荷,由于这种隔框承载不大,一般多用铝板材压制成弹体横剖面外形的环,框缘的剖面形状有 U 形、角形、Z 形、槽形等,框的周缘开有缺口,方便让桁条和桁梁通过。普通隔框及其桁条、桁梁的连接如图 3-8 和图 3-9 所示。

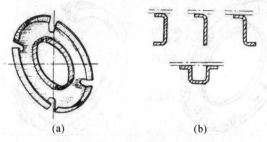

图 3 - 8　普通隔框

(a)普通隔框；　(b)框缘的剖面形状

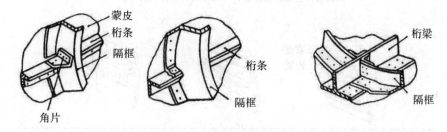

图 3 - 9　普通隔框与桁梁的连接

加强框除了起普通框的作用外,由于它被加强,所以用来承受和传递载荷。其结构形式有组合式和整体式两种。组合式加强框是由板材和冲压型材铆接装配而成的,整体式加强框是由铸造或锻造的毛坯经机械加工而成的。它们的具体结构如图 3-10 和图 3-11 所示。

(2)桁条和桁梁。桁条用来加强蒙皮,提高蒙皮的承载能力,并与蒙皮一起承受轴向力、弯矩。桁梁安排在承受集中力和大开口的纵向周缘部位,用以承受集中力,补偿开口对结构的削弱。桁梁与桁条没有严格的区别,只是桁梁的结构强一些,承受的力大一些。桁梁所用的材料为硬铝或高强度合金钢轧制的型材,其剖面如图 3-12 所示。

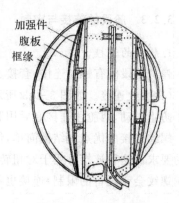

图 3 - 10　组合加强框

桁条和桁梁通常是弹身的主要承力构件,应尽量不断开,尤其是桁梁更不允许断开。但有时桁条通过加强框不得不断开时,为传递轴向力,需要在加强框两边采用较强的连接接头把桁条连接起来,使传力不断。

(3)蒙皮。弹身蒙皮主要用来形成导弹的气动外形,保持外形的平滑度,承受轴向力、弯矩、剪力及扭矩等载荷。蒙皮可以采用薄板材,或者通过机械加工或化学腐蚀的整体板材及夹层蒙皮制成。蒙皮的材料通常采用铝合金,也可采用镁合金、钛合金。蒙皮之间用铆接、焊接、胶接等方法对接或搭接起来。

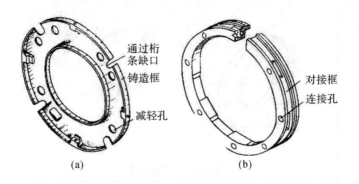

图 3 - 11　整体式加强框

（a）铸造的整体式加强框；　（b）锻造的整体式加强框

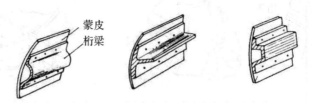

图 3 - 12　桁梁及其剖面形状

3.2.3　舱段的连接与密封

1. 舱段的连接

弹身舱段间有螺纹连接、套接、盘式连接等多种连接方式。

（1）螺纹连接。如图 3 - 13 所示，弹身舱段间直接利用螺纹连接，舱段连接处制有螺纹。为了防止松动，两舱段连接好后用紧固螺钉固定。

螺纹连接的优点是结构简单，传力均匀，可以承受较大的载荷；缺点是难以保证对扭转偏差的要求。这种连接常用于对扭转偏差要求不高（如战斗部舱段）的小弹径舱段上。弹径过大车制螺纹会受设备的限制，连接也不方便。

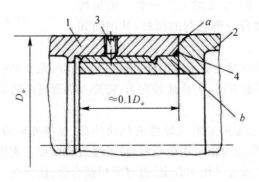

图 3 - 13　螺纹连接

1—舱段Ⅰ；　2—舱段Ⅱ；　3—紧固螺钉；　4—密封圈

（2）套接。图 3-14 所示为弹身舱段的一种套接形式，在对接框上，制出了圆柱及孔的配合表面，两舱段相互套入，沿圆周用螺钉连接起来。这种连接方式，螺钉数目多，传力比较分散、均匀，适用于硬壳式弹身舱段的连接。

套接形式连接框比较完整，气动外形比较好。但对直径较大的薄壁结构舱段，加工套接的配合表面很困难。因此，这种连接方式主要用于直径不大，受力较小的弹身舱段。

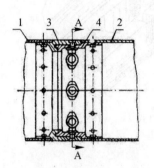
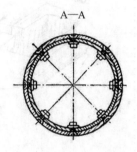

图 3-14　套接连接

1—舱段Ⅰ；　2—舱段Ⅱ；　3,4—对接框

（3）盘式连接。盘式连接如图 3-15 所示。两舱段以对接框相贴合，沿圆周用轴向螺栓对接。弹身舱段的轴向力靠对接框端面受挤压来传递；弯矩通过部分螺栓受拉力，一部分连接框端面受挤压来传递；剪力及扭矩则由螺栓受剪切来传递。

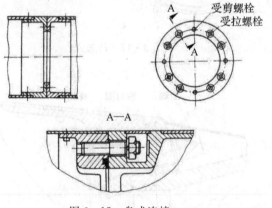

图 3-15　盘式连接

盘式连接常用在受力构件比较分散的桁条式弹身及硬壳式弹身上。具体的形式还有挖口式（见图 3-16）、凸起式（见图 3-17）等。挖口式在连接框上有便于安装连接螺栓的挖口。这种形式连接方便，但对连接框削弱大，结构比较复杂。凸起式虽然连接方便，端框强度也未削弱，但气动性能不好，必要时要加整流罩，使得结构复杂。图 3-18 所示为斜螺栓快速装拆连接形式，连接螺帽已事先装在对接框的相应部位，拧入螺钉即可使两个舱段对接起来。这种形式拆装迅速、方便，但结构也比较复杂，适用于弹身头部一些舱段的连接。

（4）卡块式连接。图 3-19 所示为小型导弹上常见的卡块连接形式，四个卡块分别用径向螺钉连接在舱体上。舱段对接时，拧紧径向螺钉，卡块向外移动。紧压两舱段的对接面，将两舱段连接起来。当松开螺钉时,弹簧片将卡块弹回原来位置,两舱段即可实现分离。这种连接形式的主要优点是使用方便,装拆迅速,尤其适合于导弹战斗部舱的连接。但这种接头配合面多,精度要求高,加工较困难,因此仅用在小型导弹上。

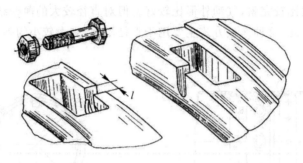

图 3-16 挖口式

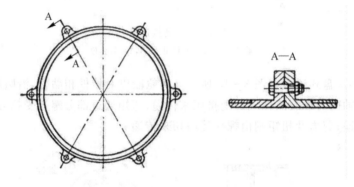

图 3-17 凸起式

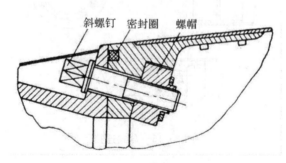

图 3-18 斜螺栓式

(5)花键槽式连接。如图 3-20 所示为小型导弹上采用的花键槽式连接接头。两舱段加工有沿周向均匀分布的四组花键槽,舱段对接时将两舱段在接头的缺口处插入再拧 45°,用四个径向螺钉固定即可完成。这种接头靠花键槽承受轴向力及弯矩,圆柱配合面的挤压传递剪力,固定螺钉传递扭矩。结构简单,装卸迅速方便,适用于战斗部舱段的连接。

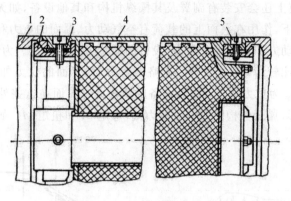

图 3-19　卡块式连接

1—舱体 I；　2—卡块；　3—弹簧片；　4—舱体 II；　5—螺钉

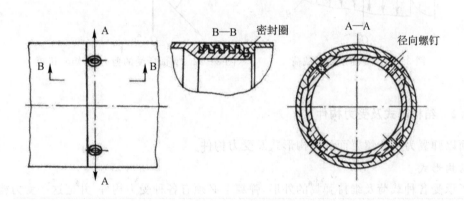

图 3-20　花键槽式连接

2. 弹身舱段的密封

导弹在贮存和使用过程中往往会遇到各种环境和气象条件。为了防止恶劣环境影响弹内设备正常工作,弹身舱段应采取密封措施。密封采用水密和气密两种。密封并不意味着绝对不透水、不透气,而是符合一定的指标要求。

密封有胶密封、腻子密封、橡胶密封等多种方法。铆缝常用密封为胶密封,焊缝多用腻子密封,舱段对接则多用橡胶密封。

3.3　翼　　面

导弹的翼面指的是安装在弹身上的各种空气动力面。空气动力面相对于弹身分为固定与活动两种,前者用来产生导弹飞行所需的升力,称为弹翼;后者用来产生控制和稳定导弹飞行所需的力矩,称为舵面。

3.3.1　功用及所受的载荷

翼面的主要功用是产生升力,以实现导弹的机动飞行,并保证导弹具有良好的操纵性和稳定性。此外,有些弹翼上还会安装有副翼及其操纵机构和其他设备,如无线电天线和曳光管。

导弹在飞行状态下,作用在翼面上的载荷有空气动力、翼面的重力和安装在弹翼上的设备的质量力。其中空气动力和重力为分布力,设备的质量力为集中力。为了适应高速飞行要求,导弹翼面通常都做得比较薄,阻力很小。在略去阻力时,翼面的受力如图 3-21 所示。其中 q_{Ya} 为空气动力集度,q_{Yc} 为重力集度,G_{Ys} 为设备的质量力。翼面在这些外载荷的作用下要产生弯曲、扭转和剪切变形,翼面各构件要承受剪力 Q,弯矩 M 和扭矩 M_n,如图 3-22 所示。

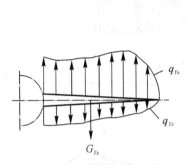 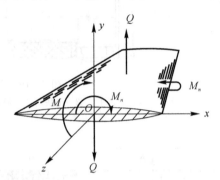

图 3-21　翼面所受的载荷　　　　　图 3-22　翼面所受的剪力、弯矩和扭矩

3.3.2　结构形式及受力构件

下面以弹翼为例介绍翼面的结构形式及受力构件。

1. 结构形式

为了承受各种载荷及维持弹翼的外形,弹翼上必须有各种受力构件,并把这些受力构件按具体情况以不同的方式配置,从而形成了不同的结构形式。导弹弹翼一般有薄壁结构和厚壁结构。前者是骨架蒙皮式,后者包括整体壁板式和夹层式两种。

(1)骨架蒙皮式弹翼。这种弹翼是比较典型的梁式弹翼。

梁式弹翼,弯矩几乎全由翼梁承受,因而允许在蒙皮上开舱口。如图 3-23 所示为两种小展弦比的单梁式弹翼。第一种弹翼(见图 3-23(a)),翼梁和桁条垂直于内侧翼肋,辅助梁与翼梁成一定角度配置,其作用是当副翼偏转时保证弹翼后缘有足够的刚度。第二种弹翼(见图 3-23(b)),翼梁沿最大厚度线分配,这样能使翼梁加强,同时在翼梁的旁边放置了好几个纵墙。于是翼梁、纵墙和桁条一起构成了支承蒙皮的格子。上述两种弹翼中都没有翼肋,翼肋的作用由纵墙和桁条来承担,纵墙和桁条在配置上要保证弹翼在展向和弦向具有相同的刚度。

双梁式和多梁式弹翼的结构与单梁式弹翼一样,但它们在承受扭矩方面刚度更大一些。其翼梁可沿翼弦的等百分线或沿弹体纵轴垂直方向平行配置,如图 3-24 所示。

(2)整体壁板式弹翼。这种结构的弹翼是由上、下两块整体的壁板件对合铆接而成的,是为了解决高速导弹弹翼结构的需要而出现的。导弹高速飞行时,为了减小空气阻力,弹翼的厚度应尽量小,在这种情况下,如果采用骨架蒙皮式弹翼,不仅难以满足刚度、强度要求,而且给铆接工艺带来许多困难。此时若采用整体壁板式结构就能解决上述矛盾,因为这种弹翼把蒙皮、桁条、翼肋和翼梁合成一体,蒙皮厚,局部刚度大,铆缝少,零件少,改善了工艺性,结构的强度和刚度较大。

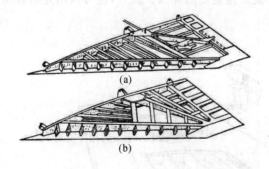

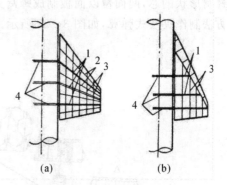

图 3－23　小展弦比的单梁式弹翼
(a)翼梁沿垂直于内侧翼肋的方向配置；
(b)翼梁沿翼最大厚度线配置

图 3－24　多梁式弹翼的图形
(a)翼梁沿翼弦的等百分线配置；
(b)翼梁沿弹体纵轴垂直方向平行配置
1—翼梁；　2—桁条；　3—翼肋；
4—加强框或连续翼梁

　　图 3-25 所示是一种辐射式整体壁板弹翼。壁板上的辐射梁式的加强肋起到翼梁、桁条和翼肋的作用,弹翼具有较好的展向和弦向刚度,提高了蒙皮的承载能力,弹翼通过多榫式主接头插入弹体上对应的榫槽里,并与辅助接头一起连接在弹体上面。这种结构广泛用于翼剖面相对厚度小,受载大的小展弦比弹翼。

　　整体壁板式弹翼的材料是铝合金或镁合金。

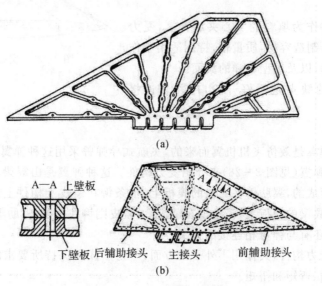

图 3-25　整体壁板式弹翼
(a)弹翼整体壁板；　(b)整体壁板式弹翼

　　(3)夹层式弹翼。这种结构的弹翼是由夹层板作蒙皮,只用少数几个翼肋和纵墙组成的弹翼。由于蒙皮厚而强,所以在同样载荷条件下,与单层蒙皮相比,不易变形,刚度好,因而也不必采用桁条。图 3-26 所示为蜂窝式夹层弹翼,它是将锡箔或不锈钢箔用钎焊或胶接方法制成蜂窝形状的芯,两面覆以面板制成蜂窝夹层板来做蒙皮的弹翼。此外,也可以用充填轻填料的方法制作夹层式弹翼,如图 3-27 所示。

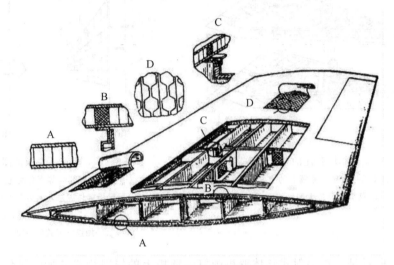

图 3-26　蜂窝夹层式弹翼

蜂窝夹层结构两层面板之间充满空气,具有良好的隔热作用,特别是夹层面板采用钛合金或不锈钢材料时,这种结构能在较高温度下工作,有助于解决气动加热问题。

采用泡沫塑料作为填料的实心夹层弹翼,受力构件少,结构简单,制造容易,质量轻,特别适用于作高速导弹的薄翼面,以及小型导弹的翼面。

夹层式弹翼的缺点是不好开舱口,并且连接困难。

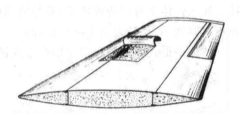

图 3-27　实心夹层式弹翼

2.受力构件

骨架蒙皮式弹翼是效仿飞机机翼而来的,飞航式导弹曾采用这种弹翼结构,它的受力构件比较典型,以这种弹翼(见图 3-28)来介绍受力构件。这种弹翼是由翼梁、翼肋、桁条、纵墙和蒙皮等构件铆接而成的,翼肋铆在翼梁的腹板上,桁条铆在蒙皮上构件上。因此,弹翼的受力构件归纳如下:在翼梁的腹板上,桁条铆在蒙皮上,蒙皮则铆在翼梁、翼肋等包括内部的受力骨架和外部的蒙皮,还有与弹身相连接的接头。

弹翼的各种受力构件,其作用不外乎两方面,一是形成和保持所要求的外形;二是承受外部载荷引起的剪力、弯矩和扭矩。

(1)翼梁。翼梁主要功用是承受弹翼的弯曲及剪力。弹翼上常见的翼梁有两种形式,一种是组合式翼梁,另一种是整体式翼梁,如图 3-29 所示。组合式翼梁由缘条及腹板铆接而成。梁的上、下突缘承受由弯矩转化来的拉力和压力,剪力则由腹板承受。组合式翼梁的突缘通常由硬铝或合金钢的厚壁型材制成,截面形状多为 T 形或 Γ 形;腹板由硬铝板材制成,腹板上还铆一定的支柱,以连接翼肋及提高腹板的稳定性。翼梁多采用等强度设计,翼根处剖面面积大,翼尖处剖面面积小。这样,既充分利用了材料又减轻了质量。

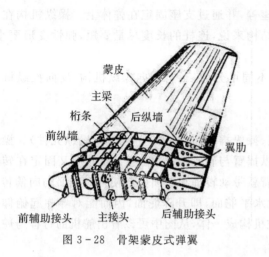

图 3-28 骨架蒙皮式弹翼

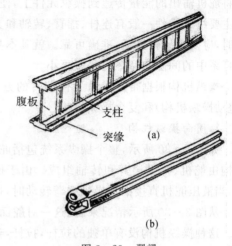

图 3-29 翼梁

(a)组合式翼梁; (b)整体式翼梁

(2)纵墙。它是一根突缘很弱或没有突缘而只有腹板的墙式翼梁。它能与蒙皮和翼梁腹板组成围框以承受扭矩。后纵墙可以连接副翼。纵墙上有辅助接头,起弹翼与弹体的连接作用。

(3)桁条。桁条的主要功能是支持蒙皮,维持弹翼的外形;与蒙皮一起把空气动力传给翼肋;提高蒙皮的承载能力,并与蒙皮一起承受作用在弹翼上由弯矩产生的拉力和压力。

(4)翼肋。普通翼肋起保证翼面形状,把蒙皮和桁条传给它的局部空气动力传给翼梁腹板,支持并加强蒙皮、桁条和翼梁腹板的作用。这种翼肋通常用硬铝板弯制而成,弯边用来与蒙皮和翼梁腹板铆接,有时为了便于装配,翼肋可以分成两段或三段。

加强翼肋除了具有普通翼肋的作用外,还能承受和传递较大的集中载荷。通常采用锻件或铸件。

(5)蒙皮。蒙皮的主要功用是承受局部气动载荷,形成弹翼的外形,同时参与承受弹翼的剪力、扭矩、弯矩等载荷。

导弹弹翼结构和弹身结构类似,有薄壁结构和厚壁结构。前者是骨架蒙皮式,后者包括整体壁板式和夹层式两种。

3.4 弹 上 机 构

弹上机构(也称导弹机构)是指使导弹及其部件、组件或附件完成规定的动作或运动的机械组件,它是导弹必不可少的重要组成部分。本节讨论的机构是只与导弹结构相关的机构,而不包括导弹所有分系统中的机构。

弹上机构按功能可划分为操纵机构、连接与分离机构等。

3.4.1 操纵机构

操纵机构是指包括舵机在内的从舵机到操纵元件之间的机械传动机构。操纵机构的功用是将舵机输出的能量传递到操纵元件上,使操纵元件按相应的要求偏转。操纵机构除舵机外,其主要组成构件一般有连杆、摇臂、转轴和支座等,并通过支座固定在弹体上。操纵机构在工作时,应要求动作灵活、准确可靠。就其本身结构来说,连杆的长度尽量要短,弹性变形要小,连杆系中的间隙和摩擦力尽量要小。

操纵机构根据带动操纵元件偏转的方向不同可分为三种:同向操纵机构、反向操纵机构(差动操纵机构)和复合操纵机构。

1.同向操纵机构

如图 3-30 所示,整个操纵系统包括舵机、操纵摇臂、转轴和一对舵面(操纵元件)。操纵机构由舵机、操纵摇臂和转轴组成。由于操纵摇臂与转轴固接在一起,而舵面又固定在转轴上,当液压舵机直接推动操纵摇臂转动时,摇臂就带动转轴和舵面一起使一对舵面同向偏转。

从图 3-30 所示情况来看,这一对舵面是水平舵面,即升降舵面,因而能对导弹起俯仰操纵。这种操纵机构没有单独的拉杆,拉杆与舵机构成一体,从图中可以看出舵机的行程与舵面偏转角之间呈线性关系。

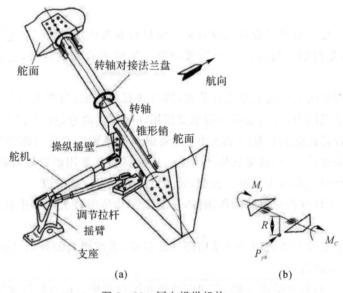

图 3-30 同向操纵机构

(a)操纵机构结构形式; (b)传力示意图

2.差动操纵机构

如图 3-31 所示,这种操纵机构用来带动一对副翼反向(一正一反)偏转,从而产生滚转操纵力矩,以实现对导弹的倾斜滚转和稳定。

操纵机构由舵机和许多摇臂、拉杆以及方框所组成。舵机杆根据控制信号作伸缩移动,由它牵动摇臂、拉杆、方框动作,带动副翼偏转。例如,当舵机杆沿导弹飞行相反方向伸出时,它使得左(从导弹飞行方向观察)摇臂 ac 绕 b 点顺时针转动并牵动左拉杆 cd 沿飞行方向移动,从而带动左操纵摇臂 de,使得左副翼向下偏转。另外,在舵机杆伸出的同时,它也推动左拉杆 fg 带动左 Γ 形摇臂 ghi 顶着方框 ij 向右(从导弹飞行方向观察)移动,并使得右 Γ 形摇臂 jkl 转动,从而拉着右拉杆 lm 沿飞行相反方向移动,此时右摇臂 mp 绕 n 点逆时针转动并牵动右

拉杆 pq 沿飞行方向移动,从而带动右操纵摇臂 qr,使得右副翼向上偏转。当舵机杆沿导弹飞行方向收缩时,情形正好与上述相反,此时左副翼向上偏转,右副翼向下偏转。

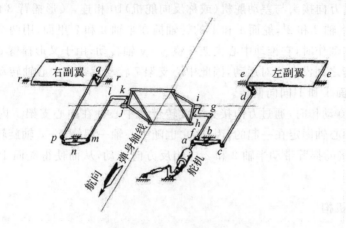

图 3-31 差动操纵机构

3.复合操纵机构

如图 3-32 所示,这种操纵机构用来带动一对舵面既能同向偏转(起舵的作用),又能差动偏转(起副翼的作用)。

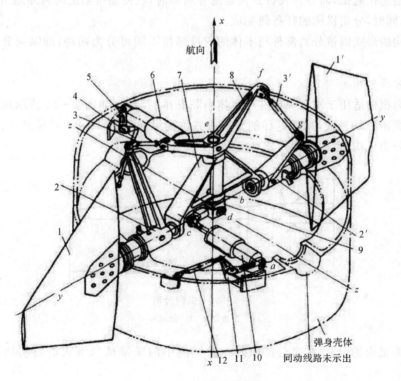

图 3-32 复合操纵机构

1,1′—舵面; 2,2′—带摇臂的半轴; 3,3′—拉杆; 4—调节拉杆; 5—调节摇臂; 6—同动舵机;
7—中心支架; 8—叉形摇臂; 9—万向接头; 10—差动舵机; 11—调节摇臂; 12—调节拉杆

同向操纵舵机(或称同动舵机)6 与中心支架 7 相连,中心支架 7 的两支脚分别与带摇臂的半轴 2 和 2′通过滚珠轴承相连接,叉形摇臂 8 套在中心支架 7 的中心轴上并用销钉固定住,中心轴的下端通过万向接头与差动舵机(或称反向舵机)10 相连,叉形摇臂 8 的两端连接拉杆 3 和 3′,进而连着半轴 2 和 2′,舵面 1 和 1′的转轴插在半轴 2 和 2′里面,用两个锥形销固定住。

当同动舵机 6 动作时,它推动中心支架 7 绕 y-y 轴转动,由于叉形摇臂 8、拉杆 3 和 3′与半轴 2 和 2′的摇臂之间没有相对运动,因此中心支架 7 转动就带着中心轴转动,轴 2 和 2′一起转动,从而使得舵面 1 和 1′同向偏转。

当差动舵机 10 动作时,通过万向接头 9 旋转带动中心轴在中心支架 7 内旋转,此时叉形摇臂 8 由于是与中心轴固定在一起的,因此,它也随中心轴一起绕 x-x 轴旋转,通过拉杆 3 和 3′,以及与它们连接的摇臂带动半轴 2 和 2′向相反方向转动,从而使得舵面 1 和 1′作差动(反向)偏转。

3.4.2　分离机构

分离机构是两级或多级导弹级间连接的特殊组合件,它起着级间连接与级间分离两个重要作用。

为了使导弹飞行速度快、飞行距离远、质量小,往往采用两级形式,即主级加助推器。在助推器完成工作任务后,就需将助推器壳体抛掉。分离机构的作用就在于分离前将助推器与二级导弹可靠地连接起来,而导弹飞行到预定的分离瞬时,就使助推器适时可靠地与主级导弹本体分离,与此同时,分离机构的任务便完成。

分离机构的形式因被分离部件与本体的安排部位不同可分为两种,即纵向分离机构和横向分离机构。

1. 纵向分离机构

纵向分离机构适用于被分离部件与本体串联安排的导弹,如图 3-33 所示地对空导弹的助推器与主级沿纵轴轴线串联,这样的分离方式称为纵向分离,"SA-2"导弹一、二分离采用镁带式纵向分离机构(也称锁钩式分离机构),如图 3-34 所示。

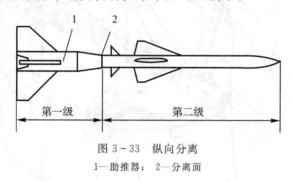

图 3-33　纵向分离
1—助推器；　2—分离面

这种分离机构的开锁关键点在于处在燃气流中的镁带被二级火箭发动机燃气流适时熔断。

纵向分离机构有多种形式,例如,镁带式分离机构、卡环式分离机构和爆炸螺栓式分离机构等。

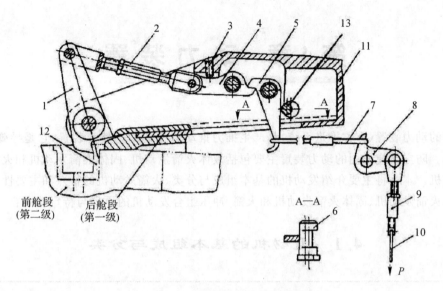

图 3 - 34　镁带式纵向分离机构

1—锁钩；　2—调节杆；　3—限位螺钉；　4,5—摇臂；　6—定位轴；　7—钢丝；

8—摇臂；　9—调节杆；　10—镁带；　11—锁壳；　12—衬套；　13—调整定位轴

2. 横向分离机构

横向分离机构适用于被分离部件与本体并联安排的导弹。如地对空导弹的助推器沿主级导弹并排连接起来，即助推器的轴线围绕主级导弹的纵轴线周围平行排列，如英国"警犬"导弹，图 3 - 35 是这种安排的示意图，这样的分离方式称为横向分离。

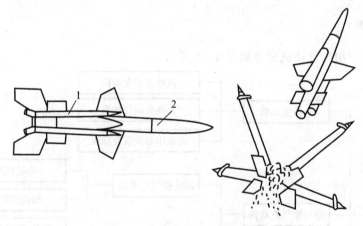

图 3 - 35　横向分离机构示意图

1—助推器；　2—导弹

其分离方式是，四个助推器被捆绑在弹体上，当助推器工作完毕、推力消失时，它们在空气阻力的作用下，向后滑动而打开前端的卡接装置。由于每个助推器的头部呈斜锥状，在空气动力的作用下，产生一个向外的作用力，使四个助推器向四周张开，并剪断尾部的安装铰链。于是，四个助推器就呈花瓣状飞离弹体。

横向分离机构有多种形式，例如，悬挂式分离机构、卡环式分离机构和集束式分离机构等。

第4章 动力装置

导弹的动力装置(亦称推进系统)是产生推力推动导弹运动的整套装置,它是导弹的重要组成部分。防空导弹采用的动力装置主要包括液体火箭发动机、固体火箭发动机和火箭-冲压组合发动机。本章将主要介绍发动机的基本组成与分类、火箭发动机的特点和主要性能参数,以及液体火箭发动机、固体火箭发动机和火箭-冲压组合发动机的原理与特点等内容。

4.1 发动机的基本组成与分类

4.1.1 组成

通常,导弹动力装置由发动机、发动机架、推进剂或燃料系统以及保证发动机正常有效工作所必需的导管、附件、固定装置等组成。不同类型的动力装置,其组成部分也不尽相同。如空气喷气发动机系统,除发动机本体以外,一般还具有进气道、尾喷管、油管、燃油输送导管、控制系统和附件等;液体火箭发动机系统包括液体火箭发动机、发动机架、推进剂贮箱、输送管路以及贮箱的增压系统等;固体火箭发动机推进系统将推进剂制成药柱置于发动机燃烧室内,没有贮箱和导管。

4.1.2 分类

目前导弹上使用的发动机分类如图4-1所示。

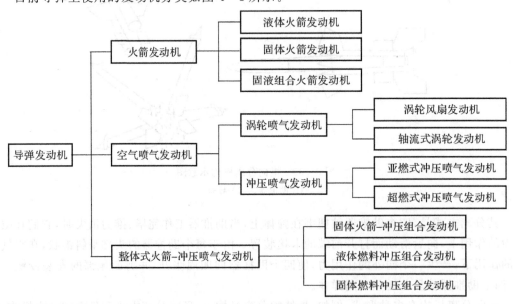

图4-1 导弹发动机分类

火箭发动机自身携带燃烧剂和氧化剂,不依靠空气,因此它可以在大气层和无大气的空间工作。火箭发动机按推进剂的物理状态不同,又分为液体火箭发动机和固体火箭发动机。另外其工作不受飞行速度的影响。

空气喷气发动机是利用周围大气中的氧气作为氧化剂,而自身只携带燃烧剂的喷气发动机,也称为航空发动机,这种发动机只能在大气层中工作。其工作受飞行速度的影响比较大。根据空气增压方式不同,又分为涡轮喷气发动机和冲压喷气发动机。

火箭-冲压发动机是把火箭发动机与冲压发动机组合起来的喷气发动机,具有两者的优点,也具有两者的缺点。

4.2 火箭发动机的特点和主要性能参数

4.2.1 火箭发动机的特点

火箭发动机是运载火箭、导弹和各种航天器的主要动力装置。火箭推进系统可以由单台或多台火箭发动机构成。目前,广泛应用的火箭发动机几乎全部采用化学推进剂作为能源。推进剂在发动机燃烧室中燃烧生成高温燃气,通过喷管膨胀高速喷出,产生反作用力,为飞行器提供飞行所需的主动力和各种辅助动力。

火箭推进系统自带的推进剂包括燃烧剂和氧化剂,不需要空气中的氧气来助燃,它的主要特点如下:

(1)火箭发动机的工作过程不需要大气中的氧气,因此可以在离地面任意高度上工作。由于外界大气的压力随高度的增加而减少,火箭发动机的推力也随飞行高度的增加而增加,到大气层外推力最大。所以火箭发动机是目前航天飞行唯一的动力装置。

(2)火箭发动机的推力是依靠自身携带的推进剂在燃烧室燃烧喷射出高速燃气流产生的,因此,它的推力大小不受飞行速度的影响。不像空气喷气发动机产生推力的高速喷流是靠吸入空气流与燃料混合燃烧获得相对速度增量实现的,喷气速度就是飞行速度的极限。

(3)火箭发动机在高温、高压和高飞行速度的恶劣条件下工作,要求特殊的材料和结构形式来保证其可靠地工作。因此,和其他类型的发动机相比,火箭发动机的体积最小,质量最轻。

(4)火箭发动机的推进剂包括燃烧剂和氧化剂,相对于其他利用空气助燃的发动机(只消耗燃料)来说,其推进剂的消耗量要大得多。因此,采用高能推进剂,减少推进剂消耗,降低结构质量,始终是火箭发动机研制中要求解决的问题。

4.2.2 火箭发动机的主要性能参数

表征发动机性能和工作质量的基本性能参数包括推力、喷气速度、总冲量、比冲量(或比推力)、推力-质量比、秒流量、单位迎面推力、密度比冲等。本节仅介绍推力、总冲和比冲三个参数。

1. 推力

火箭发动机的推力就是作用在发动机内外表面各种力的合力。

图 4-2 所示为发动机的推力室,它由燃烧室和喷管两部分组成。作用在推力室上有推进剂在燃烧室内燃烧产生的燃气压强 p_e,外界的大气压强 p_a,以及高温燃气经过喷管以很高的

速度向后喷出所产生的反作用力。由于喷管开口,作用在推力室内外壁的压力不平衡,产生向前的合力即发动机的推力。根据动量定理推导出推力的表达式为

$$P = \dot{m}u_e + (p_e - p_a)A_e \tag{4-1}$$

式中,P 为发动机推力(N);$\dot{m}$ 为质量流率(kg/s);u_e 为喷气速度(m/s);A_e 为喷管出口截面积(m²);p_a 为外界大气压强(Pa);p_e 为喷管出口截面处燃气压强(Pa)。

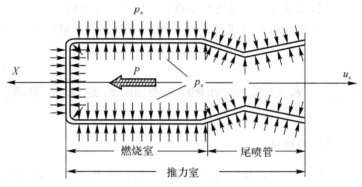

图 4-2　燃烧室推力产生的原理

式(4-1)中的 $\dot{m}u_e$ 项是由于燃气介质以高速喷出而产生的推力部分,称为动力学推力或动推力,其大小取决于燃气的质量流率和喷气速度的大小,是推力的主要部分,占总推力的90%以上;$(p_e - p_a)A_e$ 项是由于发动机喷口截面处的燃气流压强与大气压强的压差引起的推力部分,称为静力学推力或静推力,它与导弹的飞行高度有关。

2. 总冲

发动机的总冲量决定于推力的大小和工作时间长短,总冲量定义为推力 P 对时间的积分,即

$$I = \int_0^t P \mathrm{d}t \tag{4-2}$$

式中,I 为总冲(N·s);P 为发动机推力;t 为发动机工作时间。

总冲综合了发动机的推力及其作用时间,是火箭发动机一项重要的性能参数,反映了发动机能力的大小,决定了火箭的射程和有效载荷运载能力的大小。

3. 比冲

比冲是发动机的另一项重要性能参数。比冲是指发动机燃烧 1 kg 质量的推进剂所产生的冲量,即

$$I_s = \frac{I}{m_p} \tag{4-3}$$

式中,I_s 为比冲,单位为 N·s/kg(或 m/s);m_p 为推进剂的总有效质量(kg)。

比冲是火箭发动机最重要的性能参数。如发动机的总冲一定,比冲越高,则所需的推进剂越少,相应发动机的尺寸和质量都可以降低;或者说,如推进剂的质量给定,比冲越高,则总冲就越大,相应火箭的射程或有效载荷运载能力也增加。

比推力的含义是指每秒钟消耗 1 kg 质量的推进剂所产生的推力大小,为推力 P 与质量流率(秒流量)$\dot{m}$ 之比,用 P_s 表示,即

$$P_s = \frac{P}{m} = I_s \tag{4-4}$$

可以看出,尽管比冲和比推力在定义和物理意义上有区别,但它们的数值和量纲是相同的。在国际单位制中,比冲单位为 m/s,工程单位为 s。比冲和比推力都可以取瞬时值,也可以取发动机工作过程中某一时间区间的平均值。一般固体火箭发动机难以直接测量其推进剂的秒流量,多采用总冲和比冲的概念;液体火箭发动机直接测量秒流量和推力比较方便,常用推力和比推力表示。

推力是反映发动机力量大小的指标,总冲量是表征发动机工作能力的指标,而比冲则是表示推进剂的能量和发动机工作过程完善程度的指标。

目前,液体火箭发动机的比冲在 2 500~4 600 m/s 范围内,固体火箭发动机的比冲在 2 000~3 000 m/s 范围内。

4.3 液体火箭发动机

液体火箭发动机按照所采用推进剂组元的数目,可分为单组元、双组元、三组元 3 种类型。单组元发动机只有一种推进剂组元,工作时推进剂组元在加热、加压或催化反应下便分解产生高温气体。单组元发动机的特点是推进剂在贮箱存放条件下保持稳定,进入推力室后又能迅速分解燃烧。单组元发动机能量低、比冲小,但系统构造简单,一般用于小型辅助发动机或燃气发生器。应用最广泛的是双组元发动机。双组元液体火箭发动机的推进剂包括氧化剂和燃烧剂,各自存放在单独的贮箱内。工作时,专门的输送系统分别将它们送入燃烧室。三组元发动机是在双组元推进剂的基础上加入第三组元以提高比冲,由于增加组元数目使系统复杂化,一般很少采用。本节着重介绍双组元发动机。

4.3.1 液体火箭发动机的组成和原理

液体火箭发动机一般由推力室、推进剂输送系统组成。

1. 推力室

推力室是液体推进剂进行混合和燃烧,燃气进行膨胀以高速喷出而产生推力的部件,由头部喷注器、燃烧室和喷管三部分组成。

发动机工作时推进剂经过喷注器按一定流量和混合比喷入燃烧室,先通过雾化、混合、燃烧,产生温度高达数千摄氏度、压力数十兆帕的高温燃气,然后通过喷管膨胀加速以超声速流喷出产生推力。

(1)头部喷注器。头部喷注器位于燃烧室前端,其作用是将推进剂喷入燃烧室并使之雾化和混合。喷注器由多个单元的喷嘴组成,喷嘴按喷注方式分为直流式、离心式、同轴式等类型。

直流式喷嘴有 2 个或多个直通小孔,推进剂通过小孔形成雾状小锥角射流喷入燃烧室,喷嘴的 2 股或多股射流相互撞击,以促进雾化和混合。直流式喷嘴结构简单,应用最为广泛。

离心式喷嘴内装有涡流器或钻有切向小孔,可使推进剂形成高速旋转的涡流进入燃烧室,更有利于雾化和混合。离心式喷嘴结构较复杂,尺寸较大,但雾化效果更好,燃烧更完全,也被广泛采用。

同轴式喷嘴主要用于液氢液氧发动机。其内喷嘴可以是直流式或离心式,外环形间隙为直流式。液氧由内喷嘴喷出,液氢经推力室的冷却夹套加热气化后由同轴喷嘴的外环形间隙喷出,与液氧混合后燃烧。

(2)燃烧室。燃烧室是液体推进剂进行雾化、混合和燃烧的地方,通常为球形、椭球形或圆筒形。燃烧室前端与头部喷注器、后端与喷管焊接成一体。

燃烧室的结构形式分为两种:双层壁结构和管束式壁结构。

双层壁结构其内壁和外壁一般由钢板成型后焊接而成,内、外壁之间通过燃烧剂(即冷却剂)以对室壁进行冷却。因为燃烧室和喷管是连成一体的,所以喷管也是双层壁结构,冷却剂先通过喷管出口面附近的夹壁,然后流向燃烧室的头部,并由喷注器而进入燃烧室,这种双层壁燃烧室由于质量大,故多用在小推力发动机上。管束式壁结构由很多根管并排连在一起经钎焊形成所要求的内外表面和结构,这种结构仍用燃烧剂对室壁进行冷却,燃烧剂从燃烧室头部环形口支管进来,沿着管子向下流到喷管口部环形返回支管,然后回头流到燃烧室头部由喷注器进入燃烧室。这种管束式壁燃烧室一般用在大型发动机上。

上面所谈的两种结构形式的燃烧室和喷管,其冷却的方式称为外冷式,或称为再生冷却式。所谓再生冷却是说冷却剂经夹套流动,冷却剂所吸收的热量没有浪费掉,而是增加了推进剂在进入喷嘴前的能量。如果热流过大,再生冷却不能满足要求,这时,需要采取内冷却。其方法是在燃烧室壁上开许多小孔,让燃烧剂沿小孔贴内壁渗透,液体成薄层散开以形成保护膜和蒸气层来达到冷却的目的。由于是在内壁上造成冷却,故称之为内冷却。内冷却引起发动机的比推力降低,结构也复杂。

(3)喷管。喷管的作用是为了获得超声速燃气喷流,一般为收缩-扩张的拉瓦尔喷管。喷管和燃烧室组成整体式结构,并与燃烧室一起采用一体式的再生式冷却。从工艺上考虑,拉瓦尔喷管的收缩段和燃烧室组合在一起形成平滑过渡。在拉瓦尔喷管的临界截面和扩散段,气流膨胀加速形成超声速喷流。为减少流动损失,临界截面附近也应平滑过渡。

2. 推进剂输送系统

推进剂输送系统是液体火箭发动机中将推进剂由贮箱输送到燃烧室的所有装置的总称。常用的推进剂输送系统有挤压式和泵压式两种。

(1)挤压式输送系统。挤压式输送系统利用高压气体的压力,将推进剂由贮箱经过管路、阀门、喷注器送入燃烧室。图4-3所示为挤压式输送系统的工作原理简图,主要由高压气瓶和减压器等组成。高压气瓶内填充高压氮气、高压氦气等气体,压力一般在30 MPa左右。经减压器将压力降低到3.5~5.5 MPa后分别进入燃料箱和氧化剂箱,燃烧剂和氧化剂在气体的挤压下分别由各自的管路经主活门和喷注器进入燃烧室。

挤压式输送系统结构简单可靠,容易实现多次启动,常用于推力不大、工作时间较短的战术导弹;但高压气瓶质量较大,同时贮箱内压力高,结构质量相对也较大,是挤压式系统的主要缺点。

(2)泵压式输送系统。泵压式输送系统利用涡轮泵将推进剂输送到发动机燃烧室,大推力、工作时间较长的运载火箭多采用这种输送方式。图4-4所示为泵压式输送系统的工作原理简图,该输送系统主要由涡轮泵、燃气发生器、火药启动器等组成。涡轮泵是涡轮和泵的组合装置,还包括轴承、齿轮箱和密封件等。涡轮由燃气发生器生成的燃气驱动,通过齿轮箱减速带动氧化剂泵和燃烧剂泵工作。氧化剂和燃烧剂经过各自的泵增压后,由各自的管路通过主活门和喷注器进入燃烧室。

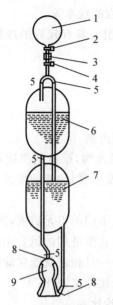

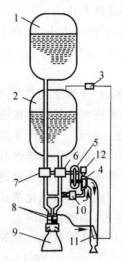

图 4-3　挤压式输送系统简图

1—高压气瓶；　2—高压爆破活门；　3—减压器；

4—低压爆破活门；　5—隔膜；　6—燃烧剂贮箱；

7—氧化剂贮箱；　8—流量控制板；　9—燃烧室

图 4-4　泵压式输送系统简图

1—燃烧剂贮箱；　2—氧化剂贮箱；　3—增压活门；

4—涡轮；　5—齿轮箱；　6—氧化剂泵；

7—燃烧剂泵；　8—主活门；　9—推力室；

10—燃气发生器；　11—蒸发器；　12—火药启动器

　　燃气发生器的结构与发动机的燃烧室相似，可以直接从氧化剂泵和燃烧剂泵的出口处抽取一定比例的推进剂在发生器内燃烧产生驱动涡轮的燃气。涡轮启动前是不能给燃气发生器提供推进剂的，还需要靠火药启动器来启动。火药启动器是使用固体推进剂的燃气发生器，点火器将固体推进剂点燃生成燃气驱动涡轮，工作时间很短，仅用于发动机的启动。

　　为了避免在泵的入口处出现气穴，推进剂贮箱在工作时需要保持一定的压力。可以用高压气瓶作为增压气源，也可以从燃气发生器中抽出一部分燃气降温后作为增压气源。

　　泵压式输送系统对推进剂贮箱压力要求不高，一般仅 0.3～0.5 MPa，因而结构总质量相对较轻，容易达到长时间工作的设计要求。缺点是系统结构比较复杂，实现多次启动比较困难。适合于推力大，工作时间长的推进系统。

4.3.2　液体推进剂

　　液体推进剂是指所用的氧化剂和燃烧剂是液体状态。

1. 要求

　　液体推进剂包括氧化剂和燃烧剂。推进剂的选择对火箭发动机以至导弹的总体性能都具有重大的影响。选择推进剂应从性能、价格、贮存、运输、使用等多种因素进行考虑。理想的推进剂应当具有以下特点：

　　(1)能量特性高。即比冲和密度比冲高。密度比冲是推进剂密度与其比冲的乘积，表示单位容积推进剂在单位时间内所产生的推力。这项指标直接影响导弹的尺寸和起飞质量。

　　(2)使用性能好。包括推进剂的物理、化学稳定性，冷凝点和饱和蒸气压，对外界环境要求，贮存运输要求，机械敏感度，热稳定性，材料相容性和毒性等。

(3)经济性好。包括原材料来源,价格和生产使用全过程的成本等。

(4)从推力室的再生冷却需要考虑,推进剂中应有一种组元具有较好的冷却能力,即分解温度高、比热和导热率高。

(5)黏度低,表面张力小,以利于输送系统和喷嘴的设计。

(6)燃烧性好。燃烧稳定,容易点燃。

2. 类型

按照组元多少,火箭推进剂可以分为单组元和多组元推进剂。

(1)单组元推进剂。单组元推进剂是单一的化合物或混合物,推进剂供应系统较简单,但是推进剂的性能比较低,一般用于发动机的副系统(如燃气发生器)和辅助推进系统(如姿态控制发动机)。常用的单组元推进剂有过氧化氢、无水肼等。

(2)多组元推进剂。多组元推进剂采用两种或两种以上不同的组元组成,实际上多用双组元推进剂,双组元推进剂由氧化剂和燃烧剂组成。有些双组元推进剂的组合相遇后不会自燃,称为非自燃推进剂,如酒精和液氧。有些双组元推进剂组合一旦相遇就能立即燃烧,称为自燃推进剂,如偏二甲肼和四氧化二氮等。主要液体推进剂理论比冲见表4-1。

表 4-1　主要液体推进剂的理论比冲　　　　　　　　　　　（单位:m/s）

燃料剂	氧化剂					
	液氧	液氟	四氧化二氮	红烟硝酸	五氟化氯	二氟化氧
液氢	3 910	4 110	3 420		3 430	4 010
肼	3 130	3 640	2 920	2 830	3 120	3 450
一甲基肼	3 110	3 450	2 890	2 700	3 040	3 510
偏二甲肼	3 100	3 440	2 860	2 770	2 980	3 510
煤油	3 000	3 180	2 760	2 680		3 410
甲烷	3 110	3 440	2 830		2 930	3 470

注:表中所列比冲为 $p_0/p_e=68$ 的理论值。

4.4　固体火箭发动机

使用固体推进剂的火箭发动机称为固体推进剂火箭发动机,简称固体火箭发动机或固体发动机。固体推进剂由固体燃烧剂、固体氧化剂及其他添加剂混合而成。与液体火箭发动机相比,固体火箭发动机的优点是结构简单,没有液体发动机所必需的贮箱、阀门、泵和管路等复杂装置;固体推进剂装药成型后可长期贮存并长期处于发射准备状态;结构紧凑,可靠性和安全性高,维护和操作简单方便;而且具有较高的密度比冲。因此,固体火箭发动机主要应用于要求作战反应迅速,机动隐蔽,生存能力强的导弹武器系统,特别是有利于导弹的小型化和机动化。

4.4.1　固体火箭发动机的组成和原理

固体火箭发动机主要由固体药柱、燃烧室壳体、点火装置和喷管组件等组成,如图4-5

所示。

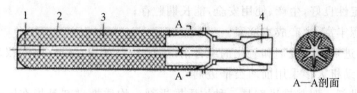

图4-5 固体火箭发动机典型结构

1—点火装置; 2—壳体; 3—固体药柱; 4—喷管

1. 固体药柱

固体火箭发动机的装药由一种或几种固体推进剂组成,成型后称为药柱。药柱一般采取浇铸的办法充填到燃烧室内成型,其几何形状由专门的模具保证,称为贴壁浇铸式;也可以预先制成药柱,然后充填装配到燃烧室内,称为自由装填式。

2. 燃烧室壳体

燃烧室壳体是贮存药柱并供其燃烧的组件,通常燃烧室还是导弹弹体结构的组成部分。发动机工作时,燃烧室内承受高温、高压的作用,而且一般不采取冷却措施,材料通常为合金钢、钛合金或碳纤维复合材料。金属壳体通常为整体焊接或旋压成型,复合材料壳体则为整体缠绕或编织成型。壳体内壁敷设具有良好抗烧蚀和隔热性能的绝热层,对于贴壁浇铸式药柱的燃烧室,往往在绝热层内壁还喷涂一层衬层,以增强绝热层与药柱间的黏结力。

3. 点火装置

点火装置由电爆管、点火药和壳体结构组成。点火药为黑火药或烟火剂。通电后电爆管引燃点火药。点火装置一般置于燃烧室头部,也有置于药柱中间或末端的。大型固体火箭发动机的点火装置本身就是一个小型固体火箭发动机,称为点火发动机。

4. 喷管组件

喷管组件的作用是将燃烧产生的热能转换为喷射气流的动能,其原理和形状在叙述拉瓦尔喷管时已作了介绍。由于固体火箭发动机不采取冷却措施,为了承受高温高速气流的冲刷,喷管喉衬和入口段采用整体的碳-碳复合材料,出口锥段采用碳纤维或高硅氧纤维编织或缠绕成型的复合材料。为充分利用空间,缩短长度,大多数固体火箭发动机采用潜入式喷管,即喷管的一部分伸入燃烧室内。根据需要,固体火箭发动机可以有一个或多个喷管。为了控制推力方向,喷管常与推力矢量控制系统构成喷管组件,如燃气舵、致偏环、摆动喷管及其伺服控制机构等。

4.4.2 固体推进剂和装药药型

1. 固体推进剂的要求和种类

固体推进剂由氧化剂、燃烧剂和其他添加剂混合组成。氧化剂和燃烧剂是基本成分。添加剂含量虽少,但种类繁多,功能各异。有调节燃速的催化剂和降速剂,改善燃烧性能的燃烧稳定剂,改善贮存性能的防老化剂,改善力学性能的增塑剂,以及改善工艺性能的稀释剂、润滑剂、固化剂和固化促进剂等。对固体推进剂的基本要求如下:

(1)密度比冲高;

(2)燃烧性能良好;

（3）力学性能和工艺性能优良；

（4）化学稳定性良好，生产、使用安全，能长期贮存；

（5）原料来源丰富，生产成本低廉。

依据固体推进剂的燃烧剂和氧化剂组合情况，可分为双基、复合、改性双基推进剂。防空导弹固体火箭发动机大多采用前两类推进剂。

（1）双基推进剂。双基推进剂是一种均质推进剂。均质推进剂是指在同一分子中同时含有燃烧剂和氧化剂。双基推进剂主要成分为硝化棉和硝化甘油。此外，还有助溶剂、化学安定剂等。双基推进剂比冲低，密度小，机械强度高，火焰温度低，长期贮存有良好的安定性，对潮湿环境不敏感，性能再现性好。某些双基推进剂的压强指数及温度敏感系数比较低。

双基推进剂具有燃速范围宽、力学性能较稳定、贮存期长（达 20 年）及比复合药价格低廉等优点。但其突出优点是燃烧时无烟，这对当今装有光电设备的防空导弹尤为重要。

目前，国内常用的双基推进剂有双石-2、双铅-1、双铅-2、双铅-3、双芳镁-1、双芳镁-2、双芳镁-3、双钴-1、双钴-2、ZNP-20、平台药等。

（2）复合推进剂。复合推进剂是目前使用最广泛的一种推进剂。复合推进剂由氧化剂、黏结剂和燃烧剂等组成，氧化剂和燃烧剂的含量一般在 85% 左右。一般常用的氧化剂有过氯酸钾、过氯酸铵和硝酸铵等。用过氯酸铵研制成的推进剂，其比冲为 2 157～2 451 m/s。其燃速范围比较广，压强指数和温度敏感系数比较低，有较好的内弹道性能，资源也丰富。

黏结剂不但把氧化剂和金属颗粒黏结起来，同时又作为燃烧剂，在燃烧过程中提供燃烧元素。黏结剂的种类很多，有聚硫橡胶、聚氨酯、聚丁二烯等。它使推进剂成为一种坚韧的橡胶状，能受热应力和机械应力所产生的剧烈应变。金属添加剂又称燃烧剂，燃烧剂加入的目的是抑制不稳定燃烧和提高推进剂的密度和发动机的比冲。燃烧剂是一种轻金属粉末，如 Al，Mg 和 Be 等，其中以铝粉为常用。除此以外，还有固化剂、增塑剂和防老化剂等。复合推进剂有两种制造方法：压伸法和浇铸法。常用的是浇铸法。复合推进剂生产简单，原材料广泛，能满足不同要求。

复合推进剂优点：能量特性更高，贮存时间长，低温下具有较好的物理机械性能及良好的工艺性。这些都适合用于助推-续航固体火箭发动机。其缺点是配方中含有过氯酸铵及铝，燃烧时有较多烟产生。

复合推进剂习惯上按黏合剂的种类来分类，有聚硫橡胶推进剂、聚氨酯推进剂和聚丁二烯推进剂，其中聚丁二烯推进剂又分为聚丁二烯-丙烯酸推进剂、聚丁二烯-丙烯酸-丙烯腈推进剂和端羟基聚丁二烯推进剂。

（3）改性双基推进剂。改性双基推进剂在结构上高于复合推进剂，在双基推进剂中加入过氯酸铵和铝粉后，就成为改性双基推进剂。推进剂中氧化剂是过氯酸铵，黏结剂是硝化棉。比冲可达 2 400～2 500 m/s，高于双基推进剂和复合推进剂。但其燃温高，燃速随温度变化大，受外界影响敏感，尤其低温时其变形能力有限。这些都限制了其在防空导弹上的应用。它适用于环境温度可以控制的战略武器上，特别是用于多级火箭的后两级发动机上。

2. 装药药型

发动机的推力及其变化规律与装药燃烧面积的大小及其变化规律有关，而装药燃烧面积又直接和药型有关。装药的药型直接影响发动机的推力大小及其变化规律，同时发动机的装填密度、药柱的强度也与药型有密切关系。因此，必须合理地选择药型，各种药型及对应的推力曲线如图4-6所示。

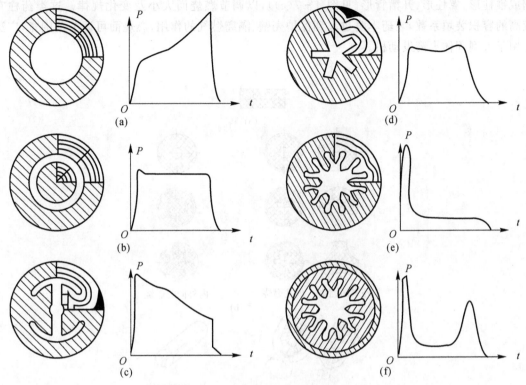

图4-6 装药截面及其推力曲线
(a)管状药柱; (b)套管状药柱; (c)双锚式药柱;
(d)星形药柱; (e)车轮形药柱; (f)双燃速药柱

根据燃烧面积的变化规律,装药药型包括恒面型、减面型和增面型。按燃烧表面所处的位置可以分为端面燃烧药柱、侧面燃烧药柱和端-侧面同时燃烧药柱。按燃烧方向的维数可以分为一维药柱、二维药柱和三维药柱。通常,端面燃烧药柱即为一维药柱。两端包覆的侧面燃烧药柱,或长径比很大,可以忽略端部燃烧面的端-侧面燃烧药柱皆属于二维药柱。长径比较小,端部燃烧面不可忽略的侧端面燃烧药柱则属于三维药柱。按药柱形状和燃烧方式可以分为端燃药柱、管形药柱、星形药柱、车轮形药柱等。

(1)端面燃烧药柱。端面燃烧药柱大多为圆柱形(见图4-7(a)),燃烧面垂直于发动机纵轴,整个侧面和头部端面包覆阻燃材料,燃烧面由药柱尾端向头部推进。这种药柱的特点是燃烧面积始终保持常值,燃烧时间长,推力小,容积装填系数(推进剂体积与燃烧室容积之比)大。但随着燃烧面的推进,燃烧室壳壁暴露于高温燃气中,发动机壳体的工作环境恶劣。端面燃烧药柱主要用于低推力、长时间工作的小型固体火箭发动机和固体燃气发生器。

(2)侧面燃烧药柱。侧面燃烧药柱的燃烧面平行于药柱轴线,端面包覆阻燃材料。药柱横截面可以有各种不同的形状(见图4-7(b)),以得到各种不同的燃烧面变化规律。有内侧面燃烧、外侧面燃烧和内、外侧面同时燃烧等类型。内侧面燃烧从内向外燃烧,燃烧室壳壁可以完全避免与高温燃气接触,这是一个很重要的优点,因此固体火箭发动机一般多采用内侧面燃烧药柱。侧面燃烧药柱容积装填系数低,主要用于战术导弹的固体火箭发动机。

（3）端-侧面燃烧药柱。端-侧面燃烧药柱一般为内侧面加端面同时燃烧,内侧面某部位上制成锥柱形、翼柱形、开槽管形(见图4-7(c)),以调节燃烧面大小及变化规律。这类药柱有较高的容积装填系数,装药本身也起到保护壳壁、隔离燃气的作用,燃烧面可调节范围宽,广泛应用于大型固体火箭发动机。

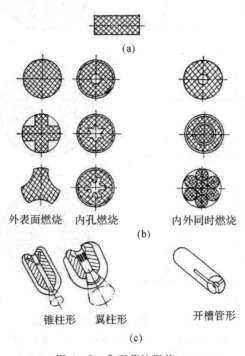

外表面燃烧　　内孔燃烧　　　内外同时燃烧

(b)

锥柱形　　翼柱形　　　　开槽管形

(c)

图 4-7　典型药柱形状

(a)端燃药柱(一维)；　(b)侧燃药柱(二维)；　(c)端-侧同时燃烧药柱(三维)

4.4.3　几种特殊的固体火箭发动机

所谓特殊的固体火箭发动机,是指其无论在结构上,或是在工作方式上都具有不同于常规固体火箭发动机的特点,如单室双推力乃至多推力固体火箭发动机、无喷管发动机、多次点火脉冲固体火箭发动机等。它们各有独特之处。单室双推力固体火箭发动机的特点是可以提供阶梯式的推力-时间曲线；多次点火脉冲固体火箭发动机的特点是提供间断的推力,其间断的时间可依需要而定,可长可短。正因为如此,这些固体火箭发动机对未来战术导弹,特别是防空导弹的发展,提高其可靠性、机动性,提高命中精度、扩大射程等,都具有极其重要的意义。

1. 单室双推力固体火箭发动机

单室双推力固体火箭发动机是利用一个燃烧室产生两级推力,其突出优点是,推力分级可以改善导弹的速度特性；无一、二级分离环节及分离扰动；提高了动力装置的可靠性；可缩短导弹起控时间等。单室双推力固体火箭发动机的缺点为二级工作时,消极质量大及比冲效率低等。它特别适合于反坦克导弹、防空导弹及其他小型战术导弹。

双推力药柱有两种不同燃烧面积的药型或两种不同燃速的推进剂所构成的药柱。燃烧时先提供较大的推力,随后提供较小的推力,分别用于助推段和续航段,双推力药柱截面及推力-

时间曲线如图 4-8 所示。

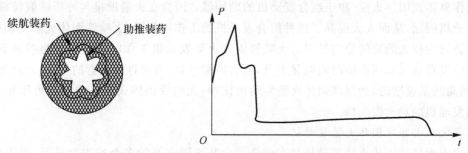

图 4-8 双推力药柱截面及推力-时间曲线示意图

2. 无喷管固体火箭发动机

通常的固体火箭发动机是由点火装置、燃烧室壳体、喷管和药柱四大部分组成的。而无喷管固体火箭发动机就是去掉了机械喷管,代之以在药柱通道内加质量可达到声速,甚至超声速形成的"气动喷管"。从组成上看,这种无喷管固体火箭发动机仅由点火装置、燃烧室壳体和药柱三大部分组成,结构如图 4-9 所示。

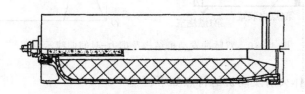

图 4-9 无喷管固体火箭发动机

无喷管固体火箭发动机的优点体现在:

(1)从组成上简化了发动机结构;

(2)减少了发动机结构部件,从而提高了发动机的可靠性;

(3)在尺寸及质量相同的情况下,用无喷管发动机可使导弹在主动段结束时的速度增量提高 10%左右,甚至更高;

(4)对小型固体火箭发动机,可降低结构成本 20%左右;

(5)减少固体火箭发动机加工工时,缩短加工周期,具有很好的经济性。

无喷管固体火箭发动机的缺点如下:

(1)压强随时间变化较大,平均压强较低,燃气停留时间较短,燃烧损失和流动损失较大,与有喷管固体火箭发动机相比,比冲效率约为 88%。

(2)节流条件不定,在固体火箭发动机工作过程中,雍塞截面的大小及位置都发生变化,引起固体火箭发动机工作参数的波动和推力偏心,性能重现性也将是影响无喷管固体火箭发动机实际应用的关键。

(3)无喷管固体火箭发动机应用是有一定限制的,长径比(L/D)对无喷管固体火箭发动机性能有很大影响,长径比太小(<3.5),或太大(>4)都将导致很大的损失,在这些情况下不宜采用无喷管固体火箭发动机。

无喷管固体火箭发动机是一种新型的动力装置,很适合于小型战术导弹,可使导弹获得更大的速度增量。已进行了一些空-空导弹、空-地导弹的应用研究;无喷管固体火箭发动机还特别适用作整体式固体火箭-冲压组合发动机的助推器。因为在火箭助推与冲压续航转级时,没有喷管分离问题,从而大大提高了这种组合发动机的工作可靠性;无喷管固体火箭发动机还适合于旋转效应较大的旋转稳定导弹。无喷管固体火箭发动机工作时压强随时间明显下降,而旋转效应又造成工作压强随时间明显上升,二者匹配得好,可获得较满意的压强-时间曲线(推力-时间曲线是递增的)和提高固体火箭发动机比冲;无喷管固体火箭发动机还可用作大型固体火箭发动机的点火发动机。

3.多次点火脉冲固体火箭发动机

多次点火脉冲固体火箭发动机是在燃烧室内装填隔离开的多个推进剂单元,而不分离燃烧室和尾喷管,用可变定时使各部分推进剂分别进行燃烧,产生多次推力控制的固体火箭发动机。多次点火脉冲固体火箭发动机中有双脉冲固体火箭发动机、三脉冲固体火箭发动机和多脉冲固体火箭发动机,双脉冲固体火箭发动机结构及推力-时间曲线如图4-10所示。

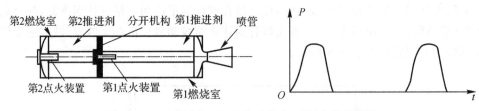

图4-10　双脉冲发动机结构及推力-时间曲线示意图

多次点火脉冲固体火箭发动机的特点如下:

(1)推力是不连续的,脉冲间隔时间可以控制,每个脉冲的推力方案可是多级的,也可是单级的,视弹道需要而定;

(2)各脉冲都是独立的,一脉冲工作不影响另一脉冲的药柱;

(3)可与推力矢量控制(Thrust Vector Control,TVC)结合,为导弹接近目标时,采用动力控制提供了可能;

(4)为满足导弹总体布局的需要,脉冲固体火箭发动机多带长尾喷管;

(5)脉冲固体火箭发动机的燃烧室由隔舱分成两部分,或几部分,有几个脉冲就有几个隔舱。因此脉冲越多,结构质量就越大。故多脉冲是有限的,一般应用较多的是两次点火双脉冲固体火箭发动机,三脉冲固体火箭发动机也将会获得应用。

脉冲固体火箭发动机在质量比方面将有所下降,因它的结构质量比同样的常规固体火箭发动机稍大,尽管如此,脉冲固体火箭发动机的优点更大,这就是脉冲固体火箭发动机技术得以不断发展,并将更多地用于防空导弹及其他小型战术导弹的原因。

应用脉冲固体火箭发动机可显著地提高导弹性能,是采用连续推力的固体火箭发动机所不能比的,其主要优点体现在以下几个方面:

(1)提高导弹射程。在固体火箭发动机总冲、质量及尺寸基本相同的情况下,用脉冲固体火箭发动机的导弹比用连续推力单室双推力(或两级固体火箭发动机)固体火箭发动机的导弹,飞行时间更长,射程更远。这是因为脉冲固体火箭发动机的第二脉冲可以延迟工作,直到导弹达到更高的高度,并经过一段惯性飞行之后,第二脉冲才开始工作。

(2)改善导弹速度特性。用双脉冲固体火箭发动机的导弹,在两脉冲之间的惯性飞行中,因处于一定高空,阻力损失较小,导弹速度下降较慢,待第二脉冲工作后,导弹速度又迅速提高,相当于导弹动力飞行时间延长了。

(3)提高导弹的可用过载,改善命中精度。用脉冲固体火箭发动机的导弹,在接近目标时,处于动力飞行状态,提高了导弹可用过载,使导弹机动能力提高,可以显著改善导弹的命中精度。

(4)减小导弹弹翼。脉冲固体火箭发动机可使导弹末段飞行期间升力所需的弹翼翼展最小。因为第二脉冲可使导弹有动力飞行,达到较高的末速。能使导弹具有较大的攻击目标的能力。这是连续推力所不能达到的。弹翼减小,降低了导弹质量和减小了飞行阻力。

(5)与 TVC 结合实现攻击目标的机动控制。在高远程情况下,采用连续推力固体火箭动机的导弹攻击目标时,固体火箭发动机工作早已结束,此时,无论是导弹速度,还是大气密度都已降低,气动力控制效率是较低的。而脉冲固体火箭发动机提供了在接近目标时采用 TVC 增加气动力控制的可能性。它又可以增加导弹的拦截升限,也可以补偿较大的制导交班误差。

4.5 空气喷气发动机

空气喷气发动机的特点是导弹本身只携带燃油(即燃烧剂),氧化剂来自空气中的氧气。因此,这类发动机与外界大气条件有着密切的关系。空气喷气发动机按进气的增压方式,可分为涡轮喷气发动机和冲压喷气发动机两种,常用的涡轮喷气发动机主要有轴流式涡轮喷气发动机和涡轮风扇发动机。

4.5.1 涡轮喷气发动机

涡轮喷气发动机用压气机给空气增压。压气机有两种:一种是气流方向基本同压气机轴线方向平行的称为轴流式压气机,装有这种压气机的发动机叫轴流式涡轮喷气发动机;另一种是靠离心力给空气增压,在压气机内,气流方向与压气机轴线方向基本上是垂直的,装有这种压气机的发动机称为离心式涡轮喷气发动机。由于这种发动机迎风阻力大,气流转弯多,能量损失大,效率低,且构造复杂,基本上已被淘汰了。获得广泛应用的,几乎全部是轴流式涡轮喷气发动机。

图 4-11 是典型的轴流式涡轮喷气发动机构造简图。

其中第 I 部分是进气道,其主要作用是整理进入发动机的空气流,消除紊乱的涡流,使气流沿整个压气机进口处有比较均匀一致的压力分布,从而保证压气机有良好的工作条件。第 II 部分是轴流式压气机。压气机通道做成收敛形状。在发动机匣上装有静止叶片,在压气机轴上装有转子叶片,由涡轮带动压气机轴高速旋转。由于转子叶片与静止叶片的相对运动,迫使进气道来的空气不断地压缩增压(空气压强增加 5~30 倍)。空气的流速不断下降,温度升高,压强增大。空气被压缩增压后进入第 III 部分——燃烧室,一部分空气(20%~30%)与喷嘴喷入燃烧室的燃油混合、雾化、燃烧,变成了具有很大能量的高温高压燃气。其余的空气与燃气混合在一起,变成 1 000~1 400℃的气流进入涡轮,这样涡轮就不会因为过热而烧毁。第 IV 部分是涡轮。燃气带动涡轮高速转动,涡轮带动压气机和连接在轴上的其他附件(如发电机、燃油泵等)转动,因此,燃气经过涡轮要消耗掉一部分能量。涡轮前燃气的温度受到了涡轮叶片材料的耐热性限制。即使对涡轮叶片采取冷却措施,目前,燃气温度才允许达到 1 400℃左右,因此,通过提高燃烧室的燃烧温度来加大发动机的推力存在很大困难。为此在涡轮后面又设置了加力燃烧室,这就是发动机的第Ⅴ部分。经过涡轮而来的燃气中还存在不少氧气。在加力燃烧室再次喷油,借助那部分剩余氧气进行燃烧。由于没有转动部件,这里的温度可允许达到1 700℃左右。这样就再次提高了燃气的能量,加大了排气速度。进行加力燃烧,可以不改变压气机和涡轮的工作状态,就能有效地加大发动机推力。有加力燃烧状态比无加力状态的推力可提高25%~70%。通过加力燃烧,气流进入第Ⅵ部分——喷管。当飞行速度不高时,涡轮喷气发动机的喷管一般采用收敛形。当飞行速度较高时,为提高发动机效率,采用超声速拉瓦尔喷管。气流在喷管内继续膨胀加速,而后高速喷出。

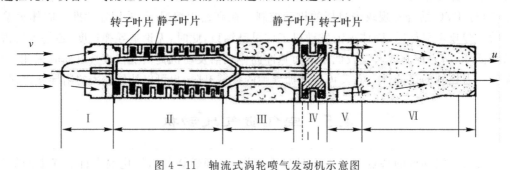

图4-11　轴流式涡轮喷气发动机示意图

Ⅰ—进气道；　Ⅱ—轴流式压气机；　Ⅲ—燃烧室；　Ⅳ—两级涡轮；　Ⅴ—加力燃烧室；　Ⅵ—喷管

涡轮喷气发动机的特点是耗油率低,为0.08~0.10 kg/(N·h)。但是,这种发动机构造复杂,质量大,成本高。目前,大量使用的涡轮喷气发动机,单台推力为20~160 kN。其推重比一般为4~8。涡轮喷气发动机主要用在飞机上。目前,只有在射程比较大的地地、空地及飞航式导弹上应用涡轮喷气发动机。

除了增加风扇而外,涡轮风扇发动机的其余部分与涡轮喷气发动机很相似,有进气道,有低压和高压压气机,燃烧室、涡轮和尾喷管等,如图4-12所示。

涡轮风扇发动机的工作原理基本上与涡轮喷气发动机相似,所不同的是涡轮不仅要带动压气机工作,还要带动风扇旋转。空气进入发动机后,首先经过风扇压缩,然后按一定比例把空气分成两股。一股由风扇向后推动,经过外函道向后流去与燃气会合,最后由喷管喷出。另一股气流同普通的轴流式涡轮发动机一样,经过压气机,进入燃烧室、涡轮,由喷管排出。因此,这种发动机又称内外函发动机或双路式喷气发动机。为了避免在风扇叶片区段的气流和风扇叶片的相对速度过高,产生激波和波阻,风扇的转速就不能太高,如果风扇与压气机同轴,就限制了压气机的转速,必然会降低压气机的效率。因此,采取两组涡轮分轴带动风扇和压气机。

涡轮风扇发动机由于排气速度低,在接近声速的导弹上使用比较有利。为了能在超声速飞行中应用,可以在外函道中采用加力燃烧的办法。由于增加了燃油燃烧,气流的能量增大,喷气的速度和推力也大大提高。这样的涡轮风扇发动机又称为加力式涡轮风扇发动机,如图4-13所示。

涡轮风扇发动机在20世纪70年代已用于巡航导弹。巡航导弹的飞行速度选择在经济巡航点,即$Ma=0.7~0.8$时,处于最小"燃油消耗率"状态,即巡航状态。导弹以巡航状态的速度,即巡航速度飞行时耗油少,质量小,可作低空远距离飞行。巡航导弹上一般选用尺寸小,推力不大,构造较为简单的小型涡轮风扇发动机。这种发动机具有推力小、结构简单、容易制造、寿命短、成本低的特点。

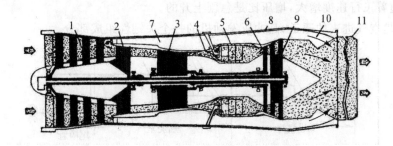

图 4 - 12　涡轮风扇发动机示意图

1,2—风扇叶片;　3—压气机;　4—燃油喷嘴;　5—燃烧室;　6—高压涡轮

7—外函道;　8—发动机匣;　9—低压涡轮;　10—外函气流;　11—喷嘴

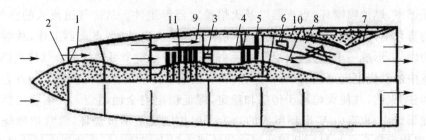

图 4 - 13　加力式涡轮风扇发动机示意图

1—进气道;　2—锥体;　3—燃烧室;　4—涡轮;　5—风扇;　6—加力燃烧室火焰稳定器;

7—尾喷管(喷口可调节);　8—热冷空气混合器;　9—外函气流;　10—内函气流;　11—压气机

4.5.2　冲压喷气发动机

涡轮喷气发动机是靠压气机压缩空气以提高压强,使用的飞行速度受到限制。如果要空气喷气发动机适用于高速飞行,就要用冲压类型的空气喷气发动机。

冲压喷气发动机不使用压气机,其压缩空气的办法,是靠高速空气在进气道中减速,将动能转化为势能(压力能)的。冲压喷气发动机的工作原理基本上与涡轮喷气发动机相同,也同样包括进入发动机的空气受到压缩,空气与燃油混合燃烧,燃气进行膨胀并喷出这样三个基本工作过程。但在结构方面,它却与涡轮喷气发动机有很大不同,冲压发动机利用进气道的冲压作用来实现对空气的增压,没有压气机和涡轮那样的转动部件,因此,结构很简单,质量小得多。

1.基本组成、结构及其工作原理

冲压喷气发动机为完成上述三个基本工作过程,包括如下四个基本组成部分,如图 4 - 14所示。

(1)进气道。进气道的主要作用是引入空气,利用速度冲压作用来实现对气流的增压,即利用高速气流的滞止过程而使气流压力提高。在理想情况下,高速气流速度完全滞止下来。当迎风气流速度从 $Ma=2$ 降到速度等于零时,压力可提高 7.8 倍;从 $Ma=3$ 降到零时,压力可提高 36.8 倍;从 $Ma＝5$ 降到零时,压力可提高 52.9 倍,这种增压比是非常大的。虽然实际情况还会存在压力损失,且气流速度不会滞止到零,也就是增压比不会达到上面所说的那样高的数值,但随着飞行速度增大,增压比是急剧上升的。

进气道是空气进入的通道,是冲压发动机的一个关键性组成部分。

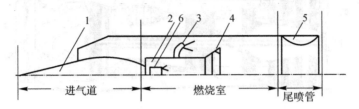

图 4－14　冲压发动机示意图

1—进气锥;　2—预燃室;　3—喷嘴环;　4—火焰稳定器;　5—尾喷管;　6—点火器

(2)燃烧室。燃烧室是空气与燃油混合燃烧,生成燃气的地方。燃烧室一般制成圆筒体,里腔装有预燃室、燃油喷嘴环、点火器以及火焰稳定器等组件。从进气道流入的空气,与燃油喷嘴喷出的雾化燃油混合,形成可燃的混合气体。发动机启动时,点火器工作,放射火花点燃预燃室中的燃气,形成一个点火"火炬",然后由它进一步把整个可燃的混合气体点燃。混合气体在燃烧室中的燃烧温度可达 $1\,500～2\,000℃$。火焰稳定器的作用是使燃气通过它形成回流区,用以"挂住"火焰,并使火焰易于传播和稳定,保证稳定完全地燃烧。火焰稳定器由单锥体和流线型支架组成,也有由 V 形环组成的。为了保护燃烧室不被烧坏,常常把燃烧室做成两层结构(内层用耐热合金材料),利用两层之间的通道引进部分空气来达到冷却的目的。

(3)尾喷管。它使高温高压燃气进行膨胀而加速喷出。亚声速发动机尾喷管是收缩的,超声速发动机尾喷管是拉瓦尔喷管。

(4)燃油供给系统和自动调节系统。燃油喷嘴喷油受燃油供给系统控制,供给系统感受外界气流参数(速度、温度、压力),根据需要供给适量的燃油,以保证正常燃烧。自动调节系统可以根据不同的弹道调节供油,还可以根据需要调节进气道和尾喷管。

2.冲压发动机的特点

冲压发动机与涡轮喷气发动机和火箭发动机相比,有许多优点:

(1)结构简单、质量小、成本低、使用维护方便。据估计,若以 $Ma＝2$ 飞行时,冲压发动机的质量约为涡轮发动机质量的 1/5,制造成本仅为 1/20。

(2)适于高速飞行。在 $Ma＞2$ 的高速状态下工作,经济性好,耗油率低。涡轮喷气发动机则受到使用速度的限制。

(3)比冲量虽然不及涡轮和涡轮风扇发动机,但比火箭发动机大得多。冲压发动机一般可达 $1\,000～17\,000\ m/s$,而火箭发动机不过为 $2\,000～2\,500\ m/s$,只相当冲压发动机的 $1/7～1/5$。因此若导弹发射质量相同,使用冲压发动机比使用火箭发动机的导弹的射程大得多。

(4)只使用燃油(煤油)作为燃烧剂,远比火箭推进剂(无论是固体或液体)便宜,而且安全。发动机的工作时间可以比火箭发动机长得多。

冲压式发动机在远距离、长时间工作方面比火箭发动机优越。但冲压发动机存在着以下缺点:

(1)低速时推力小,耗油率高,静止时根本不能产生推力。它不能自行起飞,一般要用固体火箭发动机作助推器,使导弹达到一定速度时,冲压发动机才能启动工作。

(2)冲压发动机的工作对飞行状况的变化很敏感。飞行速度、高度、迎角及燃烧后空气的剩余量等参数变化都直接影响发动机的工作。因此,它的工作范围较窄,或者要求有完善的自动调节系统才能适应飞行状况的变化。

(3)冲压发动机与火箭发动机相比,它的单位迎面推力小,阻力大。随着推力增加,发动机的体积和直径增大,它给导弹的部位安排和气动布局带来很大困难,还会给导弹带来额外的阻力。

另外,冲压发动机的研制过程中还存在一系列的技术上的困难。例如,研制高效率的进气道;组织稳定的燃烧;保证可靠的点火启动;高温室壁的可靠冷却等。

目前冲压发动机的适用范围为,$Ma = 0.5 \sim 6$,高度为 $0 \sim 40 \text{ km}$,耗油率为 $0.26 \sim 0.3 \text{ kg}/(\text{N} \cdot \text{h})$,推重比可达 10 以上。

4.6 火箭-冲压组合发动机

由于冲压喷气发动机不能自行起飞,它总是要以固体火箭发动机作助推器组合使用。长期以来,这两种发动机的组合在形式上、结构上和工作过程中都是互相独立的。后来出现了一种将火箭发动机和冲压发动机在构造上合二为一的新型动力装置,称之为整体式火箭-冲压组合发动机或冲压火箭发动机。如果其主发动机是冲压发动机,则称为整体式冲压发动机;如果其主发动机是火箭冲压发动机,则称为整体式火箭-冲压发动机。

4.6.1 火箭-冲压发动机分类

火箭-冲压发动机的分类方式有多种,常用的分类方式是按照燃气发生器使用的推进剂不同,分为液体火箭-冲压发动机、固体火箭-冲压发动机和混合火箭-冲压发动机。不论是液体推进剂还是固体推进剂,都是贫氧推进剂。按照燃烧方式,可分为亚声速燃烧火箭冲压发动机和超声速火箭冲压发动机。

固体火箭-冲压发动机首先在防空导弹上得到了应用。这是由于固体火箭-冲压发动机具有系统结构简单、使用方便、比冲较高、工作可靠等优点。其缺点是发动机工作调节困难,弹道难以控制,工作时间受固体药柱结构尺寸的限制使工作时间不宜过长。

与固体火箭-冲压发动机相比较,液体火箭-冲压发动机的工作时间要比固体火箭-冲压发动机的长,而且燃气发生器的流量及余氧系数均可调节。其缺点是系统结构复杂,增加了导弹的质量,所需地面设备也多。

1. 整体式固体火箭-冲压组合发动机

对固体火箭-冲压发动机和固体火箭助推发动机进行"整体化"设计而形成的组合发动机,称为整体式固体火箭-冲压发动机。其结构简图如图 4-15 所示。该发动机在结构上由下列部件和分系统组成:进气道、燃气发生器、补燃室、助推/冲压组合喷管、点火系统和转级控制装置,当要求调节燃气发生器流量时,还装有燃气流量调节装置。当助推器药柱燃烧完毕时,空出了燃烧室的空间,助推器的专用喷管脱落,进气道出口的堵盖被前面冲进的空气冲开,剩下的部分就是火箭-冲压发动机。

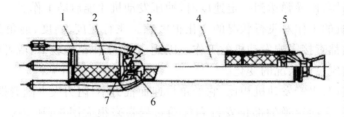

图 4-15　整体式固体火箭-冲压发动机结构简图

1—进气道；　2—燃气发生器；　3—压力继电器；　4—补燃室(燃烧室)；
5—助推/冲压组合喷管；　6—助推发动机点火器；　7—燃气发生器点火器

整体式固体火箭-冲压发动机的工作过程如图 4-16 所示。首先,助推发动机点火工作。强大的推力在很短时间内将导弹加速到低超声速,即火箭-冲压发动机接力马赫数($Ma=$1.5～2.2)。转级控制装置感受助推发动机压力下降(熄火)信号,起爆喷管释放机构上的起爆器,使助推喷管迅速抛掉,并接通燃气发生器点火电路。进气道堵盖和燃气发生器喷管堵盖在空气和燃气压力作用下相继脱落。富燃料燃气喷入补燃室,与冲压空气掺混补燃,释放能量,通过冲压喷管转为动能,产生推进冲量。整个转级过程在极短时间内完成。火箭-冲压发动机给导弹足够的续航推力,直至导弹命中目标。

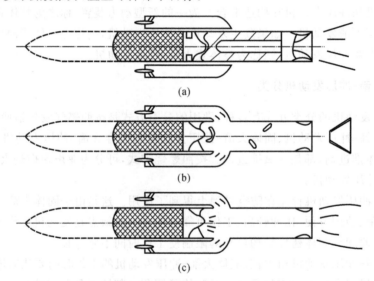

图 4-16　整体式固体火箭-冲压发动机工作过程

(a)助推级工作；　(b)转级过程；　(c)主级过程

2. 整体式液体燃料冲压组合发动机

这种发动机如图 4-17 所示,有时又把这种发动机称为小体积冲压发动机。它的助推器与液体燃料冲压发动机共同使用一个燃烧室。在助推器的固体装药燃烧结束之后,腾出的燃烧室空间再作为冲压发动机的燃烧室,剩下的部分就是液体燃料冲压发动机。整体式液体冲压发动机的工作过程是,首先助推器点火工作,到助推器工作结束时,已把导弹加速到冲压发动机能开始工作的速度。这时进气道的堵盖被打开,同时使助推器尾喷管脱落机构工作,把助推器的喷管抛掉,冲压发动机的燃料活门打开,由喷嘴喷出的燃油雾化,与冲进的空气混合,在燃烧室中进行燃烧。高温高压的燃气从喷管中喷出,产生反作用推力。

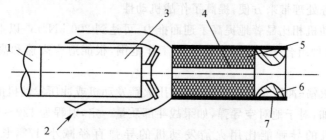

图4-17　整体式液体燃料冲压发动机

1—弹体;　2—进气道;　3—冲压发动机液体燃料;　4—共用燃烧室;

5—助推器药柱;　6—助推器尾喷管;　7—尾喷管

3.整体式固体燃料冲压组合发动机

这种动力装置也与上述情况一样,都是助推器药柱与冲压发动机固体药柱共同使用一个燃烧室。它的特点是无论助推器或者主发动机的推进剂都是固体的。固体燃料冲压发动机与通常的液体燃料冲压发动机工作原理相同,只是将其中喷注的液体燃料更换为在燃烧室中充填富燃料(贫氧)固体药柱,使在空气流中点燃的固体燃料药柱分解、气化、燃烧,释放出富燃气与粒子,进而与进气道流出的空气混合燃烧。在燃烧时气体的焓增加,燃烧产物由喷管高速排出,以产生推力。

如图4-18所示的发动机,它的固体推进剂分两层,第一层是固体助推器的推进剂。当发动机开始工作时,首先点燃这一层推进剂。第一层烧尽时,抛掉它的专用喷管,导弹加速到预定的速度。第一层烧尽,露出了第二层推进剂。它是冲压发动机的富燃料推进剂,与进气道进来的具有一定压力的空气进行燃烧。燃气通过喷管膨胀加速后喷出,产生反作用力。

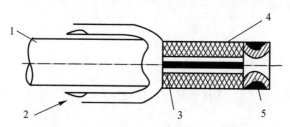

图4-18　整体式固体燃料冲压发动机

1—弹体;　2—进气道;　3—冲压发动机固体燃料;　4—助推器药柱;　5—助推器尾喷管

4.6.2　火箭-冲压组合发动机的特点

火箭-冲压发动机与火箭发动机和冲压式喷气发动机相比,有如下特点:

(1)具有比火箭发动机高得多的比冲量,可达5 000～12 000 m/s。火箭发动机虽然在研制高能推进剂来提高比冲量方面作了很大努力,但是,要再进一步大幅度地提高比冲量是非常困难的。

(2)由于助推器与冲压发动机组合采用一体化结构,共用一个燃烧室,而燃气发生器连续地向燃烧室提供高温然气,相当于一个点火源,因而不需要预燃烧室和点火器,不需要燃油供给系统,同时也不需要火焰稳定器,这样不仅使得发动机的结构简单,工作可靠,而且使用时不必加注燃油,给勤务处理带来方便,提高了作战机动性。

(3)与冲压发动机相比显著地提高了迎面推力,可达到 $200 \ kN/m^2$ 以上,而冲压发动机仅为 $110 \ kN/m^2$。这种组合冲压发动机扩大了工作范围,很能适应高速和高加速机动飞行,其性能优良。

(4)使用组合火箭-冲压发动机的导弹,比用火箭发动机或冲压发动机的导弹结构紧凑,尺寸小,质量轻。例如,对于地对空导弹,如果战斗部质量一定,射程为 $120 \sim 130 \ km$,$Ma = 4$,使用组合冲压发动机的导弹能比用火箭发动机的导弹直径减小 $1/2$,长度缩短 $1/4$,质量减轻 $1/3$。

第5章 制导系统

导弹的主要任务是准确地击中目标,导弹制导系统就是保证导弹在飞行过程中,能够克服各种干扰因素,使导弹按照预先规定的弹道,或根据目标的运动情况随时修正自己的弹道,使之命中目标的一种自动控制系统。制导系统以导弹为控制对象,包括导引系统和控制系统两部分。"制导"就是控制和导引的结合,制导系统是导引系统与控制系统的总称。前者确定导弹和目标的相对位置及飞行规律;后者执行导引系统的命令,保证导弹沿理想弹道稳定飞行。

制导系统导引导弹飞向目标所依据的技术原理称为制导方式,也称制导体制。制导系统导引导弹飞向目标所依据的运动学关系称为制导规律,也称导引规律或导引方法。

本章主要介绍导弹制导系统的功能、基本要求、分类与组成、控制方式和舵机等内容。

5.1 概 述

5.1.1 基本功能与组成

1.基本功能

制导系统以导弹为控制对象,其工作任务是控制导弹飞行,把导弹导引控制到目标附近,并按规定的精度命中目标。

由理论力学知识可知,导弹的运动可以分解成随其质心的平动和绕其质心的转动。因此,若要使导弹准确飞向目标,制导系统需要对导弹的质心运动和绕质心的转动进行控制,为了完成这个任务,制导系统必须具备下列基本功能:

(1)在导弹飞向目标的过程中,制导系统需不断地测量导弹和目标的相对运动参数(或测量出导弹自身的实际运动参数),确定导弹的实际运动与理想运动之间的偏差,并根据所测算的偏差量形成适当的导引指令。制导系统按导引指令控制导弹飞行,消除质心运动参数的偏差量。这就是制导系统的"导引"功能。显然,"导引"要解决的控制问题是如何打得准。

(2)在导弹飞向目标的过程中,制导系统还需对导弹绕质心的转动进行控制,确保导弹按导引指令的要求稳定地飞向目标。这就需要制导系统能实时测出导弹的飞行姿态,结合导引指令,形成飞行控制指令,在按导引指令控制导弹质心运动的同时,对导弹的飞行姿态进行控制,使之"飞得稳"。这就是制导系统的"控制"功能。

显然,应用制导系统的上述功能,可以实现对导弹质心运动(即飞行轨迹)和绕质心转动(即飞行姿态)的控制,进而达到控制导弹飞行的目的。需要说明的是,质心运动和绕质心转动是导弹运动相互制约的两个方面,"导引"与"控制"尽管解决的问题有所不同,但又是密切联系的,"飞得稳"是"打得准"的先决条件。

制导系统最主要的性能指标是制导精度,它是决定命中精度最重要的因素。

2.基本组成

典型的导弹制导系统基本组成如图5-1所示。对应制导系统的功能要求,其组成一般包括"导引系统"和"控制系统"两部分。

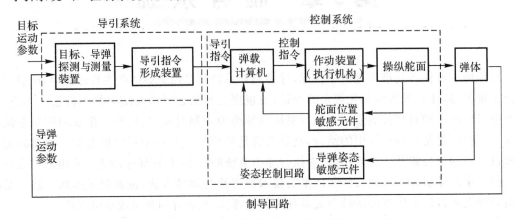

图5-1 导弹制导系统组成示意图

导引系统(俗称导引头)一般由目标探测装置、导弹运动测量装置和导引指令形成装置等组成,其功能是探测目标、获取导弹与目标的相对运动参数,或者测量导弹实际弹道参数相对理想弹道(或称标准弹道)参数的偏差,并按照预定的导引规律,形成导引指令。导弹控制系统根据导引指令控制导弹的运动(包括质心运动和绕质心转动)。

导弹控制系统又称自动驾驶仪,一般由弹载控制计算机、姿态敏感元件和操控伺服机构等组成。其功能是控制计算机根据导引系统的导引指令、姿态敏感元件的导弹姿态运动信号以及操纵舵面的位置信号,经比较、计算,形成控制指令;作动装置(执行机构)根据控制指令驱动舵面偏转,产生控制导弹飞行所需的控制力,使导弹按导引指令稳定地飞向目标。

从控制系统角度来看,导弹一般应有两个基本回路,如图5-1所示。其内回路是姿态控制回路(又称稳定回路),起稳定弹体姿态的作用;外回路是制导回路,它是导弹质心运动控制回路。然而,并不是所有的制导系统都要求具备上述两个回路。例如,有些小型近距离攻击的战术导弹可能没有姿态控制回路,其姿态的稳定可通过弹体的气动稳定性来保证;还有些简控导弹的控制执行器采用开环控制。但所有导弹制导系统都必须具备制导回路。

5.1.2 制导系统的基本要求

1.影响制导控制系统的战术技术指标

导弹制导控制系统的方案论证和技术设计的主要设计依据是导弹武器系统的战术技术指标。对制导控制系统设计有影响的战术技术指标如下:

(1)目标特性:目标类型、飞行的高度范围、飞行速度、可能具有的机动和防御能力、目标的几何尺寸和目标群的分布情况等;

(2)发射环境:发射位置、区域(地基、海基和空基),发射方式(垂直、倾斜等)、发射速度、过载等;

(3)导弹特性:种类、用途、射程、作战空域和飞行时间;

(4)发动机特性:发动机工作模式、推力大小、推进剂消耗率、工作时间等;

(5)工作环境:温度、湿度、压力的变化范围,冲击、振动、运输条件和气象条件等;

(6)使用特性:作战准备时间、设备的互换性、检测设备的快速性和维护的简便性等;

(7)导引系统特性:引导方式、命中概率、探测范围和抗干扰要求等;

(8)成本、寿命要求;

(9)可靠性设计要求;

(10)质量、体积要求。

2.制导控制系统设计的基本要求

上述战术技术指标直接影响着制导控制系统方案的确定。其中杀伤概率要求是整个武器系统设计的中心问题,当然也是赋予导弹制导控制系统设计的自然使命,因此制导控制系统的根本任务就是在上述条件下尽可能保证高的制导精度,由此提出制导控制系统设计的基本要求为:

(1)确定制导方式的类型。采用单一制导还是复合制导,是雷达制导、红外制导还是多模制导,是主动、半主动还是被动制导等。

(2)满足制导精度要求。杀伤概率直接受制导精度和战斗部威力半径的影响。制导控制系统的制导精度高,那么达到同样的杀伤概率就可以相应地降低战斗部的威力半径。制导精度是由导弹的制导体制、导引规律和制导回路的特性及采取的补偿规律、设备的精度和抗干扰能力所决定的。因此制导控制系统要通过正确选择制导方式和导引规律,设计具有优良响应特性的制导回路,设计合理的补偿规律,提高各分系统仪表设备的精度,加强抗干扰措施等,才能满足制导精度的要求。

(3)战术使用上灵活。对目标的探测范围大,跟踪性能好;发射区域和攻击方位宽,进入战斗准备时间短,机动能力强。对目标及目标群分辨能力强,所谓分辨力,就是在导弹能分辨两个目标的情况下,两个目标之间的最小距离 Δx 值。一般应使 $\Delta x \leqslant (1 \sim 2)\sigma_{st}$(式中 σ_{st} 为标准误差)。

(4)增强抗干扰能力。现代高技术条件下,战场环境越来越复杂,不仅干扰形式多样,随机性大,而且模式不断变化,强度日益提高。因此,无论采用何种类型的制导系统,必须具有足够的抗干扰能力,才能在现代防空作战中夺取优势。

(5)尽可能减少设备的体积、质量。

(6)成本低。

(7)可靠性高,可检测性和维修性好。

3.描述飞行控制系统的品质参数

导弹制导系统的技术性能指标一般由战术技术性能指标规定。通常用诸如脱靶量、圆概率偏差(CEP)、命中概率等指标来衡量。但是在分析控制系统时(尤其在系统设计的最初阶段),这些指标不一定能与控制系统参数直接联系起来。因此需要寻求能够直接描述控制系统基本品质的参数,以此明确对控制系统的基本要求。这些基本品质要求通常是通过控制系统响应特定输入信号的过渡过程及其稳定状态的一些特征量来表征的。

(1)稳定性。控制系统在"单位阶跃信号"输入的作用下,控制量 $X(t)$ 随时间的推移而收敛,并最终趋于控制量的稳态值 $X(\infty)$。实际上,稳定性条件是许多自动控制系统所必需的,如测量系统、跟踪系统及稳定系统等,这些系统在不稳定情况下是不能完成其规定任务的。然而对于导弹控制系统这类具有有限工作时间的系统,稳定性要求不一定是经常必要的。导弹控制系统应当满足的基本要求是保证控制的必要精度。事实上只保证系统具有稳定性是远远不够的,应使系统不仅具有足够可靠的、必要的稳定性,而且还应具有良好的过渡过程品质。

（2）过渡过程品质参数。控制系统过渡过程的品质可由三个重要的动力学性能来表征,即阻尼、快速性和稳态误差。

1）阻尼与快速性。控制系统在单位阶跃信号输入的作用下,控制量 $X(t)$ 的过渡过程的一般形式如图 5-2 所示(不失一般性,可假定控制量 $X(t)$ 的稳态值 $X(\infty)=1$)。

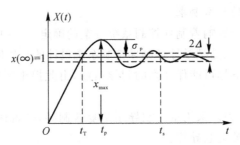

图 5-2　控制量 $X(t)$ 的过渡过程示意图

因此,描述控制系统动态性能的参数有,过渡过程时间 t_s、峰值时间 t_p、上升时间 t_T、超调量 σ_p 和振荡次数 N。其中的 t_s,t_p 和 t_T 是表征系统快速性能的品质参数;σ_p 和 N 是表征系统阻尼性能的品质参数。

2）稳态误差。控制量的稳态值 $X(\infty)$ 与期望值荡 $X_r(t)$ 之差称为稳态误差。它表征控制系统的稳态品质,是描述系统稳态精度的性能参数。

5.2　制导系统分类与原理

导弹可选用的制导方式类型很多,按照制导方式的特点和工作原理,可分为自主制导、遥控制导、自动寻的制导和复合制导系统,如图 5-3 所示。按照制导中指令传输方式和所用能源的不同,可分为有线制导、无线电制导、红外制导、激光制导及电视制导等。按飞行弹道又可分为初始段制导、中段制导和末段制导。

5.2.1　自主制导

自主制导是指导弹在飞行过程中不需从目标或制导站提供信息,完全由弹上制导设备测取地球或宇宙空间的物理特性(如物体惯性、星体位置、地磁场和地形等)参数作为附加信息,与弹上预先给定程序中的计算参数进行比较,利用比较的差值产生导引信号,进行弹道校正,使导弹沿预定弹道飞向目标的。

由于自主制导的全部制导设备都装在弹上,导弹与目标、地面制导站不发生联系,故隐蔽性好,抗干扰能力强。但是,导弹一旦发射后,就无法改变预定的飞行弹道。因此,自主制导系统只能用于攻击固定目标或运动轨迹已知的活动目标,一般用于弹道导弹、巡航导弹和某些战术导弹的初始飞行段。

自主制导系统根据控制信号形成方法的不同,一般可分为惯性制导、程序制导、天文导航和地图匹配制导等几大类。

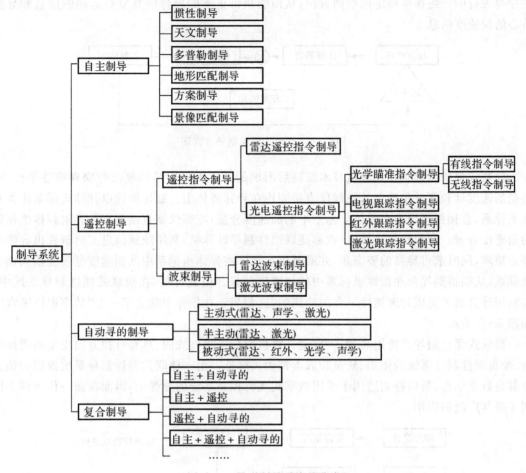

图 5-3 导弹制导系统的分类

1. 惯性制导

惯性制导是指利用惯性测量元件测取导弹加速度,获得导引信息,控制导弹飞向目标的制导。

由加速度计测取导弹在给定坐标系上的加速度分量,经计算装置积分后得到速度分量,再次积分就可得到各个轴方向的距离,从而实测出导弹到达的空间位置,使之与程序机构中贮存的预定位置参数进行比较,计算机根据其差值形成导引信号,控制导弹沿预定弹道飞行。因此,惯性制导系统应具备三个功能:其一是自主连续测量和实时求解导弹相对惯性空间的位置、速度和姿态,这一功能通常称为"导航";其二是根据导航计算的参数,按某种导引规律(或导引方程)给出导引指令,对导弹的质心运动进行导引;其三是按照导引指令,控制导弹的质心运动和绕质心的转动运动,使导弹稳定飞向目标。由惯性制导系统的功能可以看出,它在工作中不依赖外界任何信息,不受外界干扰,也不向外界发射任何能量,因此具有较强的抗干扰能力和良好的隐蔽性。惯性制导系统常用于弹道导弹、空地导弹及巡航导弹的制导。

按加速度计的安装基准,惯性制导系统可分为平台式惯性制导和捷联式惯性制导。

平台式惯性制导利用陀螺特性在导弹弹体内建立一个物理惯性平台。一般由加速度计、陀螺稳定平台、计算装置、时间信号产生器及程序机构等组成,如图 5-4 所示。陀螺稳定平台在导弹飞行中始终保持确定的空间方位,从而能获得正确的导弹绕其质心运动的信息和导弹质心的加速度信息。

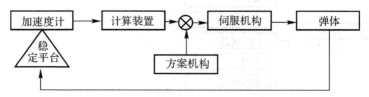

图 5-4　平台式惯性制导方框图

捷联式惯性制导是在计算机技术发展后出现的。它不采用结构复杂的物理惯性平台,而是把加速度计和测量角速度的陀螺仪直接固连在导弹弹体上。加速度计以弹体坐标系作为基准坐标系,直接测得导弹在弹体坐标系中的加速度分量;陀螺仪则直接测出导弹沿弹体坐标轴的角速度分量。弹载控制计算机(或称捷联惯性制导计算机)利用陀螺信息实时解算出导弹的姿态矩阵,同时求得导弹的姿态角,并通过姿态矩阵将弹体坐标系中的加速度分量变换到惯性坐标系,从而得到导弹在惯性坐标系中的加速度分量。由此可见,在捷联式惯性制导系统中,是利用计算机来完成物理惯性平台的功能的,这相当于在导弹中建立了一个"数字惯性平台",如图 5-5 所示。

捷联式惯性制导系统用高速、大容量计算机取代了机电式的、具有可控万向支架的惯性平台,使得惯性制导系统的体积、质量和成本都大大降低。由于捷联式惯性制导系统提供的信息全部是数字信息,所以特别适用于采用数字式飞行控制系统的导弹上,因而在新一代导弹上得到了极其广泛的应用。

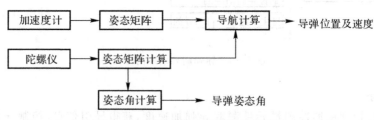

图 5-5　捷联式惯性制导原理方框图

捷联式惯性制导的优点:①惯性仪表便于安装和维护,也便于更换;②惯性仪表可以直接测量出导弹的线加速度和角速度信息,而这些信息可用于控制稳定系统的反馈信号。但由于惯性仪表固连在弹体上,工作环境恶化了,要求惯性仪表在弹体振动冲击和温度等环境下能可靠工作。另外,防空导弹姿态角速度很大,俯仰(偏航)可能大于 100 rad/s,而滚动角速度可能大于 200 rad/s。这就需要陀螺仪有大的力矩器和高性能再平衡回路。加速度表测量范围也大,可达 30g 左右。

2. 程序制导

程序制导又称"方案制导",是利用预先给定的弹道程序,控制导弹飞向目标的制导。

为保证导弹飞向目标,规定导弹飞行姿态随时间变化的规律称为程序。它包括给定弹道所需要的各种参数,如高度、俯仰角和航向角等。

程序制导系统一般由程序机构和控制系统两个基本部分组成,如图 5-6 所示。程序机构

（常为时钟机构、电气-机械装置、计算机程序带等）根据弹上传感器的输出量（一般为导弹的实际飞行时间和飞行高度），按照预定飞行方案输出控制信号；弹上控制系统接收到控制信号，并综合姿态测量元件输出的姿态角信息，操纵执行机构，对导弹的质心运动和飞行姿态进行控制，使导弹按预定飞行方案确定的弹道稳定地飞向目标。

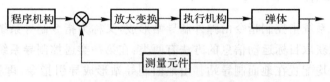

图 5-6　程序制导系统方框图

　　程序制导的导弹上有自动稳定系统，在飞行中能消除由于干扰引起的弹道高度和横偏误差。

　　程序制导的优点是设备简单，制导与外界没有关系，抗干扰性好，但导引误差随飞行时间的增加而累积。常用于弹道式导弹的主动段制导、有翼式导弹的初始段和中段制导以及无人驾驶侦察机和靶机的全程制导。

　　3.天文制导

　　天文制导又称"星光制导"，是根据导弹、地球和星体三者之间的运动关系来确定导弹的运动参量，并将导弹引向目标的自主制导系统。该制导系统的核心部件是天文观测仪。由于天空中的每一个星体的地理位置和运动轨迹都可以在天文资料中查到，因此，可以利用光电天文观测仪跟踪较亮的恒星或行星，导引并控制导弹沿预定弹道飞行。导弹的飞行高度则根据弹上高度表的输出信号来控制。

　　天文导航系统的制导精度较高，而且制导误差不随导弹射程的增大而增加。但天文导航系统的工作易受气象条件的影响，当有云雾干扰而观测不到选定的星体时，则不能实施导航。为了有效发挥天文导航的优点，可将天文导航系统与惯性制导系统组合使用，组成天文惯性导航系统。利用天文观测仪测定的导弹地理位置，校正惯性平台所测得的导弹地理位置的偏差，而在天文观测仪由于气象条件不良或其他原因不能正常工作时，惯性制导系统仍能单独进行工作。

　　4.地图匹配制导

　　所谓地图匹配制导系统，就是利用地图信息进行制导。它是在航天技术、微型计算机、弹载雷达、制导、数字图像处理和模式识别的基础上发展起来的一门综合性新技术。目前使用的地图匹配制导系统有两种形式：一种是地形匹配，它是利用地形信息进行制导的；另一种是景像区域相关器制导，它是利用景像信息进行制导的。两种系统基本原理是相同的，都是利用弹上计算机预存的地形图或景像图与导弹飞行到预定位置时弹上传感器测出的地形图或景像图进行相关比较，确定出导弹所在位置与预定位置的纵向和横向偏差，形成制导指令，将导弹导向目标的。

　　一个地图匹配制导系统，通常由一个成像传感器和一个预定航迹地形存贮器及一台高性能计算机等组成。目前，采用地图匹配制导系统的导弹，可大大提高远程导弹的命中精度。采用地形匹配制导系统的导弹，命中精度可达几十米以内，而采用景像匹配制导系统的精度更高，制导误差一般只有几米左右。

5.多普勒制导

这是利用多普勒效应(是指当振荡源与观测者有相对运动时,观测者所接收到的信号频率发生的一种变化)获得导引信息,控制导弹飞向目标的制导。

5.2.2 遥控制导

遥控制导控制系统指控制指令由弹外制导站形成,又称为指令制导系统。

遥控制导系统获取目标运动信息的方法有两类:在第一类遥控制导系统中,目标和导弹运动参数的测量装置均配置在地面制导站。由地面制导站形成导引指令,再将指令发送给空中导弹的控制系统,由弹上控制系统控制导弹飞向目标,如图5-7所示。在第二类遥控制导系统中,目标运动参数测量装置配置在导弹上,目标运动信息从弹上传输给地面制导站,导弹的运动参数仍由地面测量装置测量,在地面制导站形成导引指令,再发送给空中的导弹控制系统。显然,第二类系统所确定的目标位置精度随着导弹逐渐接近目标而提高。目前已有第一类与第二类相结合的遥控制导系统,地面测量设备和弹上测量设备同时测量目标运动参数,制导站的计算机根据信息的可靠性进行加权处理,形成导引指令。国外有文献称此为二元制导。

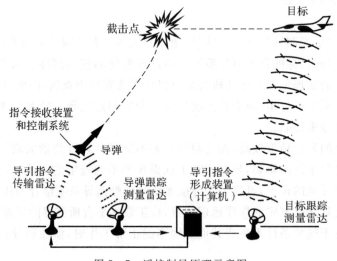

图 5-7 遥控制导原理示意图

遥控制导常用于攻击活动目标。在地对空导弹、舰对空导弹和空对空导弹上应用最多。它可分为:

(1)指令制导。这是由弹外导引站发送指令,控制导弹飞向目标的制导。

(2)波束制导。波束制导又称为"驾束制导",这是由弹外导引站发射波束照射目标,弹上导引装置控制导弹沿波束中心线飞向目标的制导。

(3)TVM(Track Via Missile)制导。这是第二类遥控制导系统中的一个典型实例。其意是通过导弹跟踪目标,获得目标信息,实现制导。TVM 制导其原理是,用地面相控阵雷达,发射线性调频宽脉冲对目标进行跟踪照射,目标反射相控阵雷达的照射信号,一路直接到达相控阵雷达,由相控阵雷达主阵接收,通过处理获得目标的坐标位置参数;还有一路到达导弹处,为弹上导引头接收,但导引头接收到的信号不在弹上处理,而是通过弹上尾部的发射机,将导引头接收到的目标反射信号利用 TVM 下行线转发到地面,由相控阵雷达 TVM 接收天线接收,在地面进行处理,提取导引头测量的目标有关信息。然后综合处理相控阵雷达直接测得的与通过导引头转发下来间接测得的目标信息,按照选定的制导律,形成导弹控制指令,再由相控阵雷达主阵,通过 TVM 上行线送给导弹。由弹上接收机接收控制指令,处理后送给稳定控制系统,控制导弹按期望的弹道飞向目标。

5.2.3　寻的制导

寻的制导系统又称为"自动寻的"或"自动导引"制导系统。它利用目标辐射或反射的能量(如电磁波、红外线、激光和可见光等),由弹上探测与测量设备自行测量并计算目标、导弹的运动参数,按照预定的导引规律形成导引指令,控制导弹飞向目标。

寻的制导系统与自主制导系统的区别是,寻的制导系统在导弹飞行过程中自行探测目标运动信息,导弹的弹道一般不能预先确定。因此,寻的制导系统很适于用在攻击活动目标的导弹上,如空空导弹、地空导弹、空地导弹和某些弹道导弹、巡航导弹的末制导。

寻的制导系统按目标信息源所处的位置,可分为以下几种。

1. 主动寻的制导

它是由弹上导引装置(称为导引头)向目标发射能量(无线电波或激光等),并接收目标反射回来的能量,形成导引信号,控制导弹飞向目标的制导系统,如图 5-8 所示。

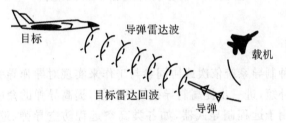

图 5-8　主动寻的雷达制导原理示意图

主动寻的制导系统使导弹具有"发射后不用管"的特性,并已在各种类型的导弹上获得广泛应用。但主动寻的制导系统的弹上设备复杂,质量大,限制了导弹性能。另外,由于受导弹结构尺寸和质量的限制,制导系统功率有限,也使其作用距离受到了限制。

2. 半主动寻的制导

它是由弹外制导站向目标发射能量(无线电波或激光等),弹上导引装置接收目标反射回来的能量,形成导引指令,控制导弹飞向目标的制导系统,如图 5-9 所示。显然,装备半主动寻的制导系统的导弹不具有"发射后不用管"的特性。

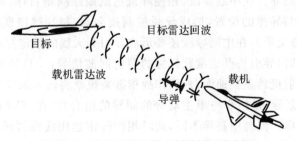

图 5-9　半主动寻的雷达制导原理示意图

由于向目标发射能量的装置在弹外制导站上，因此其功率可以较大，作用距离比较远。而弹上导引装置没有发射设备，其结构简单、轻便，提高了导弹的机动性能。半主动寻的制导系统的最大缺点是易受干扰，且制导站在导弹攻击过程需一直向目标发射能量，其机动性受限并易受目标攻击。

3. 被动寻的制导

它是由弹上导引装置（导引头）接收由目标辐射出的能量（无线电波、红外线等），形成导引指令，控制导弹飞向目标的制导系统，如图 5-10 所示。

被动寻的制导系统本身不辐射能量，隐蔽性好，可"发射后不用管"。其弹上设备简单、质量轻，因此，在攻击各种活动目标的导弹上均有应用。目前常用的有被动雷达、电视和红外几种方式。但被动寻的制导系统的正常工作需建立在目标有某种能量辐射，并且达到一定功率的基础上，因而对目标的信赖性较大，易受目标欺骗。

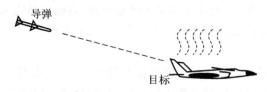

图 5-10　被动寻的雷达制导原理示意图

5.2.4　复合制导

复合制导是由几种制导系统依次或协同参与工作来实现对导弹导引控制的制导体制。采用复合制导可以取长补短，进一步提高制导系统的性能，提高导弹的命中精度。

复合制导系统多用于远程制导武器，如各类高空远程防空导弹、巡航导弹、反舰导弹等。由于它具有很强的抗干扰和目标识别能力，目前备受重视，并得到了飞速发展。

大多数防空导弹复合制导的飞行初始段用自主式制导，以后采用其他制导。因此复合制导可分为：自主式＋寻的制导；指令制导＋寻的制导；波束制导＋寻的制导；捷联惯性制导＋寻的制导；自主式＋TVM 制导等复合制导。

例如，美国"爱国者"地对空导弹采用的复合制导，其为"自主式＋指令＋TVM"复合制导体制。初制导采用自主的程序制导，在导弹从发射到相控阵雷达截获之前这段时间内，利用弹上预置的程序，通过自主组件进行预置导航，该组件可使导弹稳定并进行粗略的初始转弯。当相控阵雷达截获跟踪导弹时，初制导结束，中制导开始。

中制导采用指令制导。在中制导段，相控阵雷达既跟踪测量目标，又跟踪测量导弹，地面制导计算机比较目标与导弹的位置，形成导弹控制指令，控制导弹按期望的弹道飞向适当位置，以便中末制导实施交班。在中制导段还要形成导引头天线的预定控制指令，控制导引头天线指向目标。与此同时，导引头开始截获目标的照射回波信号，一旦导引头截获到回波信号，就通过导引头上的发射机转发到地面，地面作战指挥系统就将转入末段制导。

末段采用 TVM 制导（是指令与半主动寻的制导的组合）。在 TVM 制导段，相控阵雷达仍然跟踪测量导弹目标。但与中制导不同，此时相控阵雷达用线性调频宽脉冲对目标进行跟踪照射。另外，在形成控制指令时，使用了由导引头测量的目标信息。由于导弹距离目标越来越近，导引头测得的目标信息比雷达测得的信息精度高。因此保证了制导精度，克服了指令制导精度低的缺点。

5.3 控 制 方 式

导弹姿态运动有三个自由度,即俯仰、偏航和滚转三个姿态,也称之为三个通道。如果以控制通道的选择作为分类原则,导弹的控制方式可以分为单通道控制、双通道控制和三通道控制。如果按照为导弹飞行轨迹控制和姿态控制提供控制力及控制力矩的方法分类,可分为气动力控制、推力矢量控制和直接力/气动力复合控制。

5.3.1 单通道控制

一些小型导弹弹体直径小,在导弹以较大的角速度绕纵轴旋转的情况下,可用一个控制通道控制导弹在空间的运动,这种控制方式称为单通道控制。采用单通道控制方式的导弹可采用"一"字布局舵面,继电式舵机,一般利用尾喷管斜置和尾翼斜置产生自旋,利用弹体自旋,使一对舵面在弹体旋转中不停地按一定规律从一个极限位置向另一个极限位置交替偏转,其综合效果产生的控制力使导弹沿基准弹道飞行。

在单通道控制方式中,弹体的自旋转是必要的,如果导弹不绕其纵轴旋转,则一个通道只能控制导弹在某一平面内的运动,而不能控制其空间运动。

单通道控制方式的优点是,由于只有一套执行机构,弹上设备较少,结构简单,质量轻,可靠性高,但由于仅用一对舵面控制导弹在空间的运动,对制导系统来说,有不少特殊问题要考虑。

5.3.2 双通道控制

通常制导系统对导弹实施横向机动控制,故可将其分解为在互相垂直的俯仰和偏航两个通道内进行的控制。对于滚转通道仅由稳定系统对其进行稳定,而不需要进行控制,这种控制方式称为双通道控制方式,即直角坐标控制。

双通道控制导弹的控制力由两个互相垂直的分量组成。这种控制多用于"十"字和"×"字舵面配置的导弹。用直角坐标控制的导弹,在垂直和水平方向有相同的控制性能,且任何方向控制都很迅速。但需要两对升力面和操纵舵面,因导弹不滚转,故需三个操作机构。目前,气动控制的导弹大都采用直角坐标控制。

双通道控制方式制导系统组成原理如图 5-11 所示,其工作原理是,观测跟踪装置测量出导弹和目标在测量坐标系的运动参数,按导引规律分别形成俯仰和偏航两个通道的控制指令。这部分工作一般包括导引规律计算、动态误差和重力误差补偿计算,以及滤波校正等内容。导弹稳定控制系统将两个通道的控制信号传送到执行坐标系的两对舵面上(十字形或×字形),控制导弹向减少误差信号的方向运动。

双通道控制方式中的滚转回路分为滚转角位置稳定和滚转角速度稳定两类。在遥控制导方式中,控制指令在制导站形成,为保证在测量坐标中形成的误差信号正确地转换到控制(执行)坐标系中并形成控制指令,一般采用滚转角位置稳定。若弹上有姿态测量装置,且控制指令在弹上形成,可以不采用滚转角位置稳定。在主动式寻的制导方式中,测量坐标系与控制坐标系的关系是确定的,控制指令的形成对滚转角位置没有要求。

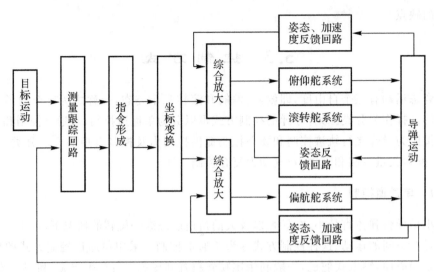

图 5-11   双通道控制方式制导系统原理框图

5.3.3   三通道控制

制导系统对导弹实施控制时,对俯仰、偏航和滚转三个通道都进行控制的方式,称为三通道控制方式,如垂直发射导弹的发射段的控制及滚转转弯控制等。三通道控制方式需要计算形成 3 个通道的控制指令,导弹滚转的控制不再由弹上自动驾驶仪实施。在防空导弹上,大部分导弹采用的都是三通道控制方式。

三通道控制方式制导系统组成原理如图 5-12 所示。其工作原理是,先观测跟踪装置测量出导弹和目标的运动参数,然后形成三个控制通道的控制指令,包括姿态控制的参量计算及相应的坐标转换、导引规律计算、误差补偿计算及控制指令形成等,所形成的三个通道的控制指令与三个通道的某些状态量的反馈信号综合,送给执行机构。

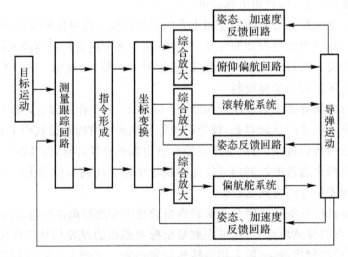

图 5-12   三通道控制方式制导系统原理框图

在采用直角坐标稳定控制系统时,三通道控制方式中的俯仰通道和偏航通道是两个相同的控制通道;横滚通道一般是用于阻尼导弹围绕导弹纵轴的横滚,其组成与俯仰通道和偏航通道有差别。根据导弹工作原理不同,横滚控制有横滚角度控制和横滚角速度控制两种形式。

5.3.4　气动力控制

通过偏转导弹气动舵面所产生的控制力来改变导弹俯仰、偏航和滚转姿态的控制方式,称为气动力控制。偏转气动舵面所产生的控制力的大小与导弹飞行的动压有关。当速度一定时,飞行高度变化对动压影响较大。当导弹飞行高度较高时,由于大气密度的下降,导致动压降低,进而影响气动舵面的工作效率。因此,这类控制方式在低空大气层内控制飞行很有效。

5.3.5　推力矢量控制

所谓推力矢量控制是指改变发动机排出的气流方向控制导弹飞行的一种控制方法,它是一种通过控制发动机推力矢量变化(包括大小和方向的变化)而产生改变导弹运动状态所需控制力及力矩的技术。显然,通过控制推力矢量而产生的控制力及力矩与空气动力无关,所以即使在高空、低速状态下,导弹控制系统仍可按导引控制指令要求操纵导弹作机动飞行。因此,导弹应用推力矢量控制技术可获得极高的机动性(机动能力可达 50g)。但此项技术要求导弹在飞向目标的整个过程中,发动机必须一直处于可随时工作的状态,且推力的大小和方向可控,这将对导弹整个动力系统的性能提出更高的要求。即要求动力系统的发动机不但可为导弹飞行提供推力,还要具备控制系统执行机构的功能,构成所谓"推力矢量控制系统"。

推力矢量控制的优点主要有两个:一是实现了导弹控制与飞行状态的无关性;二是有效利用了发动机的能源。对于采用固体火箭发动机的防空导弹,推力矢量控制技术的实现方法主要有摆动喷管、流体二次喷射和喷流偏转等。

5.3.6　直接力/气动力复合控制

直接力/气动力复合控制技术是目前一种先进的导弹控制技术,它是通过安装在弹体上的舵面偏转产生的气动力和大量侧向喷射微型发动机产生燃气动力联合作用,直接对导弹弹体产生力矩来迅速改变导弹的姿态,快速建立大攻角,实现导弹的大机动性,从而解决了高空气动效率低与末端需用过载大之间的矛盾。

直接力/气动力复合控制技术的基本方式有两种:一种是在导弹头部或尾部安装一定数量的侧向喷射的微型固体姿态控制发动机,依靠微型发动机和气动舵产生复合控制;另一种是在导弹质心处安装一定数量的侧向喷射的姿态和轨道控制发动机,依靠发动机和气动舵产生复合控制。

采用直接力/气动力复合控制技术,空气动力控制可为防空导弹远距离飞行和中段机动提供良好的机动能力,而在末制导段发动机产生的燃气动力可直接提高导弹的机动性。其优点是不仅可直接提高防空导弹的攻击精度、快速反应能力,而且使导弹具有更大的防御范围、更强的火力能力,更有效地命中目标。

5.3.7　倾斜转弯控制(STT 与 BTT 转弯控制)

现在,大多数的战术导弹在寻的过程中,保持弹体相对纵轴稳定不动,控制导弹在俯仰与偏航两平面上产生相应的法向过载,其合成法向力指向控制规律所要求的方向。国外把这种控制方式称为STT控制(即 Skid - To - Turn,侧滑转弯的意思)。

倾斜转弯控制(即 Bank - To - Turn,倾斜转弯的意思),也简称BTT控制。其特点是在导弹捕捉目标的过程中,随时控制导弹绕纵轴转动,使其理想的法向过载矢量总是落在导弹的纵向对称面(对飞机型导弹而言,如图 5 - 13(a)所示)或中间对称面,即最大升力方向(对轴对称型导弹而言),如图 5 - 13(b)所示。显然,对于STT导弹,所要求的法向过载矢量相对导弹弹体而言,其空间位置是任意的。而BTT导弹则由于滚动控制的结果,所要求的法向过载,最终总会落在导弹的有效升力面上。

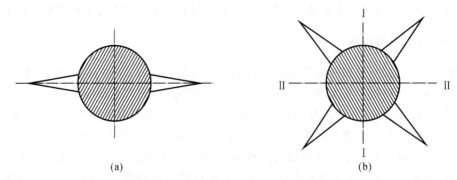

图 5 - 13 飞机型导弹剖面与轴对称形导弹剖面的法向过载位置
(a)飞机形导弹剖面; (b)轴对称导弹剖面

BTT控制技术基本消除了导弹的侧滑运动,除了使用一个或两个通道同时产生控制力外,控制方位由横滚通道完成。此时,横滚通道主要用于控制,不再是一般情况下的起稳定和阻尼的作用。导弹的另一个通道(如偏航通道)主要用于控制导弹协调转弯并限制或者消除导弹侧滑。

BTT技术的出现和发展与改善战术导弹的机动性、准确度、速度、射程等性能指标紧密相关。常规的STT导弹的气动效率较低,不能满足对战术导弹日益增强的大机动性、高准确度的要求,而BTT控制为弹体有效提供了使用最佳气动特性的可能,从而可以指望满足机动性与精度的要求。如果导弹配置了冲压发动机,这种动力装置要求导弹在飞行过程中,侧滑角很小,同时只允许导弹有正冲角或正向升力,这种要求对于STT导弹是无法满足的,而对BTT导弹来说,是可以实现的。BTT导弹的另一优点是升阻比会有显著提高,除此之外,平衡冲角、侧滑角、诱导滚动力矩和控制面的偏转角都较小,导弹具有良好的稳定特性。

根据导弹总体结构的不同,BTT控制可以分为三种类型:BTT - 45°,BTT - 90°和 BTT - 180°。它们三者的区别是,在制导过程中,控制导弹可能滚动的角范围不同,分别为45°,90°和180°。

其中,BTT - 45°控制型适用于轴对称形布局的导弹。BTT系统控制导弹滚动,从而使得所要求的法向过载落在它的有效升力面上,由于轴对称导弹具有两个互相垂直的对称面或俯仰平面,所以在制导过程的任一瞬间,只要控制导弹滚动角度小于或等于45°,即可实现所要求的法向过载与有效升力面重合。

BTT - 90°和BTT - 180°两类控制型适用于面对称布局的导弹上。面对称气动外形的导弹只具有一个升力面,面对称气动外形导弹具有产生正、负攻角的能力,因此在制导控制过程中,控制导弹滚转角绝对值最大为 90°。BTT - 180°型特别适用于有下颚进气道冲压发动机的面对称导弹。由于导弹结构布局或者发动机进道的限制,要求只在正攻角条件下工作。在制导控制过程中,使该平面与法向过载方向重合,要控制导弹滚转角绝对值最大达到 180°才行。

BTT 控制技术的优点如下:

(1)能在最大升力面内产生很高的升力,并能在空间任一方向有效利用。

(2)可提高气动稳定性。导弹只在最大升力面内产生机动力,不存在侧向机动力。由于侧滑角很小,其产生的诱导滚动力矩和诱导侧向力近似为零,故对最大攻角的限制也进一步放宽。

(3)可与冲压发动机进气道兼容。冲压发动机采用下颚进气道时,阻力小。但是这类发动机要求侧滑角要足够小,甚至只允许正攻角操纵,这样,只有具有协调能力的 BTT 控制系统来完成。

(4)升阻比大,可以采用双通道控制。

它也有一定的缺点。由于 BTT 控制中方位角由滚动控制实现,要求该通道的响应速度快,时间常数要小于力控制通道的时间常数,尤其在导弹-目标接近遭遇的飞行末段,该要求更为重要。为了克服 BTT 控制的这一缺点,有的导弹采用 STT - BTT 复合控制技术,即在弹道末段切换到 STT 三通道控制。

5.4　舵　　机

舵机是制导控制系统中的执行元件,其作用是根据控制信号的要求,操纵舵面偏转以产生操纵导弹运动的控制力矩。图 5 - 14 为舵机整个工作过程方框示意图。控制信号经放大-变换器进行放大和变换后,输入驱动装置,经操纵机构传递到操纵元件(舵),从而操纵舵面的运动。

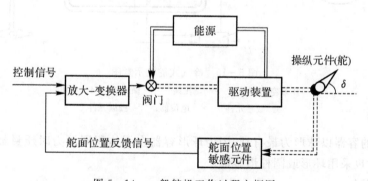

图 5 - 14　一般舵机工作过程方框图

舵机一般由放大-变换器、驱动装置、操纵机构、舵面位置敏感元件和能源等组成。放大-变换器可以是各种阀门。驱动装置可以使作动筒。而操纵机构可以是曲柄、连杆和其他控制器件。放大-变换器和驱动装置一般做成一个单独的装置,称作舵机。

当舵面发生偏转时,流过舵面的气流将产生相应的空气动力,并对舵轴形成气动力矩,通常称为铰链力矩。铰链力矩是舵机的负载力矩,与舵偏角的大小、舵面的形状及飞行的状态有关。为了使舵面偏转到所需的位置,舵机产生的主动力矩必须能克服作用在舵轴上的铰链力矩,以及舵面转动所引起的惯性力矩和阻尼力矩。

根据所用能源的形式,舵机可分为液压式舵机、气压式舵机、燃气舵机及电动式舵机等不同类型。

不管哪种类型的舵机,都必须包含能源和作动装置,能源或为电池或为高压气源(液压)源。对于电动式舵机,其作动装置由电动机和齿轮传动装置组成;对于气压或液压式舵机,其作动装置由电磁铁、气动放大器和气缸或液压放大器、液动缸等组成。

5.4.1 气压式舵机

气压式舵机是以压缩空气或者燃气作为能源的舵机。按气源的种类不同,气压式舵机可分为冷气式和燃气式两种。冷气式舵机采用高压冷气瓶中贮藏的高压空气或氦气作为气源,来操纵舵面的运动。通常压力为 $10\sim50$ MPa。燃气式舵机采用固体燃料燃烧后所产生的气体作为气源,来操纵舵面的运动。气压式舵机一般用于飞行时间较短的导弹上。

1. 冷气式舵机

冷气式舵机的能源是贮存在容器中的压缩空气,其压力一般为 $10\sim40$ MPa。图 $5-15$ 所示为一种冷气式舵机简图,压缩空气从容器经减压阀流向操纵阀,然后进入舵机的腔体。操纵阀由电器敏感元件进行控制,控制系统的输出电压 U_c 和来自电位器的反馈信号都加到敏感元件的线圈上。当有信号时,敏感元件控制操纵阀,使气体进入舵机的某一腔体内,压力的作用使活塞发生移动,从而带动操纵元件偏转,其偏转的大小由电位器来测定。

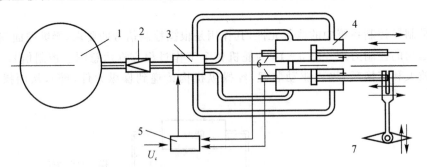

图 $5-15$ 冷气式舵机示意图

1—压缩空气容器; 2—减压阀; 3—操纵阀; 4—舵机;

5—敏感元件; 6—电位器; 7—操纵元件

压缩空气的容器以球形为最有利,因为球形容器在同体积同压力时质量最小。但考虑到安装方便,有时也采用环形或圆柱形容器。

2. 燃气式舵机

燃气式舵机的能源是来自燃气发生器或发动机来的燃气,图 $5-16$ 所示为一种燃气式舵机简图。这种舵机以燃气作为能源。从燃气发生器或从发动机来的燃气经过滤减压器过滤并减压后,进入滑阀本体。从控制系统来的信号电压加在线圈上,线圈形成的控制电磁力推动与滑阀制成一体的衔铁向右(或向左)移动,从而打开了左边(或右边)的通道,燃气从左边(或右边)进入汽缸,推动活塞向右(或向左)。由于活塞连接操纵元件,因而带动操纵元件偏转。

气压式舵机的主要优点是结构简单,工作可靠,但气体受温度影响较大,并且具有可压缩性,因此延时较大,快速性较差。

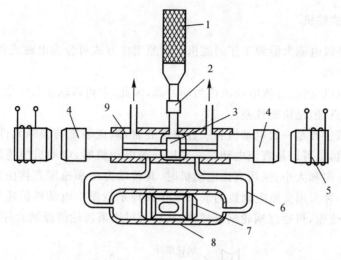

图 5-16　燃气式舵机示意图

1—燃气发生器；　2—过滤减压器；　3—滑阀；　4—衔铁；　5—电磁铁线圈；

6—导管；　7—活塞；　8—汽缸；　9—滑阀本体

5.4.2　液压式舵机

液压式舵机以一定压力的液压油作为舵机的能源。图 5-17 所示为一种液压式舵机的原理图。综合放大器输入的信号到极化继电器上，根据信号的极性能使挡板发生相应的偏转（向上或向下）。当挡板向上时，挡板与下边喷嘴的间隙大，与上边喷嘴的间隙小，因而两喷嘴腔内的压力不同（$p_2 > p_1$），使作动筒内的活塞向下移动。当挡板向下时，情况则相反，作动筒内的活塞向上移动。由于活塞移动便带动操纵元件动作。

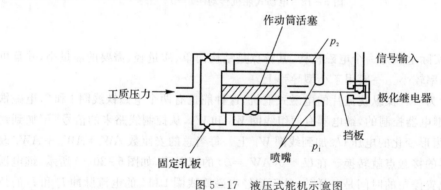

图 5-17　液压式舵机示意图

液压式舵机的优点是延时小、功率大、响应速度快。其相对质量随着功率的增大而降低。如果要求驱动功率大（如对可转动弹翼、可摆动液体火箭发动机进行驱动），采用液压式舵机是有利的。但是，这类舵机比其他类舵机结构复杂、液体的性能受外场环境条件的影响较大，加工精度要求高，成本大。目前，液压式舵机常用于中远程导弹上。

5.4.3　电动式舵机

电动式舵机是以电能为能源工作的舵机。按照工作方式可分为电磁式和电动机式两种。

1. 电动机式舵机

电动机式舵机以交流、直流电动机作为动力源,因此,它可以输出较大的功率,具有结构简单、制造方便的优点,但是快速性差。

电动机式舵机主要是一台电动机和一台减速装置,减速装置与操纵元件相连接。电动机可以是交流电动机,也可以是直流电动机。采用交流电动机时,电动机恒速转动,用控制变速器来改变传动的方向和大小;采用直流电动机时,其转动方向和速度直接由控制电信号控制。图 5-18 所示为一种采用交流电动机的舵机工作原理示意图。电动机恒速转动,当有控制信号时,通过变速器变速,再通过蜗轮蜗杆减速,然后通过齿条齿轮使操纵元件的转轴发生偏转。

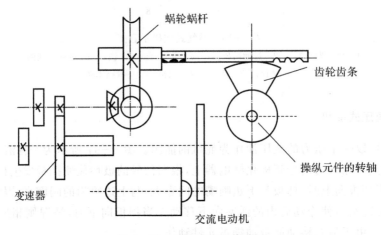

图 5-18　电动式舵机传动图

2. 电磁式舵机

电磁式舵机实际上就是一个电磁机构,其特点是结构简单、质量轻、需要的能量小,并且可靠性高,但输出功率较小。一般用于小型导弹上。

图 5-19 所示为一种操纵扰流片的电磁式舵机,这种舵机有两个电磁铁线圈 1 和 2,电磁铁线圈的开关是由继电器控制的,继电器有两组线圈 W_c 和 W_s。从控制线路来的信号 U_c 加到线圈上 W_c,而有锯齿形变化的电压 U_s 加到线圈 W_s 上。每当总的安匝数 $AW = AW_s + AW_c$ 改变符号时,继电器的接触点就转换。在 $U_c = 0(AW_c = 0)$ 的情况下,如图 5-20(a) 所示,继电器的触点在上、下位置停留的时间是一样的,从而流经电磁铁线圈 1 和 2 的电流脉冲 I_1 和 I_2 的持续时间相同。电磁铁 1 工作时,扰流片偏向上方,电磁铁 2 工作时,扰流片偏向下方。由于扰流片位于上、下位置的时间一样,故扰流片偏转所产生的操纵力矩平均值等于零。

当存在电压信号 U_c 时,如图 5-20(b) 所示,则表示接触点的转换不是发生在点 1 而是在点 2,扰流片在上部停留的时间为 t_2,在下部停留的时间为 $t_1,t_1 > t_2$。这样,扰流片的平均力矩将是向下的力矩。如果 U_c 的符号改变,那么 $t_1 < t_2$,则扰流片的作用效果就相反。

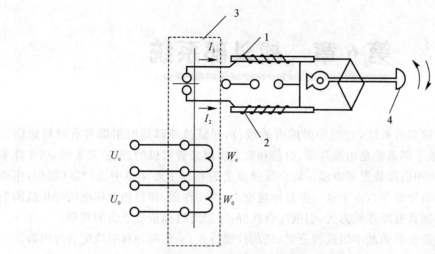

图 5-19　操纵扰流片的电磁式舵机示意图

1,2—电磁铁线圈；　3—继电器；　4—扰流片

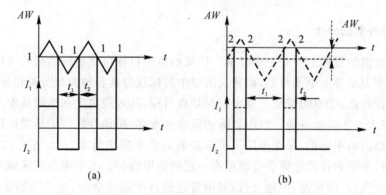

图 5-20　电磁铁圈中电流的变化

(a)$AW_c = 0$；　(b)$AW_c < 0$

第6章　战斗部系统

战斗部系统又称引战系统,它是导弹的有效载荷,保证战斗部适时引爆并有效地毁伤目标。从广义来说,战斗部系统是由战斗部、引信和安全引爆装置组成的;就狭义来说,战斗部系统是由壳体、装填物和引爆装置等组成。防空导弹攻击的目标主要是空中飞行器(例如,作战飞机、巡航导弹、弹道导弹等),由于这一类目标速度大、机动性强、弹目相对速度的变化范围很大,所以,战斗部必须具有爆炸威力大、引战配合性好,才能对目标造成致命的损伤。

本章重点介绍战斗部的基本组成与分类、装药性能特点、杀伤原理和引战配合等内容。

6.1　战斗部的分类与基本组成

6.1.1　战斗部的分类

防空导弹攻击的目标主要是空中目标。广义的空中目标包括各种类型的飞机、弹道导弹、巡航导弹和高空卫星等空中飞行器,而狭义的空中目标仅包括各种类型飞机和导弹等。

空中目标的特点:①空间特征。空中目标是点目标,其入侵高度和作战高度从几米到几十千米,作战空域大。②运动特征。空中目标的运动速度高、机动性好。③易损性特征。空中目标一般没有特殊的装甲防护,某些军用飞机驾驶舱的装甲防护为 12 mm 左右,武装直升机在驾驶舱、发动机、油箱和仪器舱等要害部位有一定的装甲防护。④空中目标区域环境特征。采用低空或超低空飞行,即掠海、掠地飞行,利用雷达的盲区或海杂波、地杂波的影响,降低敌方对目标的发现概率。⑤空中目标对抗特征。为了提高空中武器系统的生存能力,采取一些对抗措施。如电子对抗、红外对抗、隐身对抗、烟火欺骗和金属箔条欺骗等。

对付空中目标的战斗部一般利用破片杀伤效应、冲击波效应、连续杆杀伤效应和聚能破甲效应等。根据不同的作战需要,也可以为一种防空导弹装备两种或两种以上不同类型杀伤效应的战斗部,以达到高效毁伤目的。

战斗部的分类与导弹所对付的目标有一定的关系,其分类方式也多种多样。常用的分类方式根据内部装填物来确定,可分为常规战斗部、核战斗部、特种战斗部和新概念战斗部;防空导弹战斗部根据目标性质可分为反飞机战斗部、反导弹战斗部;根据战斗部的结构形式和作用原理可分为破片杀伤式战斗部、连续杆式战斗部、破片聚焦式战斗部、聚能装药战斗部、定向破片式战斗部和动能碰撞杀伤等。

6.1.2　战斗部的基本组成

1.战斗部

战斗部由壳体、装填物和传爆序列(起爆和传爆系统)等组成。

(1)壳体。壳体是装填装载物的容器,同时也是连接战斗部其他零部件的基体。战斗部壳体也可以是导弹外壳的一部分,成为导弹的承力构件之一。另外,在装药爆炸后,壳体破裂可形成能摧毁目标的高速破片或其他形式的杀伤元素。

对壳体的要求:满足各种过载(包括发射和飞行过程中、重返大气层和碰撞目标时)的强度、刚度要求;若战斗部位于导弹的头部,还应具有良好的气动外形;另外,结构工艺性好,材料来源广。壳体形状因其性能和杀伤机制的不同而不同,一般有圆柱形、鼓形和截锥形等。所用材料根据杀伤元素的不同要求,可采用优质金属合金或新型复合材料等。对于再入大气层的战斗部,一般还要在壳体外面加装热防护层。

(2)装填物。装填物是破坏目标的能源和工质。装填物主要有炸药和核装料,它们的作用是将本身储藏的能量(化学能或核能)通过反应(化学反应或核反应)释放出来,形成破坏各种目标的因素。此外,还有特种装填物,如燃烧剂、发烟剂、化学毒剂或细菌以及微生物等。

常规战斗部的装填物是高能炸药。炸药爆炸时能产生很大破坏作用的原因,一是爆炸反应的速度(即爆速)非常快,通常达 $6 \sim 9$ km/s;二是爆炸时产生高压(即爆压),其值在 $20 \sim 40$ GPa;三是爆炸时产生大量气体(即爆轰产物),一般可达 $1\,000$ L/kg。这样,在十几微秒到几十微秒的极短时间内,战斗部壳体内形成一个高温高压环境,使壳体膨胀、破碎,形成许多高速的杀伤元素。同时,高温高压的爆炸气体产物迅速膨胀,推动周围空气,形成在一定距离内有很大破坏力的空气冲击波。

对炸药装药的要求是,对目标有最大的毁伤效应,机械感度要低,爆轰感度要高,具有一定的物理力学性能,贮存性能良好,装药工艺性好,毒性低,成本低,原材料立足于国内。

(3)传爆系列。传爆系列是一种能量放大器,其作用是把引信所接收到的有关目标的初始信号(或能量)先转变成一种微量的爆轰波(或火焰),再经传爆系列将能量逐级放大,最终可靠引爆战斗部装药。

战斗部的起爆和传爆系统通常包括电雷管、传爆药柱和扩爆药柱,一般都安装在安全执行机构内,成为引信的一个组件。其过程是,当引信向战斗部输出起爆电脉冲时,电雷管、传爆药柱和扩爆药柱相继爆炸,最后引发主装药的爆炸。

对传爆系列的要求是,结构简单,便于贮存,平时安全,作用可靠。

2. 引信

引信是适时引爆战斗部的引爆装置。这里所指的适时引爆包含以下几种情况:一是战斗部碰击目标瞬时引爆。如打坦克等装甲目标的聚能破甲战斗部,因为一触即发能使战斗部在尚未发生跳飞和变形情况下就生成了金属射流把装甲穿透。二是战斗部碰击目标后经过延期引爆。如破坏地下建筑物和工事、飞机跑道等目标的爆破战斗部,如果让战斗部钻入地下一定深度后才引爆炸药,其破坏作用将能发挥地更好。三是战斗部在离目标适当高度或距离时刻引爆。如杀伤空中飞机目标的杀伤战斗部,因为飞机具有高速机动的特点,战斗部直接碰撞目标的可能性较小,因此要求战斗部在到达它的有效杀伤距离范围内引爆就行。第一种和第二种情况都是战斗部碰触目标后引信才能起引爆作用,因而称为触发式引信;第三种情况是战斗部无须碰触目标,引信就能起引爆作用,因而称为非接触式引信。除以上三种以外,还有在导弹未能杀伤和破坏目标而脱靶之后,经过一段时间,引信能自动引爆战斗部让导弹自毁。为了使引信有自毁作用,引信里装有定时机械的、电子的钟表机构或药盘装置。

除了触发式引信、非触发式引信外,现在还出现了先进的引信,如灵巧引信、弹道修正引信和多方位定向引信等。

3.保险装置

战斗部系统中有大量火工品,为了保证战斗部在运输、贮存和使用等勤务处理中安全,以及在与目标相遇时要保证其可靠工作,必须设有安全保险机构。

保险装置在接到适当信号时首先必须保证传爆序列处于待发状态,然后必须对起爆信号(引信输出)作出响应,最后能适时有效地起爆战斗部。此外,如果导弹在与目标遭遇后没有发生爆炸,还应有自毁作用。

安全和解除保险装置主要是一个机械系统,由底座、活塞、壳体、惯性块和电爆装置等五个组件组成。保险和解除保险装置作用时,可借用发射时的后坐力、导弹稳定飞行无转动时的爬行力,弹簧储能、电池储能、气压等的作用实施动作。

6.2 战斗部的装药

战斗部之所以能摧毁目标是因为其中有炸药,炸药是破坏目标的能源与工质,它的作用是将本身储藏的能量(化学能或核能)通过反应(化学反应或核反应)释放出来,形成破坏目标的因素。

6.2.1 炸药的分类

炸药是在一定外能作用下,能发生高速化学反应,并产生大量气体和热量,对周围介质做炸碎功和抛射功的物质。简言之,能产生爆炸的物质称为炸药。

炸药的分类方法有两种,一种按化学组成可分为单组份炸药(即化合炸药)和混合炸药;另一种按用途可分为猛炸药、起爆药、火药和烟火剂。

1.按炸药组成分类

(1)单组份炸药。它本身是一种化合物,组成炸药的各元素,以一定的化学结构存在于同一分子中。常用单体炸药有以下几类:①硝基类炸药。这类炸药的分子中,都含有直接与碳原子相连结的硝基(—NO₂)。如:三硝基甲苯(TNT)、二硝基甲苯、三硝基苯酚、三硝基甲硝胺(特屈儿)等。②硝胺类炸药。这类炸药的分子中,都含有与氮原子相联结的硝基(＞N—NO₂),硝基是通过氮原子与碳原子联结的。如:黑索金、奥克托金、硝基胍等。③硝酸酯类炸药。这类炸药的分子中,都含有硝酸酯基(—O—NO₂),硝基是通过氧原子与碳原子相连的。如:硝化棉、硝化甘油、硝化二乙二醇、太安等。④迭氮类炸药。这类炸药的分子中含有迭氮基(—N₃)和金属元素。如:氮化铅、氮化银等。⑤其他炸药。如:雷酸盐类的雷汞、重氮化合物类的二硝基重氮酚、乙炔化合物类的乙炔银等。

(2)混合炸药。它本身是一种混合物,是由两种以上的化学性质不同的组分组成的系统。混合炸药的种类繁多,而且其组成可以根据不同的使用要求,加以变化和调整。它们可以由炸药与炸药、炸药与非炸药等组成。

目前,我国使用的混合炸药很多,常用的有以下几种:①普通混合炸药。如钝化黑索金、梯恩40/60(梯恩梯40%、黑索金60%)等。②含铝混合炸药。如钝黑铝炸药、梯黑铝炸药等。③有机高分子黏结炸药。如8321、3021炸药等。④特种混合炸药。如塑性炸药、弹性炸药、液体炸药。⑤硝铵炸药。如铵梯炸药、2♯岩石炸药等。

2. 按炸药用途分类

(1)起爆药。起爆药是一类较敏感的炸药,这类炸药在很小的外能作用下(对外界一定的热、电、光、机械等激发能量有较大的敏感性)能产生燃烧或爆炸,利用它产生的能量去引燃或引爆其他较难引燃或引爆的炸药。起爆药和猛炸药相比,具有感度高、爆轰成长期短、生成热小、爆速及爆热小等特点。故起爆药用作火帽、雷管、点火具等火工品的装药。

常用起爆药有氮化铅、雷汞、史蒂酚酸铅、特屈拉辛和二硝基重氮酚等。

(2)猛炸药。这类炸药在较大的外能作用下能产生猛烈的爆炸,因而有巨大的杀伤和破坏作用。猛炸药与起爆药比较,有如下特点:感度比起爆药小;爆轰过程的激发期较起爆药长;爆轰时,爆速、爆热大,产生的气体多。故猛炸药主要作为各种弹的爆炸装药和工程爆破药,也可作为传爆药和雷管中的加强药。

常用的猛炸药有 TNT、黑索金、特屈儿、太安、奥克托金、硝化甘油等单体炸药,以及各种混合炸药,如以梯恩梯为主的梯黑炸药,以黑索金为主的钝黑铝、梯黑铝炸药,以硝酸铵为主的铵梯炸药等。

(3)烟火剂。这类炸药在燃烧时能产生白光、色光、火焰、烟雾等特殊的烟火效应,以达到战术上的某种特殊目的。常用的烟火剂有发烟剂、燃烧剂、照明剂、信号剂、曳光剂等,分别用来装填各种相应的特殊弹。

一些烟火剂,在一定的条件下反应很快,且在反应时生成大量的气体,放出大量的热,因而也能爆炸。但在一般情况下,烟火剂只燃烧不爆炸,同时燃烧时能产生特种效应,因此在军事上用作燃烧弹、照明弹、信号剂、烟幕弹的弹体装药以及曳光管装药和其他烟火器材的装药。烟火剂的起爆感度都较小,需要威力和猛度大的炸药才能起爆。

(4)火药。这类炸药在火焰作用下,能迅速地有规律燃烧,产生高温高压的气体,因而具有巨大的抛射能力。在一定条件下可以起爆,其爆炸威力与猛炸药相当,并不是所有炸药都可作为火药。作为火药的主要条件是在使用条件下燃烧不能转为爆轰,燃烧过程是有规律的。

常用的火药分为胶质火药和机械混合火药两类。胶质火药又称无烟药或溶塑火药,其中包括单基药(又称硝化棉火药或挥发性溶剂火药)、双基药(又称硝化甘油火药或难挥发性溶剂火药)和三基药。机械混合火药(又称异质火药,复合火药)分为黑药(即低分子复合火药)和高分子复合火药。其中低分子复合火药(又称黑药或有烟药)用得最广,常用它作点火药、导火索以及少数弹种的发射药。高分子复合火药主要用作大型火箭、导弹的推进剂。

通常把发射枪、炮弹的火药叫发射药,推送火箭导弹的火药叫推进剂。火药有两个显著的特点:一是用量很大;二是火药相对其他炸药而言较易变质。

必须指出,起爆药、猛炸药的主要化学反应形式是爆炸,在实用中也主要是利用其爆炸性质,故通常所说的炸药,就是指起爆药和猛炸药而言。而火药及烟火剂的主要化学反应形式是燃烧,在实用中也主要是利用其燃烧性,所不同的是火药是利用其抛射功,烟火剂是利用其烟火效应。但是,一般来说四者不仅能燃烧,而且能爆炸,究竟以哪种形式出现,主要取决于外界条件及外能作用的方式。从它们都具有爆炸性质这个意义上来说,它们在本质上都是一样的,因此广义上把四者统称为炸药。

6.2.2 炸药的爆炸

1. 爆炸现象

广义地说,爆炸是指一种极为迅速的物理或化学的能量释放过程。在此过程中,系统潜在能量转变为机械功及光和热的辐射等。爆炸做功的根本原因在于系统原有的高压气体或爆炸瞬间形成的高温高压气体或蒸气的骤然膨胀。

爆炸的一个最重要的特征是爆炸点周围介质中发生急剧的压力突跃,这种压力突跃是爆炸破坏作用的直接原因。爆炸有两个显著的外部特征:一是机械作用引起周围介质的变形、破坏和移动;二是有强烈的音响效应。

爆炸可以由各种不同的物理现象或化学现象所引起。就引起爆炸过程的性质来看,爆炸现象大致可分为以下三类:

(1)物理爆炸。此类爆炸是由于物理状态的突变而产生的。例如,蒸汽锅炉或高压气瓶的爆炸、地震、高压火花放电、雷电或高压电流通过细金属丝所引起的爆炸、物体的高速碰击等。

(2)化学爆炸。此类爆炸是由于迅速的化学反应而引起的。如甲烷、乙炔、乙醚等以一定的比例与空气混合所产生的爆炸。炸药的爆炸也属于化学爆炸,其爆炸进行的速度高达每秒数千米到万米之间,所形成的温度为 $2\,000\sim5\,000℃$,压力高达数十万个大气压(1 atm $=$ 101 325 Pa),因而能迅速膨胀并对周围介质做功。

(3)核爆炸。核爆炸的能源是核裂变(如 U^{235} 的裂变)或核聚变(氘、氚、锂核的聚变)反应所释放出的核能。核爆炸反应所释放的能量很大,相当于数万吨到数千万吨 TNT 炸药爆炸的能量。爆炸可形成数万到数千万度的高温,在爆炸中心区造成数百万大气压的高压,形成很强的冲击波,同时还有很强的光和热的辐射,以及各种粒子的贯穿辐射。因此,比炸药爆炸具有大得多的破坏力。

2. 爆炸的变化形式

炸药化学反应的基本形式,一般可以概括为三种:热分解、燃烧以及爆炸(爆轰),其中燃烧和爆炸(爆轰)是爆炸变化的两种典型的形式。

(1)热分解。炸药与其他物质一样,在常温下也进行着缓慢的分解反应,只是难以用人们的感官觉察,经贮存若干年后化验才知道分解了。当外界温度升高时,反应速度加快,超过某一温度时,热分解就可能转化为燃烧或爆炸。

(2)燃烧。炸药在火焰或电热的作用下,所引起的较快的一种发热、发光的化学反应,称为炸药的燃烧(也称为爆燃)。其速度常在每秒几毫米到数百米之间,低于炸药中的声速。燃速受外界条件的影响很大,随温度的升高,特别是随压力的升高而增大。燃烧的进行是以传热形式传递能量的。燃烧过程在大气中进行得比较平稳,没有显著的音响效应,但在密闭或半密闭的容器中,例如在火炮的药室内或火箭发动机内,燃烧过程进行得很快,有明显的音响效应并能做推射功。炸药的燃烧在特定的条件也可能转为爆炸。

(3)爆炸(爆轰)。炸药以每秒几百米到几千米的速度进行着的化学变化过程称为爆炸。爆炸速度超过炸药中的声速。爆炸开始阶段往往有个增速过程(个别的因起爆能量过大,炸药爆炸开始阶段也有个减速过程),至一定爆炸变化速度后,才稳定不变直至炸药爆炸完毕。将爆炸传播速度不随时间改变的爆炸称为爆轰。利用猛炸药理想的情况都是希望其变化以爆轰形式出现,因为这时能量利用最充分。但从本质上讲二者并无区别,无论是爆炸或是爆轰的进行都是以爆轰波形式传递能量的。因此,在一般情况下,这两个名词也经常混用。

3.爆炸的特征

炸药爆炸过程具有三个特征:即过程的放热性、过程的瞬时性、过程的成气性。这三个特征称为炸药爆炸的三要素。

(1)反应过程的放热性。炸药爆炸时能放出大量的热,这是可燃剂与助燃剂反应的结果。反应过程的放热性是爆炸反应必须具备的第一个必要条件,因为热是气体做功的能源。反应时放出的热,一方面加热气体形成高温,有利于气体膨胀而做功;另一方面可使化学反应得到能量而自行传播和不断地加速。不放热或放热很少的反应,不能提供做功的能量,因此不可能具有爆炸性质。

必须指出,炸药在爆炸时放出的热量,按照单位质量计算并不比一般的燃料高,但是若按单位体积(容积)计算,炸药的含能量比一般燃料要大得多,因而炸药具有很高的能量密度。

(2)反应的瞬时性。炸药爆炸反应的速度极快,一般为万分之几秒到百万分之几秒。爆炸反应与一般化学反应相比,一个最突出的不同点是爆炸过程的速度极高。爆炸反应的瞬时性,使反应生成的气体在反应生成热的作用下,才能形成高温高压的气体,高温高压气体迅速膨胀才能产生爆炸。同时,反应速度极快才能使爆炸物质的能量在极短的时间内集中地放出来,使爆炸产生强大的功率。

相反,如果反应速度很慢,即使反应中能生成大量的气体,放出大量的热,也会因时间长,使大量的热和气体从容地扩散到周围介质中去,不能形成高温高压的气体,因而不能形成爆炸。一般燃料燃烧时不仅产生大量气体,而且放出的热量也比炸药爆炸时放出的热量大得多。例如,1 kg 的汽油在发动机中燃烧或 1 kg 的煤块在空气中缓慢地燃烧所需要的时间为数分钟至数十分钟。而 1 kg 炸药爆炸反应仅十几到几十微秒($10^{-6} \sim 10^{-5}$ s),也就是说炸药的爆炸过程要比燃料燃烧过程快数千万倍。可见,炸药爆炸反应快速性体现了高的功率,即高的能量释放速率。正因为如此,一般燃料燃烧反应不能形成爆炸。

由于炸药爆炸反应速度极高,一块炸药可在 $10^{-5} \sim 10^{-6}$ s 内反应完。因而实际上可以近似地认为,爆炸反应所放出的能量全部聚集在炸药爆炸前所占据的体积内,从而造成了一般化学反应所无法达到的能量密度。

(3)反应过程的成气性。炸药爆炸生成大量的高温高压气体,例如,1 L 的普通炸药爆炸瞬间可生成约 1 000 L 的气体产物,由于反应的快速性,使这样多的气体在爆炸结束瞬间仍占有原来炸药的体积,相当于 1 000 L 的气体被压缩到近 1 L 的体积里。这是炸药爆炸时之所以能够膨胀做功,并对周围介质造成严重破坏的根本原因之一。

炸药为什么会有大量的气体生成呢?从它的分子结构和组成可以看出,它们都是由 C,H,O,N 四种元素组成的,在爆炸变化分解过程中,可燃元素 C,H 与助燃元素氧结合生成大量的气体。如生成 CO,CO_2,H_2O(水蒸气)以及 N_2,H_2 等,都是气体产物。

综上所述,能量、能量集中、能量转换是形成高温高压气体的条件,也就是爆炸变化的根本原因。放热给爆炸变化提供了能源,而瞬时性则是使有限的能量集中在较小容积内,产生大功率的必要条件,反应生成的气体则是能量转换的理想工质,它们都与炸药的做功能力有密切的关系。这三个因素又是互相联系的,反应的放热性将炸药加热到高温,从而使化学反应速度大大地加快,即提高了反应的瞬时性。此外,由于放热可以将产物加热到很高的温度,这就使更多的产物处于气体状态。同样,由于反应的瞬时性和成气性,也反过来促使反应放热量增加。

6.2.3 炸药的主要性能指标

表征炸药主要性能的指标有密度、安定性、相容性、感度、爆炸特性和爆炸作用。

1. 密度

密度指单位体积内所含炸药的质量。提高炸药密度是提高炸药能量水平的重要途径。

2. 安定性

安定性指在一定条件下,炸药保持其物理、化学性能不发生超过允许范围变化的能力。可分为物理安定性和化学安定性,前者指延缓炸药发生吸湿、渗油、机械强度降低和药柱变形等的能力,后者指延缓炸药发生热分解、水解、老化、氧化和自动催化反应等的能力,两者是互有联系的。

3. 相容性

相容性指炸药与其他材料(包括炸药)混合或接触时,它们的物理、化学、爆炸性能不发生超过允许范围变化的能力。可分为物理相容性和化学相容性,前者是指体系的物理性质的变化,后者是指体系的化学性能的变化,但两者紧密相关。

4. 感度

炸药的敏感度简称感度,是指炸药在外界能量作用下发生爆炸变化的难易程度。即在同一形式,同样大小的外能作用,容易发生爆炸变化的炸药,说明它的感度大或敏感;反之,称之为钝感或炸药感度小。炸药的感度是炸药的重要性之一,用来说明不同炸药对同一外能作用时的稳定性,因而是衡量炸药不稳定程度的标尺。

炸药的感度主要是由炸药本身的结构决定的,炸药不同,分子结构的稳定性就不同,破坏这种稳定性所需要的外能大小也不同,因而感度就有差别。炸药感度有热感度、机械感度、起爆感度、电感度和光感度等。

5. 爆炸特性

爆炸特性是综合评价炸药能量水平的特性参数,包括爆热、爆温、爆速、爆压及爆容。

(1)爆热。在一定条件下单位质量炸药爆炸时放出的热量,可分为定容爆热和定压爆热。

(2)爆温。全部爆热用来定容加热爆轰产物所能达到的最高温度。爆温越高,气体产物的压力越高,做功能力越大。

(3)爆速。爆轰波在炸药中稳定传播的速度,它不仅仅是衡量炸药爆炸性能的重要参数,而且还可以用来推算其他爆轰参数。

(4)爆压。炸药爆轰时爆轰波阵面的压力。

(5)爆容。爆容也称比容,是单位质量炸药爆炸时生成的其他产物在标准状态下(0℃,101 325 Pa)占有的体积。

6. 爆炸作用

炸药爆炸时对周围物体的各种机械作用,统称为爆炸作用。常以做功能力及猛度表示。

做功能力指炸药爆炸时对周围介质所产生的各种爆炸作用的总和,也叫威力。它反映了炸药可能释放的能量,如果忽略标准温度时的气体内能,可以认为炸药的做功能力与炸药的爆热值相等。

猛度指炸药爆炸时爆轰产物粉碎或破坏与其接触(或接近)介质的能力,可用爆轰产物作用在与爆轰传播方向垂直的单位面积上的比冲量表示,爆速是决定炸药猛度的主要因素。

表 6-1 为几种单质炸药的爆轰性能参数。表 6-2 为几种单质起爆药性能。

表 6-1　几种单质炸药的爆轰性能参数

名称	装药密度 g/cm³	爆热 MJ/kg	爆速 m/s	爆压 GPa	爆温 K	爆发点 ℃	熔点 ℃	比体积 L/kg
梯恩梯	1.634	3.0	6 928	19.1	3 200	290～295	81	740
黑索金	1.765	3.62	8 661	32.6	3 640	230	203	900
奥克托金	1.877	5.33	9 010	39.0		291	276	
泰安	1.770	6.31	8 600	33.5	4 280	275	140	800
特屈儿	1.714	3.82	7 612	26.8	3 800	195～200	128	700

表 6-2　几种单质起爆药性能

爆炸性能	雷汞	氮化铅	史蒂酚酸铅	二硝基重氮酚
爆发点/℃	160～165	330～340	282	170～175
爆炸气体量/(L·kg⁻¹)	300	308		553
爆热/(J·kg⁻¹)	$1.72×10^6$	$1.59×10^6$		$4.00×10^6$
爆温/℃	4 350	5 300		4 650
爆速/(m·s⁻¹)	5 400	5 300	4 900	5 400
水中爆炸性	含水 30%时拒爆	水中能爆炸		水中能爆炸
热感度	高	低		中
起爆能力	低	高	较低	高
机械感度	高	中		低
使用率	低	中		高

未来炸药的发展趋势为继续发展 TNT,RDX,HMX 为主体的高能混合炸药,积极发展燃料空气炸药、发展高能量低敏感炸药和发展高能量密度材料。

6.3　引　　信

6.3.1　引信的作用及分类

1. 作用

导弹引信是一种利用目标信息和环境信息,在预定条件下引爆或引燃战斗部装药的装置或系统。从定义中可以看出,引信包含二大功能,即起爆控制——在相对目标最有利位置或时机引爆或引燃战斗部装药,提高对目标的命中概率和毁伤概率;安全控制——保证勤务处理与发射时战斗部的安全,在导弹与目标相遇时保证其可靠地工作。

2.分类

引信有各种分类方法。按作用方式可分为触发引信、非触发引信等;按作用原理可分为机械引信、电引信等;按配用弹种可分为导弹引信、炮弹引信、航弹引信等;按弹药用途可分为穿甲弹引信、破甲弹引信等;按装配部位可分为弹头引信、弹底引信等;按与目标的关系可分为直接觉察和间接觉察引信等;还可按配用弹丸的口径、引信的输出特性等方面来分等等。图6-1给出了常用引信的分类情况。

图 6-1 引信的分类

6.3.2 导弹上常用的引信

防空导弹上使用的引信一般为非触发引信中的近炸引信、触发引信和时间引信(完成自毁功能)。

非触发引信能在弹道的某一点上引爆战斗部,而这一点由战斗部与目标的相对位置确定,在该位置能使战斗部爆炸对目标有最大的破坏力。战斗部的爆炸点由引信本身自动确定,无须与目标直接接触;触发引信,简称瞬发引信,是直接感受目标反作用力而瞬时发火的触发引信；时间引信，又称定时引信，是按使用前设定的时间而作用的引信，根据定时原理分为电子时间引信、机械时间引信（又称钟表引信）、火药时间引信（又称药盘引信）和化学定时引信等。

1. 无线电引信

无线电引信属于非触发引信，是利用天线电波获取目标信息而作用的近炸引信，其中多数原理如同雷达，俗称雷达引信。根据引信工作波段可分为米波式、微波式和毫米波式等；按其作用原理可分为多普勒式、调频式、脉冲调制式、噪声调制式和编码式等。这里介绍米波多普勒无线电引信的工作原理。

这种引信的工作是应用多普勒效应连续照射运动目标的雷达原理为基础。引信由发射机、发射天线、接收天线、接收机、混频器、低频放大器、执行机构，保险系统和电源等组成，其方框图如图 6-2 所示。

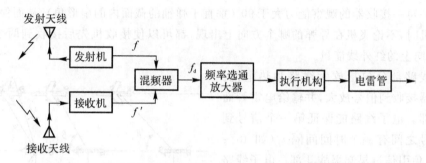

图 6-2　无线电引信组成及工作原理示意图

如果导弹与目标相对静止，则引信发射机发射的电磁波在目标表面感应出同频率的交流电。这个电流在其周围空间也会产生电磁波，这个电磁波反射回来，正是引信接收机所要接收的。而实际情况是导弹与目标之间有相对运动，此时，引信发射机发射的电磁波的频率就与接收机接收到的反射电磁波的频率不同，这种由于导弹与目标相对运动而使频率发生变化的现象就是我们所说的多普勒效应。频率的差值称为多普勒频率，其表达式为

$$f_d = f' - f \approx \frac{2v_r}{C} f$$

式中，f 为引信中发射机发出的电磁波频率；f' 为引信中接收机接收目标反射回来的电磁波频率；C 为光速；v_r 导弹与目标的相对接近速度。

由上式可以看出，只要测得多普勒频率 f_d，导弹与目标的相对速度即可知道，因为发射机的发射频率 f 是已知的。至于多普勒频率 f_d 的测量也是比较容易的，只要把接收信号 f' 与发射信号进行混频，所得的差频就是多普勒频率 f_d。

无线电引信的发射机产生频率为 f 的连续振荡，通过天线发射出去。由于目标与导弹间存在着相对运动，则天线接收到目标的反射信号的频率 f'。将接收到的 f' 信号与发射信号一起加到混频器，由混频器得到两者的差额，即多普勒频率 f_d。由混频器输出的多普勒信号到频率选通放大器中进行放大。随着导弹与目标逐渐接近，则多普勒信号的幅值逐渐增大。在此信号持续一定时间后，则执行机构动作，使电雷管工作，从而引爆战斗部。在此要特别提出一点，信号的振幅是随着接近目标而逐渐增加的，而执行机构则是反映某一信号振幅大小而工作的机构，根据线路的设计，就可以获得雷达引信使导弹在最有利的时机爆炸，使目标遭受到最大程度的破坏。

2.红外光引信

红外引信是指依据目标本身的红外辐射特性而工作的光近炸引信,通常特指被动红外引信。红外引信主要由光学接收组件(包括光学窗口、光学组镜、红外滤光片和探测器等)、电子组件(包括光电转换、放大、信号处理和执行等模块以及安全系统和电源)组成。

这种引信的红外线感受器包括八个接收器(主要是光敏电阻元件),感受由目标辐射来的红外线能量,并将红外线能量转变为电信号,送到电子线路中去,经放大后起爆电雷管。在结构上有八个接收器对应于引信舱的八个长方形窗口,它们交错地沿周围排列,其中四个长缝接收器(第一路光学接收器)能接收目标辐射的与弹轴成 β_1 方向(如 45° 方向)上的红外线能量,并发出第一信号;另外四个短缝接收器(第二路光学接收器)能接收目标辐射的与弹轴成 β_2 方向(如 75° 方向)上的红外线能量,并发出第二信号。图 6-3 表示出接收器接收红外线能量的示意情况。每一接收器的观察能力大于 90°(垂直于弹轴的截面内的扇形角),从而保证了导弹在接近飞机时,不论飞机在导弹的哪个方向上出现,都可以使接收机先后接收到两个信号,即 β_1 与 β_2 方向上的红外线能量。

电子线路部分包括放大线路和热电池。它把感受器接收到信号放大,并输给电雷管而起爆战斗部。电子线路能保证第一个信号到第二个信号之间有一个时间间隔 t_1(如 40~55 ms),以免引信过早起爆战斗部。电子线路还保证第二信号之后再延期一个时间 t_2(如 10 ms),此时导弹更飞近目标,使得战斗部处于能有效杀伤飞机要害部位才被引爆。这种情况说明,要引信工作必须满足这样的条件:从接收红外线能量后发出第一信号到第二信

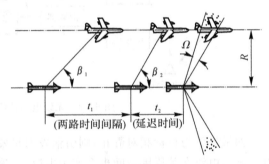

图 6-3　红外引信引爆过程示意图

号要符合其规定的时间间隔。如果只有第一个信号,或者两个信号虽然都有,但是不符合规定的时间间隔,引信是不工作的,在设计引信时,只有处于战斗部的杀伤半径内的飞机所辐射的红外线能量才能满足上面的条件。

保险装置有两套定时钟表机构,一套是保证导弹发射出去以后,导弹离开载机有一定的安全距离时,引信才解除保险,另一套是在导弹脱靶以后,使战斗部能自行引爆而炸毁导弹。

近红外引信使用 PbS 探测器,引信工作波段在 2.5~3.0 μm,为消除太阳光对引信的干扰,近红外引信必须采用双通道体制。中红外引信使用 InSb 探测器,引信工作波段在 4.2~5.5 μm,而太阳光能量主要集中在 4.2 μm 以下,故中红外引信可采用单通道体制。

红外引信的优点是不易受外界电磁场和静电场的影响,方向性强,视场可以做得很宽,采用光谱、频率、极性和时序选择可以提高引信抗干扰能力。其缺点是易受恶劣气象条件的影响,对目标红外辐射的依赖性较大,例如防空导弹近红外引信只能在飞机目标后半球一定范围内探测发动机喷口的红外辐射,使用条件和应用范围受到限制。中红外引信能在后半球较大范围内探测发动机喷口的红外辐射以及高速飞行的飞机蒙皮气动加热产生的红外辐射。近年出现的红外成像引信的目标探测识别能力显著提高,发展前景很好。

3.激光引信

激光引信是指利用激光束探测目标的光引信。激光引信是一种主动型引信,它发射出激

光束,其波长范围一般在红外辐射区域,但也有在可见光区域的,通常以重复脉冲形式发送,激光束遇到目标后发生漫反射,有一部分反射的激光为引信接收器所接收,转变成电信号,并经过适当的信号处理,使引信在离目标的适当距离上引爆战斗部。图 6-4 为激光引信组成及工作原理框图。

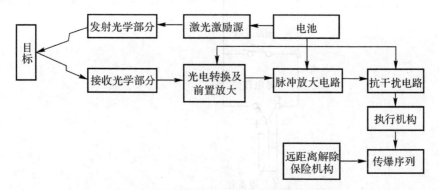

图 6-4　激光引信的组成及工作原理示意图

激光激励源提供大电流重复脉冲,注入激光二极管去形成发射激光束。

发射光学系统用简单的凸透镜,使激光束以一定的发射方向和发射角度发射出去。

接收光学系统用一凹面反射镜和一平面反射镜,使由目标反射回来的激光束聚于光敏元件上。

光电转换器用硅光电二极管之类的光敏元件,使接收到的光信号转变为电信号,然后将它放大。前置放大器保证系统有足够的信噪比,增强探测能力。

脉冲放大器除了将信号放大外,还可以改善波形,并进一步提高信噪比。整形电路使信号充分改善,以利于电路可靠工作。

抗干扰电路能使系统具有一定的抗干扰性,提高引信作用的可靠性。

电池是发射和接收光学系统电路工作的能源。

其他部分与前述引信类同。

激光引信具有全向探测目标的能力,良好的距离截止特性,对于周视探测的激光引信(主要配用于空对空导弹和地对空导弹)和前视探测的激光引信(主要配用于反坦克导弹)都可采用光学交叉的原理实现距离截止。配用于空对空导弹、地对空导弹的多象限激光引信,与定向战斗部相匹配,对提高导弹对目标的毁伤效能具有重要作用。激光引信配用于反坦克导弹,可进一步提高定距精度,并避免与目标碰撞引起弹体变形。激光引信对电磁干扰不敏感,因此也广泛配用于反辐射导弹。总的来讲,激光引信的抗干扰性远比无线电引信强,作用距离散布小,定距精度高。但是,由于光电转换效率低,这给引信电源选择带来一定的困难,整个激光引信的结构尺寸较大,在中、小弹径战斗部上使用受到限制。

4.触发引信

触发式引信是指使用时,在导弹触及目标后引信才发火,使战斗部瞬时或延期起爆,以完成对目标的摧毁作用。导弹上常用的是触发式压电引信。

触发式压电引信一般由压电部件、起爆装置(电雷管)、短路开关和导电开关组成,如图6-5 所示。

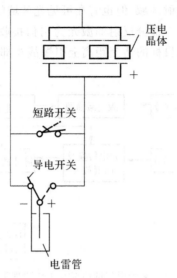

图 6-5　压电引信作用原理示意图

平时状态短路开关和导电开关处于图示的实线位置，压电晶体被短路，电雷管也被短路，引信处于保险状态，保证勤务处理时的安全。

导弹发射后，短路开关滑开到虚线位置，导电开关向另一端接通，即接到虚线位置。此时，压电晶体和电雷管的短路状态均已解除，而且压电晶体的正负极和电雷管的正负极也接通，至此，引信完全解除保险而处于待发状态。战斗部一着靶，晶体受压产生高压电流将电雷管引爆，进而起爆传爆药柱，最后将主炸药引爆。

6.4　战　斗　部

6.4.1　战斗部杀伤机理

1. 超压（冲击波）杀伤

超压杀伤目标的机理是靠战斗部在空气中爆炸后，产生的高温高压爆轰产物压缩周围空气，形成空气冲击波，主要靠爆炸后形成的冲击波和爆轰产物的直接作用力，由外向里挤压，使目标遭到破坏。

2. 洞穿（含熔化洞穿）杀伤

洞穿是防空导弹战斗部重要的杀伤机理。洞穿是高速运动的破片与目标相撞击，靠破片的打击动能使目标蒙皮被击穿，从而使目标因失去密封或机械构件受损、折断、失灵等摧毁目标。熔化洞穿是靠聚能装药的聚能效应形成的高温金属射流，局部熔化目标造成穿洞，从而使目标内部构件受损，主要用来对付装甲很厚的目标。洞穿是防空导弹战斗部重要的杀伤形式。

3. 切割杀伤

切割杀伤是战斗部的杀伤物质被炸药抛出后，与目标构件相遇时，立即将目标构件（机身、机翼等）切断，典型战斗部是连续杆式战斗部。另外，破片聚焦式战斗部，由于破片流具有很大的密度，能对目标造成密集的穿孔，致使目标构件的强度大大下降，在空气动力的作用下折断，其结果类同切割杀伤。

4. 引燃、引爆杀伤

当战斗部洞穿的目标要害部位是油箱或弹药舱时,可能引起油箱的燃烧或弹药舱内弹药的爆炸,从而使目标摧毁。这种杀伤机理一般是伴随上述几种杀伤机理同时产生的。

战斗部的杀伤机理一般不是独立的,而是几种效应联合作用于目标的综合结果。

6.4.2 破片式杀伤战斗部

1. 基本原理与分类

破片杀伤战斗部是防空导弹战斗部的主要类型之一,它是靠炸药爆炸后产生的高速破片群直接打击目标,使目标损伤或破坏的。破片的破坏作用可归纳为击穿作用、引燃作用和引爆作用。当战斗部爆炸时,在几微秒内产生的高压气体对战斗部金属外壳(或预制杀伤元素)施加数十万大气压以上的压力,这个压力远远大于战斗部壳体材料的屈服强度,使壳体破裂产生破片。击穿作用是破片击穿飞机的座舱、发动机、燃油系统、操纵系统以及飞机的结构(如蒙皮、梁、框、翼肋等受力构件)等部件,使部件遭受破坏作用而摧毁飞机;引燃作用是击中飞机的油箱使飞机着火而摧毁飞机;引爆作用是击中飞机携带的弹药使弹药爆炸而摧毁飞机。

根据破片的生成途径,破片杀伤战斗部可分为自然、半预制(预控)和预制破片战斗部三种类型。

自然破片战斗部的破片是在爆轰产物作用下,壳体膨胀、断裂破碎而成的,该类战斗部的特点是壳体既充当了容器又形成杀伤元素,材料的利用率较高,壳体较厚,爆轰产物泄漏之前,驱动加速时间长,形成的破片初速高,但破片的大小不均匀,形状不规则,在空气中飞行时速度衰减快。

预控破片战斗部采用壳体刻槽、炸药刻槽或增加内衬等技术措施,使壳体局部强度减弱,控制爆炸时的破裂部位,从而形成破片。这类战斗部的特点是形成的破片大小基本均匀,形状基本规则。

预制破片战斗部的破片预先加工成型,嵌埋在壳体基体材料中或黏结在炸药周围的薄蒙皮上,炸药爆炸将其抛射出去,破片的形状有瓦片形、立方体、球形、短杆等,这类战斗部的特点是杀伤破片大小和形状规则,而且炸药的爆炸能量不用于分裂形成破片,能量利用率高,杀伤效果较好。

2. 威力参数

对于破片式战斗部,威力参数包含破片性能参数、飞散参数和杀伤性能参数。性能参数主要有破片初速、速度衰减系数和速度分布;破片飞散参数有破片飞散角、破片质量和数量;破片杀伤性能参数有破片对特定靶板的穿透能力以及爆炸冲击波参数等。通常采用战斗部静爆试验来测定其主要威力参数。

(1)破片初速。战斗部金属壳体在装药的爆炸作用下生成破片,破片获得能量后达到的最大飞行速度即为破片的初速,此后,由于空气的阻力作用,破片在飞行过程中速度逐渐下降。破片初速可分为静态破片初速和动态破片初速。

静态破片初速是指战斗部在静止状态下爆炸,破片获得的最大飞行速度。破片初速的计算公式是在一定的假设条件下,根据壳体运动动力学方程和能量守恒定律推导出的。

动态破片初速是指在考虑弹体速度和目标速度的影响后,得到的破片相对于目标的速度。

影响破片初速的因素主要有装药性能、装药质量比、壳体材料和装药长径比等。

（2）破片速度衰减系数。破片速度衰减系数指破片在飞行过程中保存速度能力的度量，是表征破片速度下降程度的参数，

当破片以初速 v_0 飞出，经距离 R 后，速度下降为

$$v = v_0 e^{-aR} \qquad (6-1)$$

式中，α 为破片速度衰减系数

$$\alpha = \frac{c_R \rho A}{2m} \qquad (6-2)$$

式中，m 为破片质量（kg）；A 为破片迎风面积（m^2）；ρ 为空气密度（kg/m^3）；c_R 为破片形状参数，在 Ma 大于 3 的情况下，不同形状破片的 c_R 值按以下公式求取：

球形破片：$c_R = 0.97$；

方形破片：$c_R = 1.285\,2 + 1.053\,6/Ma$；

圆柱形破片：$c_R = 0.805\,8 + 1.322\,6/Ma$；

菱形破片：$c_R = 1.45 - 0.038\,9/Ma$。

（3）破片飞散角。破片的飞散角是指战斗部爆炸后，在战斗部轴线所在的平面内，90% 有效破片所占的角度，一般用 Ω 表示。在飞散角内，破片密度的分布通常是不均匀的，实验表明，在静态飞散区内，破片密度近似服从正态分布。破片飞散角可分为静态飞散角和动态飞散角。

战斗部在静止条件下爆炸时，有 80%～90% 的破片沿其侧向飞散，而有 5%～10% 的破片向前后方向飞散，如图 6-6(a) 所示，把 90% 的破片飞散所形成的角度称之为静态飞散角。破片的静态飞散特性完全取决于战斗部的结构、形状、装药性能及起爆传爆方式。在三维空间中，战斗部的静态飞散区是一个对称于战斗部纵轴的空心锥。

战斗部在动态条件下爆炸时，由于导弹速度、破片速度、目标速度的叠加关系，因而使静态飞散角发生了倾斜，如图 6-6(b) 所示，这时的飞散角称之为动态飞散角。破片的动态飞散特性取决于导弹的速度、目标的速度及破片的静态飞散特性。

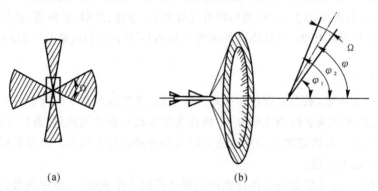

$$(a) \qquad\qquad (b)$$

图 6-6　战斗部破片的分散

(a)破片静态飞散；　(b)破片动态飞散

（4）破片飞散方向角。破片飞散方向与战斗部轴线正向（即弹轴方向）所成的夹角称之为破片飞散方向角，由于破片分散具有一定的张角，因此，分散方向角按张角的中心线计，记为

φ,如图 6-6(b)所示,φ_1,φ_2 为破片群的静态飞散范围角。飞散方向角也可分为静态和动态两种。

影响破片飞散角和方向角的因素主要是战斗部的结构外形和起爆方式。

(5)单枚破片质量。单枚破片质量是破片式杀伤战斗部一枚破片炸前的设计质量,它是由破片的速度和目标的易损特性决定的。对付一定的目标,可以确定相应的杀伤准则,给定一个初速,就可以确定一枚破片的质量。

(6)杀伤破片总数。杀伤破片总数指战斗部在威力半径处对目标有杀伤作用的有效破片的总和,一般根据威力半径、破片飞散角和设计的破片密度确定。

(7)破片穿透率。破片穿透率是指在规定的距离(如威力半径)上,破片对特定靶板的穿孔数占命中靶板的有效破片数的百分率。通过统计效应靶上破片穿透靶板的孔数 n 与破片碰击靶板未穿透时形成的凹坑数 m 的百分比,得到破片穿透率为

$$P = \frac{n}{m+n} \times 100\% \tag{6-3}$$

此处"特定靶板"主要以具体目标为特征,根据战术指标确定效应靶的厚度和材质。为了便于比较,可把特定靶板统一等效成硬铝板,等效关系为

$$b_{Al} = \frac{b\sigma}{\sigma_{Al}} \tag{6-4}$$

式中,b_{Al} 为等效硬铝板厚度;b 为特定靶板厚度;σ_{Al} 为硬铝板的强度极限;σ 为特定靶板的强度极限。

(8)破片的分布密度。破片的分布密度是指在规定的距离(如杀伤半径)上,单位面积内的破片数。破片密度的分布通常是不均匀的,实验表明,在静态飞散区内,破片密度近似服从正态分布。

6.4.3　连续杆式杀伤战斗部

连续杆式战斗部又称链条式战斗部,是因其外壳由钢条焊接而成,战斗部爆炸后又形成一个不断扩张的链条状金属环而得名的。连续杆环以一定的速度与飞机等目标碰撞时,可以切割机翼或机身,对飞机造成严重的结构损伤,对目标的破坏属于线切割型杀伤作用。连续杆式战斗部由破片式战斗部和离散杆战斗部发展而来,是破片式战斗部的一种变异。连续杆式战斗部是目前空对空、地对空、舰对空导弹上常用战斗部类型之一。

连续杆式战斗部的典型结构如图 6-7 所示,整个战斗部由壳体、波形控制器、切断环、传爆管及前后端盖组成。战斗部的壳体是由许多金属杆在其端部交错焊接并经整形而成的圆柱体杆束,杆条可以是单层或双层。单层时,每根杆条的两端分别与相临两根杆条的一端焊接;双层时,每层的一根杆条的两端分别与另一层相邻的两根杆条的一端焊接,如图 6-8 所示。这样,整个壳体就是一个压缩和折叠了的链即连续杆环。切断环也称释放环,是铜质空心环形圆管,直径为 10 mm 左右,安装在壳体两端的内侧。波形控制器与壳体的内侧紧密相配,其内壁通常为一曲面。波形控制器采用的材料有镁铝合金、尼龙或与装药相容的惰性材料。传爆管内装有传爆药柱,用于起爆炸药。装药爆炸后,一方面由于切断环的聚能作用把杆束从两端的连接件上释放出来,另一方面,爆炸作用力通过波形控制器均匀地施加到杆束上,使杆逐渐膨胀,形成直径不断扩大的圆环,直到断裂成离散的杆。

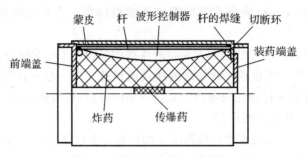

图 6-7　连续杆式战斗部构造图

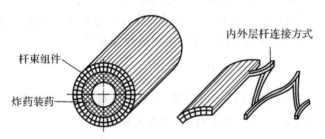

图 6-8　杆束结合示意图

在战斗部壳体两端有前后端盖,用于连接前后舱段。在战斗部的外表面覆盖导弹蒙皮,其作用是为了与其他舱段外形协调一致,保证全弹良好的气动外形。

连续杆战斗部作用原理:当战斗部装药由中心管内的传爆药柱和扩爆药引爆时,在战斗部中心处产生球面爆轰波传播,遇上波形控制器,使爆炸作用力线发生偏转,得到一个力作用线互相平行的作用场,并垂直于杆条束的内壁,波形控制器起到了使球面波转化为柱面波的作用。杆束组件在爆炸冲力作用下,向外抛射,靠近杆端部的焊缝处发生弯曲,展开成为一个扩张的圆环。环在周长达到总杆长度之前,环不被破坏。经验指出,这个环直径至理论最大圆周长度的 80% 还不会被拉断。扩张半径继续增大时,至最后焊点断裂,圆环被分裂成若干段。

连续杆战斗部杆的扩张速度可达 1 200~1 600 m/s,和较重的杆条扩张圆环配合,就像一把轮形的切刀,用于切割与其遭遇的飞机结构,使飞机的主要组件遭到毁伤。毁伤程度不仅与杆速有关,而且与飞机的航速、导弹的速度和制导精度等有关。战斗部对飞机的作用原理如图 6-9 所示。

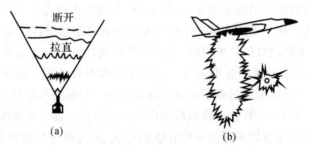

图 6-9　杆式战斗部对飞机的作用原理
(a)钢条扩展过程;　(b)杀伤效果

试验表明,连续杆的速度衰减和飞行距离成正比关系。杆条速度的下降主要由空气阻力引起,而杆束扩张焊缝弯曲剪切所吸收的能量对其影响很小。杆环直径增大,断裂后,杆将发生向不同方向转动和翻滚,这时,连续杆环的杀伤能力就会大幅度下降。连续杆效应就转变成破片效应。因连续杆断裂生成破片数量相当少,所以对目标毁伤效率会急速下降。由此可知,这种结构形式的战斗部,适宜于脱靶量小的导弹。

6.4.4　破片聚能式战斗部

破片聚能式战斗部是在圆柱形装药侧表面配置若干个聚能装药结构,利用聚能效应,爆炸后形成射流或射弹,利用金属射流或射弹的高温、高速和高压能力穿透目标壳体,使目标结构破坏,或引燃引爆目标内的易燃易爆物,以达到杀伤目标的作用的。

这种战斗部具有多个聚能罩,沿壳体的周向围绕战斗部纵轴对称地排列,为了保证在空间形成均匀的杀伤场,在壳体结构上可采取如下措施:上一圈药型罩和下一圈药型罩的位置互相交错,每一圈药型罩的数量相等。战斗部如果是截锥形,则药型罩的直径由上至下可逐圈增大。药型罩的具体直径和数目要根据对付目标、战斗部的尺寸以及制导精度等情况来确定。

药型罩的形状可以是锥形、半球形和球缺形等。锥形药型罩(锥角小于 70°)形成的为细而长的射流,半球形、球缺形或锥角大于 70°的药型罩形成的为金属弹丸或射弹。

锥形药型罩形成的射流速度较半球形药型罩的高,但高度要比底径相同的半球形罩大,相应地形成最佳射流的装药长度也大,有时战斗部的径向尺寸难以满足这种要求,因而实际的多聚能装药战斗部,特别是小型战斗部经常采用半球形药型罩。

"罗兰特"导弹战斗部就是采用此类结构,如图 6-10 所示,该战斗部质量为 6.5 kg,装药量为 3.5 kg,杀伤半径为 6 m,战斗部呈截锥形,其上分布有 50 个半球形药型罩,共分 5 圈,每圈 10 个,圈与圈之间互相交错,药型罩从小端至大端逐圈增大,从轴向观察爆炸后形成的高速离子流,在空间呈菊花状分布。

这种战斗部多用来对付小脱靶量的空中目标,比破片式战斗部的效果要好一些,在杀伤半径相同时,战斗部的质量小。距离较大时,由于射流微粒速度衰减快,杀伤效果将迅速下降。

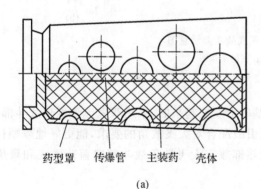

药型罩　传爆管　主装药　壳体

(a)　　　　　　　　　　　　(b)

图 6-10　"罗兰特"导弹战斗部

(a)战斗部结构示意图;　(b)战斗部爆炸效果示意图

6.4.5 破片聚焦式战斗部

破片聚焦式战斗部又包括单聚焦式战斗部和双聚焦式战斗部两种类型。

1. 单聚焦式战斗部

破片单聚焦式战斗部的母线,是根据倾角的要求,由对数螺旋曲线的一部分旋转而成的。起爆方式必须是将点起爆爆轰波通过波形控制器转化为环形平面波,从一端起爆具有对数螺旋曲面的主装药,在汇聚爆轰产物的推动下,破片向空间一定区域汇集,形成高密度破片分布的聚焦带,对目标产生类似"切割"式毁伤,具有强大的杀伤威力,适宜对各种导弹类、飞机类目标的毁伤。

理论上破片应聚焦在一点,但实际上由于破片之间存在干涉,以及工程误差的存在,破片只能聚焦到最小宽度的"聚焦带"内,且不可能所有破片都聚焦在聚焦带内,带外仍存在一定数量的破片。聚焦式战斗部的破片静态飞散方向角,可以根据引战配合要求设计成有一定的后(前)倾角,倾角的大小和方向除和母线的取值有关外,还和爆轰波传播方向有关,如前端起爆,爆轰波向后传播,则倾角后倾。

聚焦带宽度是与聚焦带密度相匹配的,聚焦带宽度大则密度小,发挥不出聚焦切割效果;聚焦带宽度小则密度大,工程实现难度较大。

图 6-11 为单聚焦式战斗部示意图。

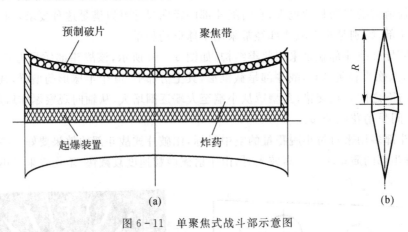

图 6-11 单聚焦式战斗部示意图
(a)结构图; (b)聚焦图

2. 双聚焦式战斗部

双聚焦式战斗部是在单聚焦式战斗部的基础上发展起来的,采用双束破片聚焦战斗部,既能满足聚焦战斗部"切割"毁伤效果,又能满足引战配合对大飞散角的要求,能更好地兼顾打击速度变化相差较大的多种目标。因此,这种战斗部兼有大飞散角战斗部覆盖范围大和聚焦式战斗部密集破片"切割"毁伤效果两者的优点。

根据引战配合要求的不同,双聚焦式战斗部可分为对称双聚焦式和不对称双聚焦式。双聚焦战斗部两聚焦束之间并非"空挡",仍具有一定的破片密度,实践表明,由于两聚焦束带外分布破片的叠加,密度仍大体与大飞散角状态时相当,如果在特定交会条件下,目标确实落入"空挡",在计算杀伤概率时,不能简单地取概率为 0,应充分考虑实际的破片分布特点。

图 6-12 为双聚焦式战斗部示意图。

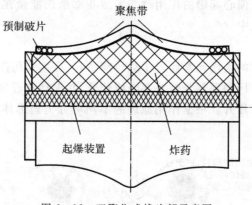

图 6-12　双聚焦式战斗部示意图

6.4.6　破片定向式战斗部

防空导弹攻击的目标类型多,弹目交会条件复杂,导弹所携带的战斗部质量有限,传统的破片杀伤战斗部的杀伤元素的静态分布沿径向基本是均匀分布的(通常称之为"径向均强型战斗部"),当导弹与目标遭遇时,不管目标位于导弹的哪一个方位,在战斗部爆炸瞬间,目标在战斗部杀伤区域内只占很小一部分,因此只有少量的破片飞向目标区域,绝大部分破片称为无效破片。为了提高战斗部的能量利用率、提高对目标的毁伤概率,就必须增加战斗部的质量(包括炸药),这样势必会增加导弹的质量,进而直接影响导弹的射程和机动能力。在导弹战斗部质量受限制的条件下,解决此问题的技术途径是采用定向破片式战斗部。定向破片式战斗部使战斗部杀伤元素集中在目标方向,实现对目标的最佳杀伤。在战斗部质量不变的情况下,战斗部的杀伤威力比普通战斗部可提高一倍以上。

根据战斗部结构和方向调整机构的不同,定向战斗部大致可以分为偏心起爆式、破片芯式、可变形式、机械转向式等多种形式。

1. 偏心起爆式

这一类战斗部结构的壳体与径向均强性战斗部没有大的区别,但其内部结构不同。它一般由破片层、安全执行机构、主装药和起爆装置组成。偏心起爆结构在壳体内表面每一个象限都沿母线排列着起爆点,通过选择起爆点来改变爆轰波传播路径从而调整爆轰波形状,使对应目标方向上的破片增速 20%～50%,并使速度方向得到调整,造成破片分散密度的改变,从而提高打击目标的能量。根据作用原理的不同,又可分为简单偏心起爆结构和壳体弱化偏心起爆结构。图 6-13 所示为简单偏心起爆结构。

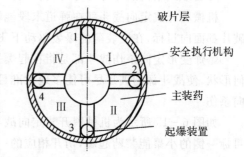

图 6-13　简单偏心起爆式定向战斗部

当导弹与目标遭遇时,弹上的目标方位探测设备测知目标位于导弹径向的某一象限内,于是通过安全执行机构,同时起爆与之相对的那个象限两侧的起爆装置,如果目标位于两个象限之间,则起爆与之相对的那个起爆装置,此时,起爆点不在战斗部轴线上而有径向偏置,叫偏心起爆或不对称起爆。由于偏心起爆的作用改变了战斗部杀伤能量在径向均匀分布的局面,而使能量向目标方向相对集中。

2. 破片芯式

破片芯式定向战斗部的杀伤元素放置于战斗部中心,在主装药推动破片飞向目标之前,首先通过辅助装药将正对目标的那部分战斗部壳体炸开,并推动临近装药向外翻转,有的甚至将正对目标的一部分弧形部炸开。根据作用原理的不同可分为扇形体分区装药结构、胶囊式装药结构和复合结构等。

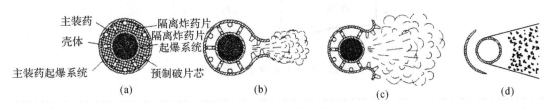

图 6-14 扇形体分区结构定向战斗部

图 6-14 所示为扇形体分区装药结构。扇形体分区结构将装药分成若干个扇形部分,各扇形装药间用片状隔离炸药隔开,片状装药与战斗部等长,其端部有聚能槽,用以切开装药外面的金属壳体。战斗部中心位置为预制破片,起爆点偏置。

当目标方位确定时,根据导弹给定的信号起爆离目标最近的隔离炸药片,在战斗部全长度上切开外壳,使之向两侧翻开,同时起爆隔离炸药片两侧的主装药,为预制破片打开飞往目标方向的通路,如图 6-14(b)(c)所示。随后,与目标方位相对的主装药起爆系统起爆,使其余的扇形体装药爆炸,推动破片芯中的全部破片飞向目标,如图 6-14(d)所示。该战斗部的特点是破片质量利用率高,目标方向的破片密度增益较大,但破片速度和炸药能量利用率较低,适用于拦截弹道导弹。

3. 可变形式

可变形式结构战斗部可分为机械展开式结构和爆炸变形式结构。

机械展开式定向战斗部在弹道末段能够将轴向对称的战斗部一侧切开并展开,使所有的破片都面向目标,在主装药的爆轰驱动下飞向目标,从而实现高效的定向杀伤效果。

爆炸变形定向杀伤战斗部是指在起爆主装药前,通过起爆辅助装药,从而改变战斗部的几何形状,使战斗部的破片尽可能多地对准目标,达到破片在目标方向上的高密度,从而实现定向杀伤。

如图 6-15 所示为机械展开式定向战斗部,其基本作用原理是,当确知目标方位时,远离目标一侧的小聚能装药起爆,切开相应的一对铰链。同时,此处的片状装药起爆,使 4 个扇形体相互推开并以剩下的三对铰链为轴展开,破片层即全部朝向目标。在扇形体展开过程中,压电晶体受压产生大电流、高电压脉冲并输送给传爆管,传爆管引爆主装药,使全部破片飞向目标。

该战斗部特点是破片密度增益很大,但作用过程时间很长,在这么长的时间内,要使展开的战斗部平面在起爆时正好对准高速飞行的目标是比较困难的,可靠性较差,不利于引战配合。

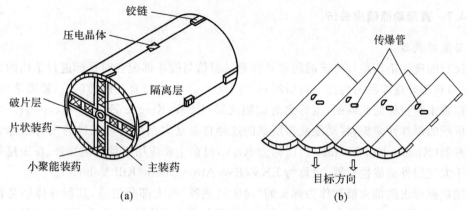

图 6-15　机械展开式定向战斗部

(a)展开前；(b)展开后

4. 转向式

转向式结构战斗部可分为可控旋转式结构和单向或双向式抛掷结构。

可控旋转式定向战斗部也称预瞄准定向战斗部,通过特定装置实现预制破片定向飞散。战斗部壳体可以是圆柱形或半球形,预制破片位于装置的前端面,装置的后部是一个万向转向机构,可以控制破片的朝向。通过装药型面的张角设计可以控制破片的飞散角度,获得高密度破片群。

单向或双向抛掷结构。如果目标方位与导弹有某种固定的关系,则可以把定向战斗部设计成在环向 180°的两个方位或仅在目标方位上抛射破片,于是战斗部破片环向均匀分布问题就变成了破片双向或单向抛掷问题。这种单向或双向抛掷结构的定向战斗部结构简单,能较快地将定向战斗部推向实用。

如图 6-16 所示为一种典型可控旋转式定向战斗部结构。当导弹攻击目标时,通过万向转向机构的旋转控制,战斗部的破片飞散方向对准目标,实现对目标的高效毁伤。就定向性能而言,这种战斗部是一个理想的方案。该战斗部特点是破片密度增益高,但困难在于定向瞄准难度较大,无论是采用控制弹体滚动的方法还是采用控制战斗部本身旋转的方法,都需要功率较大的旋转机构来控制弹体或战斗部在遭遇段快速翻滚以实现瞬时瞄准。机械惯性使破片难以准确锁定高速飞行的目标,对导弹的制导精度要求很高。

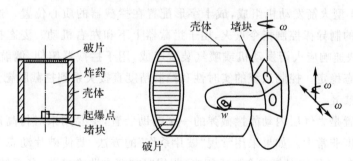

图 6-16　可控旋转式定向战斗部结构示意图

6.4.7 直接动能碰撞杀伤

1.动能拦截器

直接动能碰撞杀伤是与传统的防空导弹通过引信与战斗部配合对目标进行杀伤的方式不同，它是指利用非爆炸性的高速飞行器所具有的巨大动能，通过直接碰撞（或加辅助杀伤装置）的方式摧毁来袭目标的武器的，也称之为动能武器（KEW，Kinetic Energy Weapon）。为区别于通常所指的爆炸性弹头，将动能武器所载的这种自带动力系统的自主寻的飞行器称为动能杀伤拦截器（Kinetic Kill Vechicle），简称为KKV，目前主要应用于反弹道导弹、反卫星等拦截弹。对于大气层外动能拦截器，也称为 EKV（Exo-Atmospheric Kill Vehicle）。

动能拦截弹由助推火箭和作为弹头的"动能拦截器"两大部分组成，其制导体制是初段程序或惯性，中段惯性/目标信息雷达指令修正，末端主动或被动寻的，整个系统的关键在于末端寻的制导系统，它可以保证 KKV 靠自己的动能以几乎零脱靶量直接命中并摧毁目标。

动能拦截器通常由导引头、惯性测量装置、信号处理器、数据处理器和姿控与轨控系统构成，如图 6-17 所示。

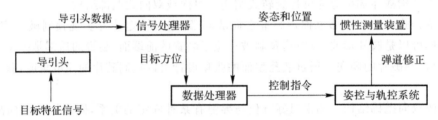

图 6-17 动能拦截器系统构成图

导引头的主要功能是捕获和跟踪目标，获取目标的特征信息，测量制导控制所需的参数变量，即相对运动信息，根据相对运动信息对动能拦截器进行制导与控制。

信号处理器负责处理导引头所获取的目标原始数据，准确地确定目标的位置、方向以及目标上的碰撞点。数据处理器根据信号处理器提供的目标位置信息和惯性测量装置提供的拦截器飞行状态信息，确定拦截器的机动方向，并下达机动控制指令。信号处理器和数据处理器的计算速度和精度直接关系到控制指令的精度和快慢（控制频率）。

轨道控制与姿态控制系统按照数据处理器的指令，控制拦截器的飞行。轨控系统通常由4 个快速响应的小型火箭发动机组成，成十字形配置在拦截器的质心位置。这 4 个小发动机依据数据处理器的制导律控制指令点火，用于拦截器上下和左右机动。姿态控制系统通常由6 或 8 个更小的快速响应火箭发动机或喷气装置组成，用于拦截器俯仰、偏航和滚动调姿，并保持拦截器的姿态稳定。控制系统的实时性和控制精度直接关系到拦截脱靶量的大小。

2.杀伤增强装置

杀伤增强装置是大气层内动能拦截弹的一个辅助装置，主要用来对付高速飞行的 TBM。由于弹目相对速度非常大。如果采用常规"破片杀伤"的方法，要使破片动态飞散区尽可能击中 TBM 头部装药，必须使引战配合要求很高、起爆时刻要求非常精确、各系统误差要求很小，否则就有可能打不上目标，因此，这种方法在工程上实现难度较大。如果以较少数量的大质量破片慢速扩散（破片初速仅为每秒数十米）形成弹幕"等待目标撞击"，对整个系统误差要求不会那么苛刻,而且能保证破片打击 TBM 头部起爆其装药,引战配合设计就会相对容易实现,因此,杀伤增强装置可以很好地解决这个问题。杀伤增强装置一般采用低速梯度抛撒装置,通过适时起爆,在垂直弹轴平面内,形成一个以弹轴为中心线的圆盘状破片幕,可以达到提高对目标碰撞概率的目的。采用低速抛撒也可以降低破片飞散场对启动时间误差的敏感性。

3. 动能拦截器的发展及关键技术

(1)轻小型化。降低动能拦截器的尺寸、质量和成本,发展微型拦截器技术以对付不同威胁。例如,美国对助推段拦截、中段拦截、末段拦截分别采用"蜂群拦截器""谢弗拦截器""微型中段防御拦截器""子母杀伤拦截器(MKV)"等。

(2)智能化。为智能化地完成跟踪、识别、拦截的全过程,需采用一系列关键技术:KKV识别技术、精确制导与控制技术、提供拦截弹姿态和速度信息的惯性测量技术、KKV 实现高机动能力、直接碰撞杀伤目标的姿控与轨控技术、传感器融合技术。

(3)通用化。例如,大气层内陆基、海基通用拦截器,大气层外与大气层内拦截器的相互通用等。

6.5　安全执行装置

6.5.1　功用

安全执行装置也称为安全和解除保险装置、安全保险装置或安全装置。它用于完成战斗部系统保险、解除保险和快速可靠地引爆战斗部的任务。它是引战系统的重要组成部分,是引信与战斗部之间的通路。

安全执行装置的主要功用如下:

(1)保证导弹在日常维护、勤务处理、弹道初始段(发射后到规定的解除保险时间)以前不发生意外而起爆战斗部。

(2)导弹在飞行过程中,利用一定的环境状态变化信息(例如加速度、发动机燃烧压力、定时装置等),启动解除保险程序,在规定的时间内逐级解除保险,使引信与战斗部之间构成通路,战斗部处于待爆状态。

(3)在导弹接近目标过程中且满足起爆条件时,引信输出引爆信号,把电能转换为爆轰能,经过逐级放大,输出足够的爆轰能,可靠引爆战斗部主装药。

(4)当导弹穿越目标后未爆炸,或制导控制系统发生故障致使导弹不能正常飞向目标时,安全执行装置接到自毁指令后能可靠引爆战斗部完成导弹自毁。

6.5.2　组成

不同导弹的安全执行装置是不一样的,一般来说,主要由保险机构、隔爆机构、电雷管与传爆序列等组成。

1. 保险机构

安全执行装置采用逐级解除保险的形式。防空导弹一般采用三级解除保险体制,其中至少有一级采用机械式或者机电式,其他各级可采用信号、指令等电气解除保险。在实际工作中,采用最多的是惯性保险机构和延期保险机构。

惯性保险机构是依靠导弹运动的惯性力的变化实现解除保险的,一般由惯性块和抗力零件组成。抗力零件通常用弹簧,平时对惯性块起支撑作用。在导弹发动机点火加速或者导弹火箭发动机关闭后导弹减速等过程中,当加速度的变化量达到 $10g$ 左右或者以上,并且达到一定的持续时间时,使得惯性块移动,接通相应的电路,完成相应级别的解除保险过程。

延期保险机构有三种类型:延时钟表机构、电子计时器和燃气活塞机构等。

延时钟表机构是类似于机械钟表的机构。其工作原理是在导弹状态转换后,延时钟表机构通过传动齿轮开始转动计时,在相应齿轮转动一定角度后,使得其中的解除保险电路接通或者使得传爆序列位置对准,解除保险。

电子计时器是利用数字电路或者模拟电路实现计时的时间装置。它的精度比延时钟表机构高,作用时间也可以灵活设定,不存在活动部件。为了增加可靠性,一般采用多路信号(如导弹电源转换到弹上供电、导弹离开发射架、导弹开始受控等)来控制电子计时器启动计时和工作。

燃气活塞机构是根据气体动力学原理设计的一种延期保险机构。它利用气体做功,推动活塞运动,从而解除保险。

上述的惯性保险机构、延时钟表机构、电子计时器和燃气活塞机构用在安全执行装置前级保险的解除过程中。通常情况下,惯性保险机构用在第一级,而延时钟表机构、电子计时器和燃气活塞机构其中的某一种机构用在第二级保险的解除中。

在防空导弹上,最后一级保险的解除常用电气形式,即通过指令来完成。主要有如下三种方式。

(1)对于无线电指令制导的导弹,直接发射指令解除保险。

(2)对于寻的制导的导弹,通过导引头判定导弹与目标已经接近遭遇,导引头给出解除保险的指令或者信号。

(3)通过各种起爆的逻辑条件是否满足要求,综合判断解除保险。

2.隔爆机构

隔爆机构也称为隔离机构,它在传爆序列中第一个爆炸元件与下一个爆炸元件之间起到隔离的作用。在引战系统工作中,安全执行装置在勤务处理和发射时,隔离机构将传爆系列的传爆通道隔断,使电雷管即使在意外情况下爆炸,也不会将导爆管引爆。

在没解除保险前,雷管、导爆管、传爆管三者错开一定位置,即使第一级雷管起爆,也不能使下一级传爆药起爆,达到隔离作用。在导弹发射后,通过惯性保险机构解除保险,驱动带有雷管的滑块或者旋转转子移动位置,使雷管、导爆管、传爆管位置三者对准,打通了传爆通路。典型的隔爆机构如图 6-18 所示。

3.电雷管与传爆序列

电雷管与传爆序列完成电能量到爆轰能的能量转换与放大,以及最终引爆战斗部的全过程。典型的引爆能量及传爆序列如图 6-19 所示。

传爆序列是爆炸元件按感度由高到低排列而成的序列。其作用是把由信息感受装置或起爆指令接收装置输出的信息变为火工元件的发火,将较小的激发冲量有控制地放大到能使战斗部主装药完全爆炸。

电雷管是引战系统中的初始起爆装置,它一般由电引火部分和普通雷管组成。在一般引战系统中应用的电雷管有桥丝式、火花式和中间式三种形式。桥丝式电雷管的发火是利用金属丝(桥丝)通电后把电能转换为热能,使起爆药发生爆炸变化的原理制作而成的,其工作过程可分为桥丝预热、药剂加热和起爆、爆炸在雷管中的传播这三个过程。火花式电雷管结构和桥丝式不同,两极间没有金属丝相连,在两极间加上高电压,利用火花放电的作用,引起电雷管爆炸。

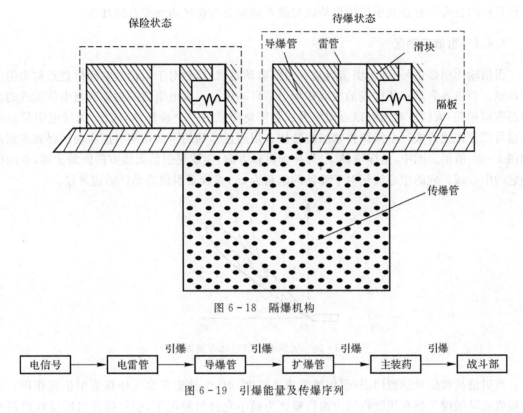

图 6-18　隔爆机构

电信号 → 电雷管 →(引爆)→ 导爆管 →(引爆)→ 扩爆管 →(引爆)→ 主装药 →(引爆)→ 战斗部

图 6-19　引爆能量及传爆序列

6.5.3　工作原理

安全执行装置的工作过程大体可以分为解除保险、能量转换和传爆。安全执行装置从安全保险状态向待发状态的过渡过程称为解除保险过程;从接收引信传来的起爆电能量转换为爆轰能的过程称为能量转换过程;爆轰能通过传爆序列的逐级放大,可靠引爆战斗部主装药的过程称为传爆过程。

例如,苏联的 SA-2 导弹,导弹发射后,导弹的纵向过载达到 $12\sim25g$ 时使无线电引信的惯性启动器工作,解除导弹的一级保险;导弹飞行 $8\sim11$ s 后,液体火箭发动机工作产生的压力使氧化剂压力信号器触点闭合,解除导弹的二级保险;当导弹距离目标 525 m 的时候,地面制导站发出 K3 指令,导弹解除三级保险,引信处于待发状态。当导弹距离目标 60 m 时,引信发出起爆指令,起爆战斗部。若导弹与目标未遭遇,在导弹飞行 60 s±3 s 后,引信发出自毁信号,战斗部爆炸,导弹在空中自毁,以确保安全和防止泄密。

6.6 引 战 配 合

引战配合是指在给定的导弹与目标交会条件下,引信和战斗部联合作用最大限度地完成毁伤目标的任务。它涉及引信的启动区与战斗部动态杀伤区协调配合的性能。

6.6.1 引信启动区

引信输出引爆信号,称为引信启动。引信启动时,目标相对于引信的空间位置点称为引信启动点。引信各启动点所构成的区域称为引信启动区。无线电引信的启动区与引信天线的方向图密切相关,天线方向图可以近似地看成是围绕弹轴的一个旋转体,同样,无线电引信启动区也可以近似地看成一个围绕弹轴的旋转体。用通过弹轴的平面切割引信启动区得到的剖面如图 6-20 所示。图中,坐标横轴 x_1 为导弹纵轴方向,实线是引信天线方向图的主瓣,点画线是它的中心线。它的中心线相对于弹轴的倾角为 φ_0,虚线是引信启动区的边界线。

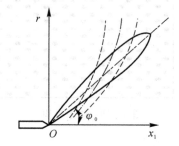

图 6-20 无线电引信启动区剖面图

当引信接收信号达到门限(引信接收机灵敏度)时,引信能正常工作称为引信起作用。引信接收机灵敏度是指在接收机输出端信噪比为最小允许值情况下,引信接收机所接收的最小接收功率。把引信起作用时目标相对引信(导弹)的空间位置点称为引信的作用点,引信各作用点构成的区域称为引信作用区。引信启动是建立在起作用基础上的,引信起作用是引信启动的前提,从引信起作用到引信启动有一段时间,称之为引信的延迟时间。引信的延迟时间通常包括三部分:①电路固有的延迟时间;②人为设定的进行信号持续时间选择的延迟时间;③信号处理和逻辑判断时间。

由于引信存在着延迟时间,所以引信的启动区和作用区不完全一致,即启动区落后于作用区。

影响引信启动区的因素很多,通常可分为 4 种因素。

(1)引信因素。它是影响引信作用区的因素,主要由引信参数决定。对于无线电引信,这些参数包含天线方向性图的宽度和最大辐射方向的倾角、引信的灵敏度、发射机功率和延迟时间等。对于红外引信,这些参数包含通道的接收角、延迟时间、引信的灵敏度等。

(2)目标特性。目标特性包括目标要害部位的尺寸、位置和分布情况、目标的质心位置、目标的反射或辐射特性等。

(3)遭遇条件。导弹和目标的速度、姿态角和交会角、遭遇高度、脱靶量等。

(4)与导弹-目标交会有关的延迟特性。主要是延迟时间的大小及散布规律等。

6.6.2　战斗部杀伤区

战斗部杀伤区,是指在战斗部周围形成的杀伤目标能力不小于某个给定值的空间,通常取90%的破片飞散的区域。导弹战斗部在地面静止状态下的杀伤区称为静态杀伤区,一般防空导弹战斗部的静态杀伤区的剖面图如图 6-21 所示。

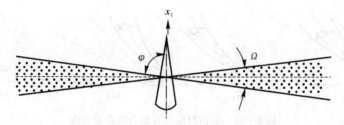

图 6-21　战斗部的静态杀伤区的剖面图

图中 x_1 为导弹纵轴方向,Ω 为战斗部静态飞散角,φ 为战斗部破片静态飞散中央破片倾角,也称为破片飞散方向角。

防空导弹的战斗部是在目标附近爆炸的,在战斗部爆炸时,导弹和目标都在运动。这样,破片除了从炸药爆炸获得一定的速度外,还有一个从导弹运动获得的速度。此外,破片对目标的相对速度还和目标的速度有关。在导弹运动过程中的杀伤区,称为战斗部的动态杀伤区。一般破片式战斗部的动态杀伤区如图 6-22 所示。

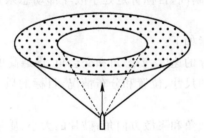

图 6-22　战斗部动态杀伤区示意图

战斗部破片的动态飞散区空间形状是一个以战斗部中心为顶点,沿着导弹-目标相对速度方向倾斜的空心圆锥体,其倾斜度的大小取决于导弹和目标速度矢量的大小。

6.6.3　引战配合特性

1. 引战配合

战斗部的起爆是由引信控制的,因此,协调好引信的启动区和战斗部的动态杀伤区的配合问题,正确地选择引信的引爆位置和时刻,使战斗部的动态杀伤区恰好穿过目标的要害部位,才能有效地毁伤目标。

对于防空导弹,引战配合问题比较复杂。战斗部爆炸后,远处(导弹与目标之间的距离大于战斗部的有效杀伤半径)的目标固然不可能被杀伤,近处的目标也未必一定能被破片击中。只有当目标的要害部位恰好处于战斗部的动态杀伤区内时,目标才有可能被杀伤。引信与战斗部配合效率示意图如图6-23所示。

为了使战斗部动态杀伤区恰好穿过目标的要害部位,必须正确地选择引信的引爆位置或时刻。这就涉及引信与战斗部配合特性(简称引战配合特性)的问题。所谓引战配合特性,是指引信的实际引爆区与战斗部的有效起爆区之间配合(或协调)的程度。只有当引信的实际引爆位置落入战斗部的有效起爆区内时,战斗部的动态杀伤区才会穿过目标的要害部位。或者说,引战配合特性是指战斗部的动态杀伤区与引信启动区的重合程度。

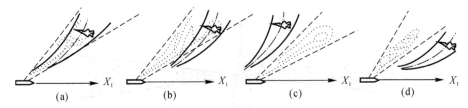

图 6-23 引信与战斗部配合效率示意图

战斗部动态杀伤区与引信启动区重合得越多,则引信与战斗部的配合效率越高,破片命中目标的概率就越大;反之,则破片命中目标的概率就越小。当战斗部动态杀伤区完全覆盖引信启动区时(见图 6-23(a)),引信与战斗部配合的效率最佳。在这种情况下,引信起爆战斗部的瞬间,目标肯定处于战斗部动态杀伤区内,破片命中目标的可能性很大。当战斗部动态杀伤区与引信启动区部分重合时(见图 6-23(b)),重合得越多,引战配合效率越高。当战斗部动态杀伤区与引信启动区完全分离时(见图 6-23(c)(d)),引信与战斗部的配合效率最低,在这种情况下,引信起爆战斗部的瞬间,目标肯定处于战斗部动态杀伤区之外,通常战斗部破片不可能命中目标。

影响引战配合特性的因素如下:

(1)遭遇条件:导弹和目标的速度、姿态角和交会角、遭遇高度、脱靶量等。

(2)目标特性:要害部位的尺寸、位置和分布情况、目标的质心位置、目标的反射或辐射特性等。

(3)战斗部参数:静态飞散角和飞散方向角;破片的大小、质量和初速等。

(4)引信参数:对于无线电引信,这些参数包含天线方向性图的宽度和最大辐射方向的倾角、引信的灵敏度、发射机功率和延迟时间等。对于红外引信,这些参数含通道的接收角、延迟时间、引信的灵敏度等。

2.引战配合的量度

通常用引战配合度、引战配合概率和引战配合效率三个参数来表示引战配合的程度。

(1)引战配合度 ξ_m。引战配合度是指引信实际启动区与战斗部动态杀伤区重合部分的宽度与引信实际启动区的宽度之比。即

$$\xi_m = \frac{A}{B} \tag{6-5}$$

式中,A 为两区重合部分的宽度;B 为引信实际引爆区的总宽度。ξ_m 能够说明引战配合的基本情况,具有简单直观等优点。完全配合时,$\xi_m = 1$;部分配合时 ξ_m 小于 1。但是,当引信启动区为非均匀分布时,即使引战配合度相等,但实际的引战配合情况并不相同。要进一步说明引战配合问题,需要考虑引信启动的概率密度。因此,引入引战配合概率的概念。

(2)引战配合概率 P_m。引战配合概率是指引信实际启动点位置落入战斗部动态杀伤区

的概率。对某一交会条件而言,引战配合概率的计算表达式为

$$P_m = \int_c^b f(x/\rho_1)\,\mathrm{d}x = \int_c^b \frac{1}{\sqrt{2\pi}\,\sigma_{x(\rho_1)}} \mathrm{e}^{\frac{[x(\rho_1)-\bar{x}(\rho_1)]^{22}}{2\sigma_{x(\rho_1)}^2}}\,\mathrm{d}x \tag{6-6}$$

式中,$f(x/\rho_1)$ 是给定脱靶量 ρ_1 条件下,启动点沿 x(相对速度方向)的分布密度函数;$\bar{x}(\rho_1)$ 为给定脱靶量 ρ_1 条件下 x 的数学期望;$\sigma_{x(\rho_1)}$ 为给定脱靶量 ρ_1 条件下 x 的均方差;b,c 分别为引信实际启动区与战斗部有效起爆区相重合部分的边界坐标值。

（3）引战配合效率 η。引战配合效率定义为实际引信战斗部的单枚杀伤概率与理想引信战斗部的单枚杀伤概率之比。

$$\eta = \frac{\iint \left[\int G(x/y,z)p(x)\mathrm{d}x\right]f(y,z)\mathrm{d}y\mathrm{d}z}{\iint G(x_{\mathrm{opt}}/y,z)f(y,z)\mathrm{d}y\mathrm{d}z} \tag{6-7}$$

式中,$p(x)$ 为实际炸点 x 的散布规律;$f(y,z)$ 为制导误差分布规律;$\iint G(x_{\mathrm{opt}}/y,z)f(y,z)\mathrm{d}y\mathrm{d}z$ 为导弹配理想引信时的杀伤效率(理想引信指不考虑引信炸点散布且能精确控制在最佳炸点处起爆的引信)。

引战配合效率的难点与复杂性在于单枚杀伤概率的计算。在目标易损特性未知和建模不够详细的情况下,工程上常用命中目标要害部位的破片数多少来衡量对目标的杀伤程度,实际上命中目标的破片数和杀伤概率是同趋势增长的,因此,也可以把引战配合效率定义为命中目标破片数之比,即

$$\eta = \frac{N_0}{N_{\mathrm{opt}}} \tag{6-8}$$

$$N_0 = \frac{\sum_{i=1}^n N_i}{n} \tag{6-9}$$

式中,N_0 为采用当前引战系统参数及延时模型时命中目标的破片数量(用蒙特卡洛法计算得到);N_{opt} 为采用相同交会条件和战斗部方案时理想引信所能获得的最佳炸点处的命中目标破片数量;n 为抽样弹道数。

第 7 章　弹上能源系统

弹上能源系统是导弹系统的一个重要组成部分,是弹上设备及活动装置工作时需要的动力源,主要包括电源、气源和液压源。能源系统是导弹赖以工作的基础,它的工作状态及质量将直接影响导弹的正常工作。因此,性能优良、可靠性高的能源系统对提高导弹的技战术水平具有非常重要的作用。

本章重点介绍能源系统的类型与特点、设计依据与要求等内容。

7.1　电　源　系　统

防空导弹弹上供电采用一次性电源,可分为化学电源和物理电源,主要用于为发射机、接收机、弹载计算机、电动舵机、陀螺和加速度计、引战系统等提供电源。化学电源包括锌银电池和热电池。物理电源主要是燃气涡轮发电机。

7.1.1　化学电源

化学电源是一种利用化学反应将化学能转化为电能的装置。化学电源具有质量轻、体积小、激活可靠性高等特点,非常适合工作时间较短的防空导弹。化学电源包括锌银电池和热电池两类。

1. 锌银电池

锌银电池又称锌-氧化银电池,它是以锌为负极,氧化银为正极,电解质为氢氧化钾水溶液的碱性电池。一般由单体电池、加热系统、结构壳体和对外接口组成。单体电池主要由正负极板、电解液、电极组和隔膜组成;加热系统由加热带和温度继电器组成。

锌银电池是在第二次世界大战后期,随着导弹武器的出现而发展起来的。其发展先后经历了电加热和化学加热自动激活两个阶段。

电加热自动激活锌银电池其电加热线路由加热器、温度继电器和加热继电器组成。只要接通外部电源,电池内部就自动加热并保持恒温。加热器的电阻丝通常采用镍铬丝,根据电池贮液器的结构形式,制成相应的加热带、加热管或加热板以提高热效率,缩短加热时间。电加热自动激活锌银电池的致命缺点是使用前需要根据使用环境温度进行电池加温,环境温度越低所需的加热时间就越长,这样就延长了导弹武器的准备时间,降低了导弹武器系统快速反应性能。

化学加热自动激活锌银电池是利用化学加热器内烟火加热剂引燃后产生的高温高压燃气,将贮液器内的电解液迅速推到化学加热器并同时加热后,挤压到每个单体电池内,使电池激活,产生需要的电压。其特点是,不需电池加温,激活时间短($\leqslant 1.5$ s),满足导弹武器系统作战反应时间快的使用要求;电池内阻小,具有大电流放电的能力;放电电压稳定,当大电流放电时,其工作电压较镉镍、铅酸等电池要稳定得多。这些特性使锌银电池在战术导弹上得到了广泛应用。

总的来讲,锌银电池的优点是比能量高,比功率高;内阻小,大电流放电特性平稳;充电效率和能量输出效率高。缺点是低温性能欠佳、消耗大量贵重金属银而使成本提高、贮存寿命短(干态贮存一般为 5～8 年),在一定程度上限制了它的发展。

2. 热电池

热电池又称热激活贮备电池,它是一次使用的熔融盐电解质原电池。在常温下,电解质是不导电的固体,使用时用电发火头点燃电池内的烟火热源,经过 1 s 左右,电池内温度即可升达 500℃左右,使电解质熔融,从而激活电池并向外电路提供额定的电压和电流。

热电池是 20 世纪 60 年代以来发展起来的一种熔融盐电解质储备式电池,具有较高的比能量和比功率、供电品质高、免维护、结构简单、使用方便、耐环境性能好及贮存寿命长等特点,已经成为先进防空导弹弹上供电能源系统的主流模式。

热电池结构有杯型和片型两种。杯型结构是将每个单体电池密封在一个金属杯内,相互间由金属带连接,两极被浸渍了电解质的玻璃纤维布隔开,这种结构热电池的应用材料稳定性差,对震动和静电相当敏感,不能承受强烈的线性加速度和自旋速度作用。片型结构即一个单体电池由一片加热片、一片正极片、一片隔膜片、一片负极片和一片集流片组成,然后按照电池工作电压和电流要求,将单体电池堆叠串联或并联组成独立的电池组。片型结构比杯型结构电池性能好,主要是结构简单牢固,比功率和比能量得到了很大的提高,在强烈的线性加速度、自旋和冲击作用下,工作性能稳定,延长了电池的使用寿命。片型热电池结构如图 7-1 所示。

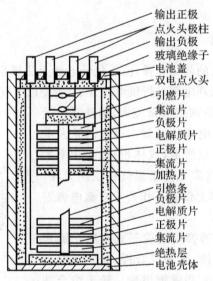

输出正极
点火头极柱
输出负极
玻璃绝缘子
电池盖
双电点火头
引燃片
集流片
负极片
电解质片
正极片
集流片
加热片
引燃条
负极片
电解质片
正极片
集流片
绝热层
电池壳体

图 7-1 热电池的结构与组成

热电池可分为钙系热电池和锂系热电池两大类。

钙系热电池的负极材料为 Ca,正极材料为 $PbSO_4$ 或 $CaCrO_4$。钙系电池存在容易产生电噪声、热失控、电极极化等缺陷,仅在早期的防空导弹上得到过应用。

锂系热电池的负极材料为 Li(Al),Li(Si) 或 Li(B) 合金,正极材料为 FeS_2 或 CoS_2。锂系热电池克服了钙系热电池的缺点,具有安全、电压平稳、无电噪声、比功率大、比能量大等特点,在防空导弹上得到了广泛应用。

具体来说，锂系热电池的性能特点体现在以下方面：

比功率大，脉冲放电性能优良。电池的比功率和其高速放电的能力是相应的，具有高速率放电能力的电池，其工作电压随放电速率的变化不大，或者说，电池在各种放电电流密度下，内阻变化不大。对于工作时间在 100 s 左右的锂系热电池，常用的放电电流密度为 0.5 A/cm²，脉冲放电电流密度可达 10 A/cm² 以上，是相同工作时间钙体系热电池的 5～10 倍，整个放电过程内阻很小。

比能量高。锂系热电池电极、电解质、加热片都是片型重叠结构，这样就使电池结构简单、紧凑，大大减少了电池的质量和体积。在体积、质量、放电速率相同的情况下，锂系热电池比钙系热电池的比能量高出 3 倍以上。

环境力学性能好，使用方便。锂系热电池一般可在 −80～+100℃ 温度范围内正常工作，且环境力学性能优良，可耐高冲击、高旋转、高离心加速度及各种振动。使用时不受安装方位的限制，潮湿及盐雾对电池性能无影响，属于免维护电池，其可靠性可达 99.9%，远远优于锌银电池及其他体系热电池。

贮存寿命长，激活时间短。锂系热电池在激活前，电池内的电解质为不导电的固态物质，几乎不存在自放电现象，而且单体电池为完全密封结构，因此其贮存寿命很长，一般为 15～25 年，远远超出锌银电池 5～8 年的贮存寿命。锂系电池激活时间一般不超过 1 s，极大缩短了电池的准备时间，使整个导弹武器系统的机动性能得到了很大的提高。

热电池的主要特征参数包括输出电压、输出功率、工作时间、激活时间、内阻、比能量、比功率、安全电流和激活电流等。

7.1.2 燃气涡轮发电机

对于射程远、飞行时间长的防空导弹，由于化学电池无法满足体积小、长时间大电流放电的要求，常采用飞行后利用物理电源进行供电的方案，主要以燃气涡轮发电机为主。

燃气涡轮发电机是以推进剂燃气做能源，推动涡轮运动带动发电机高速旋转获得电能的装置。燃气涡轮发电机结构紧凑，耐冲击振动，单位质量（或体积）输出功率大（一般是电机的数倍），但是其需要高压燃气提供动力源，同时其输出为交流电源，若弹上设备工作要求直流电源需要转换后才能使用。

燃气涡轮发电机属于磁通换向感应子式永磁交流发电机，主要由壳体、定子组合件、转子组合件、涡轮及端盖组成。定子组合件由定子冲片和磁钢组成。转子组合件由转子冲片叠成的转子铁芯与轴及轴承组成。发电机的转子是没有绕组的齿状导磁体转子，定子采用鞍形绕组，并由永久磁铁和导磁体材料组成定子铁芯。转子旋转时，定子和转子间的气隙磁导随着转子的旋转角度变化做正

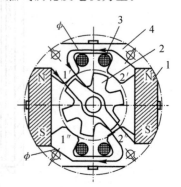

图 7-2　涡轮发电机原理组成图
1—磁铁（两块）；　2—转子铁芯；
3—鞍形绕组；　4—定子铁芯（两个）

弦变化，使得通过两个鞍形绕组的磁通也发生正弦变化，从而在两个绕组中感应出正弦电动势，输出单相交流电。涡轮发电机结构组成如图 7-2 所示。

燃气压力的波动会引起涡轮发电机的电压和频率（转速）的波动，一般采用 RLC 电路（由

一个 LC 并联谐振回路再串联一个功率电阻 R 组成）进行稳频稳压。

7.2 气 源 系 统

导弹系统的气源包括冷气源和燃气源。在防空导弹中，气源主要为舵机提供动力源，另外还用作导引头气动角跟踪系统的驱动以及红外探测器的制冷等。

7.2.1 高压冷气源

高压冷气源由气瓶、气路、开瓶装置和输出装置等组成，如图 7-3 所示。平时气瓶处于密封状态，无气体输出，在需要其工作时，利用开瓶装置将气瓶打开，气瓶内的高压气体输出，经减压后驱动负载。

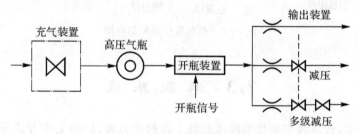

图 7-3　高压冷气源原理组成图

气瓶的作用是贮存高压气体，一般都是干燥的高纯气体或惰性气体，气体种类根据用途而定，舵机驱动一般用氮气或空气，探测器制冷用氩气。气瓶的制造应有严格的制造工艺，包括机械加工、焊接、探伤、热处理、表面处理、强度试验和爆破试验等。在导弹寿命周期内，气瓶不允许漏气，密封性可用浸水法和称重法检查。

开瓶装置一般采用电起爆器，也可用机械方式开瓶。电起爆器开瓶的工作原理是，给电起爆器通电，起爆后瞬间产生高压腔，高压推动撞头并撞断气瓶的排气嘴，达到开瓶的目的。

输出装置用来调整输出压强，可以采用一个或多个减压阀，也可采用节流孔，以满足负载压力和流量的需要，充气装置用来给气瓶充气。

7.2.2 燃气能源

燃气能源亦称燃气发生器，它工作后可产生一定压强和一定流量的燃气，主要用于驱动导弹燃气舵机、涡轮发电机及其他驱动装置。

燃气发生器主要由壳体、电点火器、装药、延期管、引燃组件、顶盖等部分组成，如图 7-4 所示。壳体是燃气发生器结构的主要部分。壳体既是装药的贮箱，又是装药的燃烧室，要求其承受内部燃气高温、高压的作用，并能保证使用条件下的安全性和可靠性。壳体一般为筒体形状，常采用高纯度的钢材料。电点火器用于点燃引燃组件。装药采用固体推进剂。延期管用于在点火后一定时间内保证输出具有一定压力的燃气。

燃气发生器的工作原理是由点火装置点燃固体药柱，药柱在燃烧室内燃烧时产生高压燃气，燃气经过滤器过滤后，通过节流孔输入汽缸内驱动活塞运动。

对燃气发生器的设计要求主要包括，点火延迟时间短（不大于 0.2 s）；合适的燃气流量和稳定的工作压强;较长的工作时间;燃气温度较低,燃气中固体颗粒较少;燃气中固体颗粒直径不大于 $60~\mu m$;结构合理、紧凑,质量轻;具有良好的安全性、可靠性。

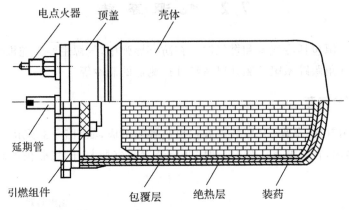

图 7-4　燃气发生器的结构图

7.3　液 压 系 统

在防空导弹中,液压源主要作为液压舵机工作的动力源,根据工作方式分为开放式(又称挤压式)和泵式两种。

7.3.1　开放式液压源

开放式液压源主要由充气装置、气瓶、开瓶器组件、减压阀、气液隔离式油瓶、保险膜片等组成,如图 7-5 所示。气液隔离式油瓶中气体和油液用皮囊隔开,皮囊用耐油橡胶制成,固定在油瓶一侧。高压气瓶内充入惰性气体,在开瓶信号的作用下,气瓶排气嘴打开,气瓶内的高压气体经减压阀减压后进入气囊挤压油源流向负载,为负载提供液压能源。

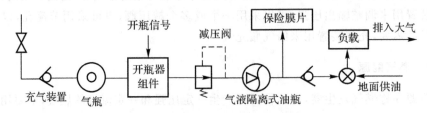

图 7-5　开放式液压源组成及原理图

开放式液压源结构简单(相比泵式液压源),工作可靠,价格低,但体积笨重,一般工作时间小于 30 s。

7.3.2　泵式液压源

泵式液压源主要由液压泵、原动机、过滤器、增压油箱和溢流阀等组成,如图 7-6 所示。

原动机用于液压泵的驱动,可以采用由燃气发生器、燃气涡轮和减速器组成的动力驱动装置,也可以采用电动机。

　　液压泵在液压能源系统中用作能量转换,将机械能转化为液压能,提供一定量的输出流量,输出压力取决于与其相连的负载。

　　溢流阀用来保证液压系统的压力恒定。

　　增压油箱作为贮油和增压装置,为液压泵提供高压油源。

　　压力继电器用来对液压源的工作状态进行检测,在液压源工作正常后,才允许导弹发射,以提高导弹发射后的可靠度。

　　泵式液压源结构相对复杂,价格昂贵,但体积小,反应迅速,压力波动小,较适宜用于中远程导弹。

　　无论是泵式液压源,还是开放式液压源,它们的主要设计要求基本是一样的,即:①系统工作稳定;②起动时间短;③功率、流量和压力满足要求;④保证油液的清洁度;⑤防止空气混入;⑥保持恒定的油温;⑦尽量减小泵输出流量的脉动以及负载流量变化对液压源压力的影响,保持液压源压力的恒定。

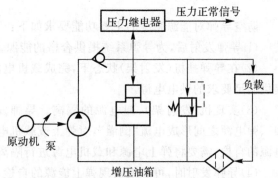

图 7-6　泵式液压源组成及原理图

7.4　能源系统的设计依据与要求

　　能源系统为防空导弹提供赖以工作的电源、气源和液压源。由于防空导弹具有智能化程度高、体积质量小、速度快、机动能力强、工作环境恶劣等特点,因此,防空导弹能源系统应具有以下特点:启动快,以缩短导弹发射的准备时间;输出功率大;耐贮存、高可靠;体积小、质量轻;适应复杂的振动、冲击、温度等恶劣工作环境。

7.4.1　设计依据与基本要求

　　在进行弹上能源系统设计时,主要的设计依据有以下几点:

　　(1)导弹总体技术性能指标要求及功能性要求;

　　(2)导弹总体部位安排;

　　(3)导弹"六性"要求;

　　(4)弹上各种仪器对能源设备性能指标要求;

　　(5)能源系统生产工艺性要求;

　　(6)相关标准及设计规范。

　　导弹能源系统设计的基本要求:

　　(1)符合总体性能要求。能源系统设计依据是导弹的总体性能指标要求和使用要求,因此,要满足导弹总体的技术指标要求和对能源系统的基本要求。

　　(2)正确性要求。导弹内部各设备的工作是按照设计的工作时序来进行的,弹上设备工作时,导弹能源系统必须确保适时正确地给设备提供能源;弹上设备不工作时,必须确保不给设备提供能源。因此,导弹能源系统的设计必须遵循正确性原则。

(3)可靠性要求。导弹能源系统是导弹的能源中枢,其工作的正常与否直接关系到导弹工作的成败,因此,可靠性是设计的首要任务。

(4)电磁兼容性要求。电磁兼容性关系到导弹的安全性能以及导弹各系统能否正常协调的工作,因此,要保证满足总体要求。

7.4.2 功能要求

防空导弹对能源系统的主要功能要求如下:

(1)导弹发射后,为导弹系统提供合格的能源。

(2)在导弹挂机(发射架)状态下,完成载机电源(或地面电源)的滤波和转换,为导弹系统提供满足要求的供电电源。

(3)实现机(发射架)、弹电源的隔离。导弹发射时,弹上电源迅速建立,为防止机(发射架)、弹电源之间形成电流"倒灌",对弹上或载机电源的工作造成不良影响,同时方便实现弹上电源的自检,需要将弹上电源和载机电源进行隔离。

(4)导弹发射时,可靠地实现弹上能源的自检,确保弹上能源已经正常输出并达到导弹总体要求的指标,然后将自检信息反馈给导弹控制系统或发射装置,导弹才允许发射,避免导弹发射后因能源系统不正常而造成任务失败。

(5)其他要求:包括质量、尺寸、质心等物理参数要求,电气及机械接口要求,环境适应型、测试性、维修性、可靠性、安全性、互换性、寿命等要求。

7.4.3 技术指标要求

各种能源系统的主要技术指标要求如下:

1. 电源

电源主要有热电池和燃气涡轮发电机。

热电池的技术指标有输出电压、输出功率、工作时间、激活时间、内阻、安全电流、激活电流和贮存寿命等。

燃气涡轮发电机的技术指标输出电压、输出功率、输出电压频率、达到正常供电的时间和工作时间等。

2. 气源

气源主要有冷气源和燃气源。

冷气源的技术指标有气瓶安全系数、容积、瓶体强度、爆破压力、工作压强、总质量、气密性、输出压强和外形等。

燃气源的技术指标有点火峰值压强、稳定工作压强、达到点火峰值的压强时间、从点火起至工作的压强时间、燃气流量和工作时间等。

3. 液压源

技术指标有供油压力、供油油量范围、油源质量、油源体积、工作时间和油的洁净度等。

第8章 发射系统

发射系统是防空导弹武器系统的重要组成部分,其任务是把导弹成功地发射出去。由于防空导弹武器系统的类型、制导系统、发射方式等不同,发射系统的结构形式各异。一般讲,包括发射装置、发控设备和装填、检测、电源、勤务保障等设施。

本章主要介绍防空导弹发射方式、发射装置以及其他相关设备等内容。

8.1 发射方式

所谓导弹的发射方式,是由发射地点、发射动力和发射姿态所综合形成的方案及其在发射系统上的具体体现。或者说是指导弹脱离发射平台的方法与形式。

8.1.1 发射方式分类

由于导弹的用途、尺寸、形状、质量和制导方式等不同,其发射方式也各不相同。导弹发射方式可从导弹发射动力、姿态、地点和装置等来进行划分,如图8-1所示。

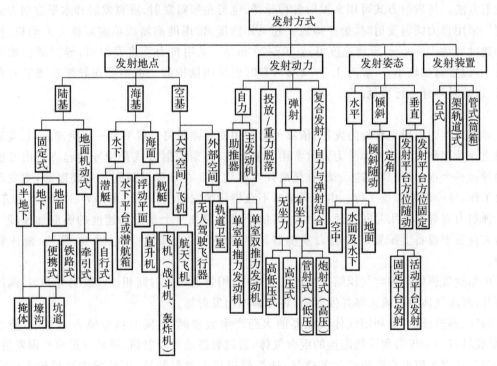

图 8-1 导弹发射方式分类

按发射地点不同,可分为陆基、海基和空基发射。

按发射姿态(角)的不同,可分为水平、倾斜和垂直发射。倾斜发射时,若发射架高低角与方位角按一定规律跟随目标运动,则称为倾斜随动发射;若高低角固定,则称为定角发射。垂直发射又分发射平台方位随动与方位固定两种方式。

按发射装置(发射导轨与发射架关系)不同,可分为台式、架式和管式发射。若导弹直接装填在发射架导轨上,发射时导弹相对于发射架导轨运动,则为架式发射;若导弹装在发射筒内,筒弹作为一个整体装填在发射架上,发射时导弹相对于发射筒内导轨运动,则为筒式发射。

按发射平台在导弹发射时所处的状态不同,可分为固定平台发射与活动平台发射。若发射平台停放在地面上发射,则为固定平台发射;陆上行进中发射和舰上发射,由于发射平台与地面或海面有相对运动,则为活动平台发射。

按发射动力源的不同,可分为自推力发射和外推力发射。

导弹的发射方式主要取决于发展该武器系统的战略、战术指导思想、对武器系统的战术技术要求、作战部署和运用原则。

对于给定的武器系统战术技术要求和导弹总体方案,其发射方式的选择不是唯一的。不同的发射方式从不同角度来看各有利弊。选择时除了考虑其优、缺点外,有时还要看各国对该种发射方式的掌握程度和习惯。

8.1.2 自推力和外推力发射方式

1. 自力发射

导弹自推力发射也称自力发射,是指导弹靠自身发动机或助推器推力起飞离开发射设备的发射方法。该发射方式可用来发射各种导弹,也可在倾斜发射、垂直发射和水平发射方式中采用。采用自力倾斜发射时,为获得较大起飞加速度,常用助推器或单室双推力发动机,使起飞加速度可达 $10\sim40g$,滑离速度可达 $20\sim70$ m/s。采用自力垂直发射时,导弹的初始加速度较小,因推重比较小(一般为 $1.5\sim3.5$),有时也采用助推器。助推器在导弹起飞后要自行脱落,以减轻导弹飞行质量。

2. 外推力发射

导弹外推力发射也称外力发射,依靠外力作用使导弹脱离发射平台一定距离后,其发动机才点火开始工作。防空导弹外力发射常用弹射方式,弹射发射方式是指导弹起飞时由发射设备给导弹一个推力,使其加速运动,直至离开发射设备。在导弹被弹到一定高度后,主发动机点火工作,导弹继续加速飞行。由于弹射时不点燃导弹发动机,因此,也称为"冷弹"发射方式。

弹射力对导弹作用时间很短且很大,可使导弹获得几十个重力加速度的纵向加速度。弹射力来自发射设备上配置的弹射力发生器。弹射动力源有压缩空气、燃气、蒸汽、液压和电磁等。

压缩空气弹射是将空气压缩在高压贮气瓶中,用管道与发射筒相连。发射导弹时,阀门迅速打开,高压气体瞬时流入导弹发射筒,将导弹推出发射筒。

燃气、蒸汽弹射,是利用气体发生器的火药产生大量燃气,同时将水喷入燃气中,使水汽化,形成具有一定压力和较低温度的混合气体,通过管道送入发射筒,将导弹迅速推出发射筒。燃气弹射是直接用火药燃烧产生的燃气,通过管道送入弹射装置,可使导弹获得较大的滑离速度。

防空导弹弹射发射和自力发射相比,发射设备无燃气流防护设备,有利于简化发射设备;

弹射小型导弹比自力发射能获得大得多的出箱（筒）速度,有利于提高导弹发射精度和缩小杀伤区近界斜距;弹射发射导弹在离开发射设备前,可获得较大加速度,减小了从导弹起动到导弹与目标遭遇的时间,为拦截快速目标提供了条件。弹射发射的缺点是,发射设备应有动力源,结构稍复杂、质量加大;弹射发射设备再次装弹也不方便。

8.1.3 倾斜发射方式

所谓倾斜发射,是指导弹在发射架的导轨上,跟踪目标,初始瞄准,沿着导轨向前发射导弹,并使导弹进入一定的弹道上,如图 8-2 所示。

一般倾斜发射方式的发射高低角（导弹发射俯仰角）小于 90°。倾斜发射是防空导弹系统采用的最广泛的发射方式。由于空中来袭目标可能来自不同的方位和高度,采用倾斜发射可在导弹发射前将发射架调转到所需要的方向,并对目标进行跟踪。虽然这样做需要花费时间,从而降低了快速反应能力,但导弹发射后能迅速进入所要求的弹道,对提高近界拦截能力有利。另外,倾斜发射的导弹,其初制导比较容易,甚至可以不用初制导,仅依靠发射装置赋予的初始方向射入预定空间,使导引头截获目标。

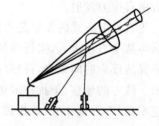

图 8-2 倾斜和垂直发射方式

根据发射装置俯仰和方位角的变化,倾斜发射可分为变射角和定射角两种。

变射角倾斜发射在地空导弹发射中应用最广。变角是指发射设备起落装置在高低和方位上能跟踪和瞄准目标,高低角范围可达 0°~85°,方位角范围可达 0°~360°。

定射角倾斜发射,是指发射设备起落部分的高低角和方位角固定不变,发射后靠导弹机动飞行飞向目标。

倾斜发射的优、缺点:

（1）当导弹倾斜发射时,必须先判定目标方向,进行初始瞄准,然后才能发射导弹。因此,发射架要跟踪目标而转动,需要计算方向,还要同步,故发射控制系统地面装置复杂,但弹上装置却简单。

（2）当导弹倾斜发射时,进入波束容易,弹道较为平缓,且可攻击高空、低空目标。

（3）当导弹倾斜发射时,在发射初始段,由于有一定攻角而有一定的升力,而这时导弹速度是从零开始的,由低速经过亚声速、跨声速进入超声速,这样就使升力、焦点位置、质心位置都发生较大的变化,从而造成了质心下沉;若导弹在导轨上的前后支点不是同时离轨,前支点先离开后,会使导弹绕后支点转动,形成导弹的低头;导弹还会绕纵轴滚动（一般不允许）。所有这些都必须加以解决。

（4）当导弹倾斜发射时,为了消除质心下沉,就应加大推重比,于是要求助推器的推重比要大（一般推重比为 5~6,甚至大于 10）,使助推器质量很大。

（5）当导弹倾斜发射时,主发动机的推重比可以较小（小于 1）。

（6）当导弹倾斜发射时,由于起飞推力大,且导弹在架上可绕垂直于地面的轴线转动,故燃气流危及区域大,使发射阵地较大。

（7）当导弹倾斜发射时,爬高较慢。

（8）武器系统的反应时间和火力转移时间相对较长。

8.1.4 垂直发射方式

垂直发射,是按照目标的信息,首先将导弹垂直向上发射,然后按照方案机构进行转弯,进入一定的弹道上,如图 8-2 所示。

垂直发射把导弹竖立在支承台(发射台)上,使其呈垂直状态,或把导弹安置在呈垂直状态的发射筒(箱)内。发射时,在无牵制力作用下,只要推力大于导弹质量,导弹就能顺利起飞。垂直发射的方向瞄准,由导弹制导设备来实现。初始发射的导弹按预置数据转弯,使导弹与目标遭遇弹道最佳。垂直发射有两种类型,"冷"垂直发射和"热"垂直发射,前者靠外动力发射,后者由自推力发射。

垂直发射方式的发展是由作战环境的需求和其本身特点所决定的。在未来战争中,来袭目标可从全方位进入,实行多批次的饱和攻击,目标飞行速度和机动能力有显著提高,留给防空导弹的反应时间减少,目标的飞行高度由几米至数十千米,可供拦截的距离由数千米至上百千米。敌方的侦察、干扰技术更加完善。上述作战环境对防空导弹系统提出了反应时间短、发射速率高、全方位作战、载弹数量多、隐蔽性好、可靠性高等新的要求,垂直发射技术就是在这些要求下应运而生的。

与倾斜发射相比,垂直发射主要有如下优、缺点:

1. 垂直发射的优点:

(1)反应时间短,发射速率高。发射装置不需高低方向跟踪目标,因而结构简单,工作可靠,成本低。在目标方位尚未最后判定之前,可先发射导弹,因而可缩短作战反应时间,提高发射速度。如倾斜发射的海麻雀导弹反应时间为 14 s,而垂直发射的海麻雀导弹反应时间仅为 4 s。宙斯盾系统采用倾斜发射时,其发射速率为每 10 s 一枚,采用垂直发射后,其发射速率为每秒一枚。

(2)在弹道的初始段,攻角 $\alpha \approx 0$,升力 $Y \approx 0$,因此气动力矩的平衡问题易于解决。这对质心和压心变化大的导弹特别有利。

(3)实现了 $360°$ 全方位、无盲区发射导弹,能对付来自不同方向的目标。

(4)助推段的推重比可适当减小,在推重比 1~2 条件下即可起飞,且无离轨下沉问题,从而可减轻导弹的起飞质量。

(5)占用空间和发动机燃气流影响区较小,隐蔽性好,载弹量大,并有利于再次装填和提高发射速率。对舰空导弹,不会因舰艇上层建筑的影响而造成发射禁区,有利于攻击来自不同方位的目标,即具有全方位作战能力。

(6)发射装置结构简单,工作可靠,生存能力强。由于垂直发射往往不需要瞄准和战时装填的随动系统、升降机构、液压系统,减少了大量的活动部件,使系统结构简单,提高了可靠性。单位面积贮弹量大,所需辅助设备少,因此,比携带相同数量的倾斜发射装置成本要低得多。对于舰上发射,弹库不在甲板上,避免了意外损伤和战时弹片的伤害,增加了隐蔽性,提高了生存能力。

(7)垂直发射是实现准最佳弹道-高抛弹道的必备条件,采用高抛弹道可使导弹飞得更远,更有利于射击高机动性的目标。

2. 垂直发射的缺点

(1)当导弹攻击低空目标时,导弹需在 2~3 s 内完成飞行方向的转向,需用过载大。为避免需用过载过大,通常在飞行速度和高度不大时,导弹就启控、转向,因此,导弹在大机动情况下速度有一定的损失。

(2)需采用初制导、推力矢量控制和解决大攻角情况下气动特性、气动耦合问题,技术难度大。

(3)杀伤区域近界相对较大,作战近界有一定损失。

8.1.5　水平发射方式

所谓水平发射是指发射时导弹与发射平台处于平行状态。空空导弹一般采用水平发射,机载导弹通常在发射(直升机悬停发射除外)时已具有较大的速度,其发射方式主要有自力式发射、外力式发射和混合式发射三种。

自力发射依靠导弹自身发动机的推力脱离载机,分为导轨式和支撑式,常采用导轨式。导轨式是沿导轨向前发射的。

外力式发射依靠外力作用使导弹脱离载机一定距离后,其发动机才点火开始工作,分为弹射式和投放式,常采用弹射式。

混合式依靠导弹自身发动机的推力和外力同时作用脱离载机,主要用于内埋空空导弹的发射。

自力发射(导轨式)方式是最早使用并应用最广的一种发射方式,目前,大多数近程和中程空空导弹采用这种发射方式。导轨式发射可使导弹迅速进入导引弹道,初始误差和最小允许发射距离小。但在导弹发动机发生故障时,将危及载机的安全。导弹发动机的燃气流(废气)将影响载机的流场和载机发动机的工作。

投放式发射是导弹依靠自身重力脱离载机一定距离后,其发动机才点火开始工作。投放发射的优点是能避免导弹发动机燃气流对载机的影响,载机较安全,但引入导引弹道的时间较长。一般来说,投放发射适用于中、远程空地导弹。

弹射式发射利用机械力或其他力将导弹弹离弹仓(载机)一段距离后,导弹的发动机再点火启动。新一代战机一般不采用外挂式导弹装载形式,而采用内藏式,这样可以使飞机配置更多的武器,使飞机具有良好的气动外形,提高隐身性能,从而明显提高飞机的综合作战能力。

8.2　发 射 装 置

8.2.1　倾斜发射装置

防空导弹倾斜发射装置可分为悬臂梁式和贮运发射筒(箱)式两种。

1. 悬臂梁式发射装置

悬臂梁式发射装置通常由发射臂、随动系统和托架组成。发射臂作为导弹的支撑和发射定向,发射臂上通常有一排或两排导轨,导弹上对应有前、后两个定向滑块在导轨上滑动,导轨对导弹的运动起一定的导向和约束作用。随动系统用于驱动发射臂瞄准目标,托架用于安装并支撑发射臂及随动系统。按照导弹与发射臂的相对位置不同,可以分为上支弹式和下挂弹式两种。

导弹安放在定向器(发射臂)上面,称为上支弹式(见图 8-3)。上支弹式发射的定向器上的导轨对导弹起支承、滑行和导向作用,保证导弹的滑离速度和发射方向,同时,由于这种发射臂的起落旋转耳轴位置比较低,使整个发射装置的质心位置下移,装车稳定性比较好。上支弹式的缺点是当导弹的前后定向滑块同时离轨时,存在由于导弹下沉与发射臂碰撞的问题。

导弹挂在定向器下面,称为下挂弹式(见图 8-4)。下挂弹式发射的优点是导弹与发射臂的碰撞问题和发射后下沉问题容易解决,发射臂结构比较简单。缺点是发射设备起落部分的耳轴位置增高,使整个发射装置的质心升高,给作战使用带来不便。

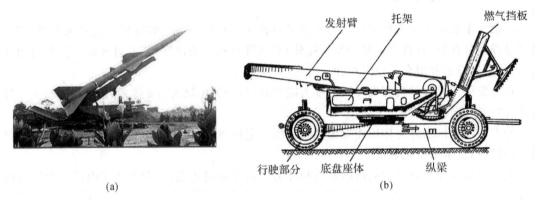

(a)   (b)

图 8-3　某地空导弹悬臂梁式(上支弹式)发射装置

(a)发射装置待发状态;　(b)发射装置行军状态

(a)

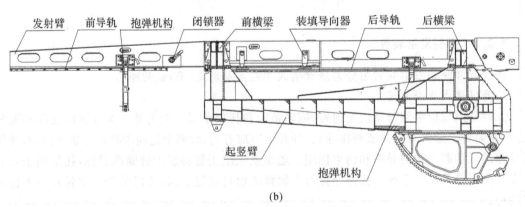

(b)

图 8-4　某舰空导弹悬臂梁式(下挂弹式)发射装置

(a)发射装置待发状态;　(b)发射装置未挂弹状态

2. 贮运发射筒(箱)式发射

贮运发射筒(箱)式发射,导弹与发射筒(箱)一起构成了"筒弹"组合,如图 8-5 所示。该筒(箱)既是导弹贮存、运输的保护容器,也是导弹的发射导轨,还是燃气排导的一部分。在全寿命服役期内,导弹的运输、存放、维修、值勤和发射等均在筒弹状态下进行。筒内密封充气,一是可防风沙、雨雪,对延长导弹使用寿命非常有利;二是可减少电磁干扰对筒内导弹的作用;三是可避免弹体碰撞和划伤;四是发射筒内的适配器可减缓导弹在运输中的振动,保护发射导轨和滑块的工作表面。

贮运发射筒(箱)的截面形状一般为方形或圆形,如图 8-6 所示。筒中有导轨和适配器,导弹靠两三个滑块与导轨相配合,导轨与适配器使导弹牢牢地夹持在筒内,避免与发射筒的相对运动。发射筒(箱)前后盖是保证导弹飞离发射筒(箱)的重要部件,一般前盖用穿通易碎盖,后盖用吹破盖;或前盖为易碎盖,发射前,用小型燃气装置的燃气压碎或机械开启等方式。

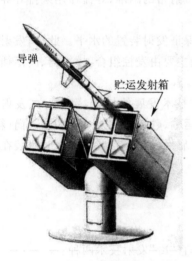

图 8-5　贮运发射筒(箱)式发射

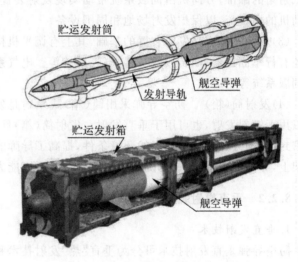

图 8-6　贮运发射筒(箱)结构示意图

贮运发射筒(箱)设计的一个关键问题是如何保证导弹发射时安全飞离密封的发射筒(箱)。通常有两种方案可供选择:①用爆炸螺栓、爆炸索等火工品连接筒(箱)体与前盖。导弹发射时,引爆火工品抛开前盖,再点燃发动机使导弹飞离发射筒(箱)。这种方案需要在发射控制程序中预留出火工品的引爆时间,保证在前盖接近落地时才能使导弹飞离发射筒(箱),这就增加了一定的作战反应时间。另外,要求火工品引爆电路应工作可靠,否则导弹就不能正常发射。②采用易碎盖,导弹发射时依靠自身撞击冲破易碎盖后飞离发射筒(箱)。这种方案避免了火工品引爆抛开前盖的缺点,但对易碎盖提出了新的要求,即在平时的使用维护中,易碎盖既要起到密封作用又不易破碎;在导弹发射后撞击易碎盖时,易碎盖应迅速破碎,不应有残留破片留在筒上,以免对导弹造成损伤。

3. 倾斜发射装置基本组成

防空导弹不论采用哪种发射装置,其基本组成都包含以下几部分:

(1)起落架。起落架的主要功能:在发射前支承导弹或者装弹的发射箱;发射时在伺服系统驱动下赋予导弹发射角;在导弹飞离发射装置过程中,对导弹进行定向并使导弹满足离轨参数。

起落架主要由起落臂、联装架、平衡机和脱落插头插拔机构组成。其中,起落臂的主要功能是支承导弹,并为导弹的滑行提供导轨;平衡机固定在托架上,通过链条和起落臂上的齿弧相连,主要用于平衡起落架和导弹在不同射角上的不平衡重力矩,从而使高低角执行电机负载保持基本平衡;脱落插头插拔机构的作用,是保证插头准确、可靠地与导弹插座相连,在导弹起飞时,又能使脱落插头迅速地与导弹插座脱开。

(2)回转装置。回转装置的任务是在伺服系统驱动下,赋予导弹初始方位发射和高低发射角。

回转装置由托架、座架、高低机、方向机和导流器等组成。其中,托架是起落臂耳轴的支承,在其上面安装瞄准机构、发控组合、伺服系统和导流器等;座架主要用来支承托架以上的回转部分,进行方位回转,并减少方位回转时的摩擦阻力;高低机由伺服系统带动实现起落架在高低射角的瞄准;方向机由伺服系统带动实现发射装置方位射角的瞄准;导流器用来排导导弹发动机的燃气流,以保护发射场地和周围设备。

(3)基座。基座是发射装置的基础,其上有调平机构,保证发射装置的水平。此外,发射装置还有行军固定器、回转接触装置、电气系统等。电气系统主要由发控组合、模拟器、脱落插头和伺服系统等组成。

(4)发射筒(箱)。防空导弹采用筒(箱)式发射是发射技术发展的趋势,筒(箱)式发射既可以用于倾斜发射,也可用于垂直发射。发射筒(箱)具有运输、贮存和发射 3 种功能。筒(箱)是密封的,为导弹提供了良好的环境条件,提高了导弹的可靠性。筒(箱)装导弹平时可装在发射架上,导弹处于待发状态,提高了系统的快速反应能力。

8.2.2 垂直发射装置

1.垂直发射技术

防空导弹垂直发射技术可分为垂直"热"发射技术和垂直"冷"发射技术两种。

垂直"热"发射,也称"自力"发射,是利用导弹本身发动机推力将导弹推出发射筒(箱)或发射平台。垂直"热"发射时,导弹将产生大量高温、高速燃气流,这些气体速度大、温度高,并含有腐蚀性强的氧化铝、化合能力极强的氢氧化物、大量的二氧化碳、未燃尽的氢及其他可燃物。这些都给垂直"热"发射技术带来诸多问题,如果不把燃气流及时有效地排出,将会给发射平台、导弹等设备带来危害。

垂直"冷"发射,也称"外力"发射,其发射原理是导弹首先由弹射装置的"外力"从贮运发射筒(箱)内弹出,离开发射筒(箱)后上升到一定的高度(30~40 m)后,导弹主发动机点火并转弯。采用这种发射方式,主发动机的燃气不会对发射平台和人员造成伤害,解决了垂直"热"发射技术中导弹喷出高温、高腐蚀气流的问题。但是,弹射装置复杂。垂直"冷"发射的弹射种类比较多,按照弹射的动力源可分为压缩空气弹射、蒸汽弹射、液压弹射和燃气弹射,其基本原理都是将压力能转变成推动导弹运动的动能。其中,防空导弹应用最广泛的是燃气式弹射装置。

图 8-7 为某舰空导弹燃气式弹射装置结构示意图。燃气式弹射装置的组成主要包括药柱及点火器、燃气发生器、气缸及活塞、缓冲装置和底托支座等。气缸置于导弹两侧,固定在发射筒(箱)内壁,活塞置于气缸内,并可在气缸内运动;两侧活塞杆的下端与底托支座相连,作用在导弹的尾舱。在接收到发射指令后,首先接通点火装置并点燃燃气发生器的药柱;然后药柱

燃烧产生的大量燃气推动气缸活塞快速运动,最终将导弹弹射出贮运发射筒(箱)。缓冲装置是一个与气缸上端相连的薄壁钢管,当活塞杆运动到行程末端时,活塞杆冲击缓冲装置,使其压缩变形,通过吸收能量来减少弹射结束时的冲击力。当活塞运动到作动筒底部时,多余的燃气从排气孔中排除。

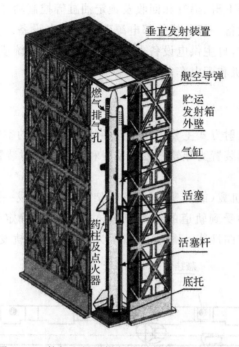

图 8-7　某舰空导弹燃气式弹射装置结构示意图

2.典型机动式垂直发射装置组成与功用

　　典型防空导弹的机动式垂直发射装置,一般由轮式底盘及平台、发射设备、液压传动部分及电气控制设备(电气控制设备、发射控制设备)、发射箱(筒)、电源设备等组成。

　　(1)轮式底盘及平台。轮式底盘即带车轮的底盘,是发射车中的行驶和承载部分;平台固定在底盘上,放置发射架各部分机构。

　　(2)发射设备。发射设备(联装架)包括架体、升降和移动结构(滑轨组合)、减速器、电缆架和装填装置等。架体用来安装和固定筒(箱)弹,把其保持在水平状态或转换到垂直状态,导弹发射前可靠地固定、支承筒弹,发射时赋予导弹初始姿态,为导弹提供发射基准,与其他系统和设备配合来完成筒弹装填、运输;升降和移动结构,将架体(发射架或联装架)抬起或放下,将筒(箱)弹沿架体轨道移动,主要由液压作动部件带动工作,也可手动操作工作;装填装置,固定装填车的横吊梁,以便退弹或装弹;架体用于携带筒弹。

　　(3)液压传动部分。液压传动部分主要由汇油环、油缸、泵站和油管等组成。其主要功能是在发射控制系统的控制下完成车体调平、抬起或放下摇动部分、发射架和筒(箱)弹,即起竖和回平筒(箱)弹、垂直状态筒(箱)弹的下滑和提升、下托臂的侧移和回收及锁定等功能。

　　(4)电气设备。电气设备包括传动装置的电气部分、发射控制设备、通信装置、配电和控制设备等。典型的发射控制设备包括自动发射设备、初射角度引入设备、信息转换设备、导弹频率微调设备、通信设备(含接口)和辅助设备等。发射控制设备,用于完成导弹发射前检查和导弹的发射控制,为导弹提供地面电源,完成与指控系统(制导雷达)的通信和与弹上计算机的通信,具有实时监测功能、提供弹动信号和故障处理功能;通信装置用于完成与指控系统(制导雷达)的有线和无线数据通信功能,勤务通信功能,控制通信天线杆升降,遥控自主发电机组启机和关机功能。配电和控制设备用于完成发射车(架)的配电、内部数据通信、车体调平、发射装置起竖和回平、筒(箱)弹的下滑、提升和回收及锁定油缸等控制功能。

(5)电源设备。电源设备一般包括外部电源和自主供电设备。外部电源给整套发射装置供电;当外部电源不供电时,自主供电设备也能保证整个发射系统或其主要部分(液压部分)供电。外部电源由柴油发电机和配电车等组成。

8.2.3 水平发射装置

在防空导弹中,水平发射方式主要用在空空导弹上。常见的空空导弹发射方式有导轨式和弹射式两种,对应的发射装置为导轨型发射装置和弹射型发射装置。

1.导轨型发射装置

这种发射装置设置在机翼(或机身)下面的支架上,有一条或一组导轨。由于导弹在发射离机前的滑行过程中,运动受到轨道的约束和引导,离轨时能确定和控制导弹的初始飞行方向,因而具有良好的初始定向性能。图8-8所示为一种典型导轨发射装置结构示意图。

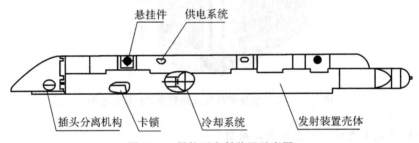

图8-8 导轨型发射装置示意图

导轨式发射方式是最早使用并应用最广的一种发射方式,其优点:一是发射装置结构简单、质量小、尺寸小、强度与可靠性高;二是导弹可迅速通过干扰区,初始扰动小,便于控制系统稳定地工作。其缺点:一是燃气流处理不当会引起飞机动力装置熄火,燃气流对导轨的冲刷会对后续工作产生不利影响;二是导弹在导轨上滑动时,由于气动载荷和惯性载荷的作用,导弹滑块与导轨间会产生很大的摩擦力,加剧了飞机和导弹力学环境的复杂性,飞机的机动性能越好,这个问题就越突出。

导轨型发射装置按导弹滑块离轨形式可分为顺序离轨型和同时离轨型两种。

顺序离轨型发射装置。导弹在导轨中滑动时,弹上滑块按先后顺序依次从同一条导轨中滑离导轨。这类发射装置一般导轨较长,且导弹离轨时的飞行速度也较大。常用于红外格斗型空空导弹。

同时离轨型发射装置。导弹在导轨中滑动时,弹上滑块从不同轨槽中同时滑离导轨,可以避免发生导弹可能出现的低头现象。一般用于中型空空导弹。

在导轨式发射装置中还有一种伸缩式发射装置,用于悬挂和载运"全埋"或"半埋"在载机机身内的导弹,其伸缩机构能将导弹伸出机身外实施发射。

2.弹射型发射装置

弹射型发射装置是载机以弹射方式发射空空导弹的专用装置。特别是在飞机"半埋"或"全埋"式安装导弹的情况下更适用。导弹既可以配置在飞机气动力场和干扰流场作用比较严重的外挂武器挂点上,也可以"半埋"或"全埋"在机身内或弹舱内的武器挂点上,这样就能使飞机配置更多的武器,且保持良好的气动外形,从而明显提高飞机的综合作战能力。图 8-9 所示为一种典型弹射发射装置结构示意图。

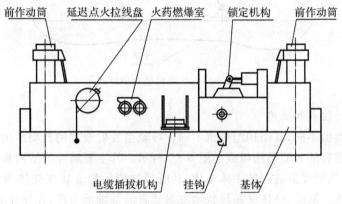

图 8-9 弹射装置结构示意图

弹射型发射装置按弹射能源可分为"热"弹型和"冷"弹型两种。"热"弹型弹射发射装置的弹射作动能源为点燃抛放弹所产生的高压燃气。"冷"弹型弹射发射装置的弹射作动能源为贮压器中的高压气体(空气、氮气等)。图 8-10 和图 8-11 所示分别为热、冷弹射机构原理图。

弹射发射方式是中、远程空空导弹的首选发射方式。其优点:一是导弹可迅速脱离飞机,避免了摩擦力对导弹和飞机的影响;二是发动机在远离飞机时才起动,燃气流不会影响飞机和发射装置;三是可采用机内配置或半埋式配置方案,大大降低了悬挂系统的气动阻力及反射面积。缺点主要有两点:其一是发射装置结构复杂,可靠性低;其二是对导弹姿态控制的要求高。

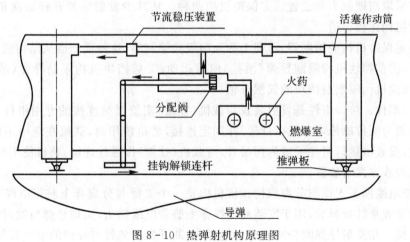

图 8-10 热弹射机构原理图

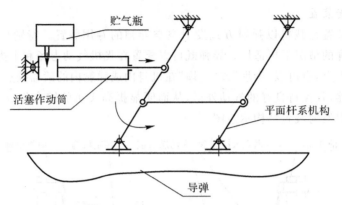

图 8－11 冷弹射机构原理图

3.发射装置的组成和功用

发射装置的类型不同,其结构组成也不同。导轨型发射装置的典型结构组成如图 8－8 所示。弹射型发射装置的典型结构组成如图 8－9 所示。其主要组件的结构和功能如下。

(1)壳体。导轨型发射装置的主体结构,其所属功能件均安装在壳体内,通过壳体形成一个完整的结构整体。同时,壳体又是导轨型发射装置的基础承力件,在导弹随机飞行和发射过程中,导弹和导轨型发射装置上所承受的各种静态和动态载荷都要由壳体来承受,并通过壳体上的接口连接件传递给载机。

对壳体来说,除要求截面构型简单、外形低阻、较大的结构空间、传力路线合理、具有足够的强度和刚度外,尚需要有良好的工艺性(加工工艺性和装配工艺性)。壳体的结构形式主要有整体式、构架式等。

(2)锁制器。锁制器是发射架中用于锁制和释放导弹(吊挂)的机械机构。在载弹起飞、着陆和挂飞过程中,锁制器能牢靠地锁住导弹,不发生"掉弹"现象;而在发射导弹时,锁制器又能及时地释放导弹使其顺利离机。因此,锁制器必须有极高的可靠性。目前,锁制器锁住导弹的措施主要有采取高锁制力和设置锁定保险机构两种。从减少发射装置开锁激振角度来看,设置锁定保险机构比较合适。

采用锁定保险机构的锁制器,习惯上称为两级式锁制器,这种锁制器从结构组成上至少包括以下部件:①前挡块机构限制导弹(吊挂)向前运动;②后挡块机构限制导弹(吊挂)向后运动;③锁定保险机构限制前挡块的偶然开锁。

(3)接口组件。接口组件是发射装置与载机(挂架)实施机械连接的专用组件。非投放型接口组件一般为两枚螺栓,与载机(挂架)作固定连接,装机使用时,载机在空中不能应急投放该发射装置;投放型接口组件一般为两吊耳,与载机(挂架)作悬挂连接,装机使用时,载机在空中可以应急投放该发射装置。

(4)脐带电缆插头支撑与分离机构。该机构是一个支撑与分离弹上脐带电缆插头的机械组件。发射装置悬挂导弹后,用于安装和支撑弹上脐带电缆插头,实现导弹与发射装置间的电气和气路连接。在发射导弹时分离脐带电缆插头,断开发射装置与导弹的电气和气路连接。

(5)导轨。在导轨型发射装置中用于支承、约束和引导导弹滑行的轨道,即在随机飞行中,约束导弹运动并承受导弹滑块传递的载荷;在发射导弹过程中,引导导弹纵向滑行,并使导弹离轨时获得一定的离轨速度和初始方向。

对于长导轨,多数直接与壳体制成一体,由高强度铝合金挤压型材经机加成形。少数用螺钉或铆钉与发射装置壳体连接成一体。对顺序离轨的导轨,导轨轨槽长度多在 1.5～1.8 m 范围内;对同时离轨的导轨,导轨轨槽长度多在 0.5～0.8 m 范围内。

(6)气瓶组件。气瓶组件主要为红外型空空导弹导引头提供气源,其介质为高压洁净气体。该组件主要由气瓶、充气阀、压力表、电磁阀、干燥过滤器和管道组成。气瓶的容积与导弹参加巡航或作战的时间有关。

(7)弹射作动机构。弹射型发射装置中用以产生弹射作动力将导弹弹离载机的专门机构。典型的弹射作动机构有热弹型弹射作动机构和冷弹型弹射作动机构。

1)热弹型弹射作动机构。这种机构是以点燃抛放弹产生的高压燃气作为弹射能源的专门机构的。一般情况下,它由抛放弹燃爆室、分配阀、挂钩解锁机构、节流稳压装置和前、后活塞作动筒等组成,如图 8-10 所示。

该机构的弹射作动过程如下:载机电源点燃抛放弹后,在燃爆室中产生大量的高压燃气,进入燃气分配阀,先推动挂钩解锁连杆,释放导弹吊挂,然后进入节流稳压装置,经节流稳压到预定值后,燃气进入前、后活塞作动筒,将导弹推离载机。前后作动筒产生不同的推力作用,使离机的导弹获得所需要的姿态。

2)冷弹型弹射作动机构。这种机构是以贮气瓶中的高压气体作能源的弹射作动机构。一般情况下,它由贮气瓶、活塞作动筒和平面连杆机构等组成,如图 8-11 所示。

该机构的弹射作动过程如下:载机发出"弹射发射"指令后,先接通电磁阀,释放出贮气瓶中的高压气体进入活塞作动筒,活塞推动平面杆系作向下旋转运动,先解除对导弹吊挂的悬挂约束,再将导弹快速推离载机。

(8)发控盒。发控盒指发射装置的电路部分,主要用于实现飞机与导弹的电气连接,控制和实施导弹发射过程。发控盒主要包括电源电路、音响电路、接口电路、导弹准备程序电路和导弹发射程序电路等。

电源电路用于将载机电源转变成导弹和发控盒本身所需的各种电源。

音响电路主要用于将导弹导引头输出的音响信号进行放大和处理,变成使载机飞行员能识别的视、听信息,以判断导弹对目标的捕获状态(搜索、截获、解锁跟踪等)。

接口电路主要用于实现飞机与导弹的电气连接及相应信号的坐标变换。

导弹准备程序电路,对于红外型导弹,该电路一般包括,给导弹供电,用于加温或陀螺启动,发出供气制冷信号,装订某些信息等。对于雷达型导弹,该电路一般包括,①传输火控系统、外挂管理系统(SMS)的各种信息,控制导弹进行搜索和跟踪;②预先给导弹供电、预热信号,装订某些信息;③传输机载惯性制导系统与导弹惯性制导系统对准信号;④对某些型号导弹,还需通过预定的"导弹准备程序"进行检测,包括(但不限于):导引头接收机调谐、弹上供电转换信号检测、数据链传输通道信息帧检查等;在导弹准备程序完成后,输出"导弹准备好"信号。

导弹发射程序电路,在载机飞行员判断构成"允许发射条件"后,即可启动导弹发射程序电路,发射导弹。

8.3 其 他 设 备

8.1.1 发控设备

1. 导弹发射控制设备的功能

发射控制设备的主要功能是,在导弹发射前,对待发射的导弹进行检查和有关参数的装订;当发射导弹的一切条件都具备时,实施导弹发射。发射控制设备的具体结构取决于防空导弹武器系统作战要求和系统结构形式。

在防空导弹武器系统作战过程中,导弹的发射控制的主要任务如下:

(1)导弹选择。在每个火力单元中,一般有若干发可供发射的导弹,甚至有对付不同类型目标的不同种类导弹。对于可在架上进行检测的导弹,其检测结果也可能表明有的导弹不可用于作战。因此,发射控制系统应能完成导弹选择任务,使用于作战的导弹具有良好的初始状态。

(2)射前准备。射前准备是保证导弹发射和飞行正常的前提条件。一般包括发控组合功能自检、射击方式(单射、齐射、连射)设定、导弹功能检查和导弹加电准备等。

(3)发射实施。这一过程从按下发射按钮开始,到导弹离开发射架为止。一般把发射实施之前的导弹选择和射前准备阶段称为导弹发射的可逆过程,此阶段的工作内容可以根据需要由人工或自动设置和解除的,其工作过程是可逆的;而发射实施过程称为导弹发射的不可逆过程,一旦进入该过程,则各项工作内容是自动进行或中断的,人工不能干预,其工作过程是不可逆的。

发射实施阶段的工作内容,一般包括参数装订、能源系统启动、电池激活、转电、发动机点火、发射结果认定和射击转移等。

(4)状态监视与故障判断。在导弹发射的可逆过程中,对导弹及发控装置的状态进行监视,并判断其状态是否正常;在导弹发射的不可逆过程中,判断每个发控功能是否正常,按规定的逻辑功能继续执行或自动终止发射过程。

2. 导弹发射控制设备的组成

发射控制设备通常由电源组合、发控组合、操作及显示面板、发射架(发射臂)选择组合及测试组合等部分组成。其中,各个部分的组成及功能分别如下:

(1)电源组合。电源组合产生发控设备自身所用的各类稳定电源。

(2)发控组合。发控组合通常完成如下功能:导弹安装检查;电爆管及电爆电路检查;产生导弹的加电程序;对导弹进行调谐或指令频率、编码选择;对导弹进行参数装订;产生导弹发射程序,确定导弹发射过程的事件次序及定时;故障弹处理;解除发射。

(3)操作和显示面板。面板上设有指示灯用于监视导弹的状态和发射进程,监视信号一般有:发射架(发射臂)选择信号;导弹安装好信号;电爆管及电爆电路检查信号;战勤接电信号;导弹加电准备好信号;导弹调谐好或指令频率及编码选择好信号;预装参数装订好信号;弹上电池激活好信号;陀螺解锁信号;导弹起飞信号。

(4)发射架(发射臂)选择组合。发射架(发射臂)选择组合的主要功能是选择并接通指挥系统所指定的发射架(发射臂)。

(5)测试组合。测试组合用于发控设备的功能自检和故障诊断,在正式作战应用之前,对发控组合的每一个发控电路都进行模拟检查。

8.1.2　装填设备

它的功能主要是将导弹装到发射装置上,故又称装弹设备。此外,它也能从发射装置上取下导弹,有时还可用于导弹之间的对接以及在发射准备过程中对导弹进行维护。有的装填设备还能完成短途运输任务,例如装填运输车和起竖车等。

装填设备的结构形式很大程度上取决于导弹的发射装置和装填方式,而装填方式又与导弹的类型、大小和质量、发射要求有关。发射率不高的小型导弹一般采用人工装填;发射率高的小型导弹或舰载导弹常采用自动装填;中、大型巡航导弹或弹道式导弹一般采用吊式装填。

8.1.3　检测设备

检测设备的作用是发射前对导弹的关键环节和系统进行严格的测试与检查,保证导弹发射及发射后的可靠性和成功率。

导弹发射前进行检测的项目,按检测对象来区分,有制导系统检测,战斗部引爆控制系统检测,动力系统检测,电气系统检测,安全控制系统检测,对试验弹还有遥测系统检测;按检测方式来区分,有单元检测(对弹上单项仪器或设备单独进行性能检测)和综合检测(对弹上子系统或全系统协同进行性能检测);按检测状态来分,有水平检测(导弹处于水平状态、装填作业之前对弹上子系统或全系统综合进行性能检测)和垂直检测(导弹处于垂直状态、战斗状态、装填作业之后对弹上子系统或全系统总和进行性能检测)。检测总的要求是,检测动作迅速,显示结果明确。

由于导弹的类型不同,弹上各系统的结构组成和性能各异,所以导弹的检测设备通常为专用设备。通常包括检测仪、模拟器、仪表板和试验台等,如果这些设备安装在一辆车上,称之为综合检测车。对于新型防空导弹,这些设备与发射车集成在一起。

8.1.4　勤务保障设备

导弹武器系统的勤务保障设备,主要有运输设备,起重、装卸和对接设备,加注、洗涤和消防设备,压气供应设备,标定与瞄准设备,以及维护设备等。

由于导弹的使用特点与结构特点各异,勤务保障设备也不相同,一般要求在使用上要快速可靠,适合武器装备的特殊性。

第9章 防空导弹作战

防空导弹的作战效果通常是用导弹命中目标的概率来衡量的,而导弹命中目标的概率与导弹杀伤区和发射区、导弹的作战过程等具有一定的关系。本章重点介绍导弹杀伤概率、杀伤区和发射区的概念,以及防空导弹的作战过程等内容。

9.1 导弹杀伤概率

9.1.1 单发导弹杀伤概率

用一发导弹去杀伤一个单个目标的概率叫作单发导弹的杀伤概率。它是分析导弹武器系统射击效率的基础,是射击效果评定的一个重要指标。

在空中目标无对抗,且防空导弹武器系统无故障条件下,导弹与目标遭遇后(即在理想条件下),导弹对目标的单发杀伤概率取决于下列因素:①目标的易损性;②战斗部和引信的类型、参数;③引战配合特性;④制导精度;⑤导弹与目标的遭遇条件。

单发杀伤概率通常是在给定目标、给定遭遇点条件下给出的。在给定导弹制导精度的前提下,单发杀伤概率亦可用来作为衡量引战配合效率的定量指标。

在讨论防空导弹武器系统杀伤目标的概率时,往往将空中目标看作是固定不动的,而导弹则以相对速度向目标接近。分析导弹相对目标的运动时,可以采用目标固连坐标系,但通常多采用相对速度坐标系,如图 9-1 所示。

坐标系的原点 O_r 取在目标的任一点上,例如,当导弹采用无线电引信时,坐标点通常取在目标的质心上;当导弹采用红外线引信时,坐标原点常取在目标发动机的喷口处。$O_r x_r$ 轴与导弹相对于目标的速度矢量方向一致,$O_r y_r$ 轴指向上方,$O_r z_r$ 轴平行于水平面并与 $O_r x_r$,$O_r y_r$ 轴共同组成右手坐标系。下面依相对速度坐标系(见图9-2)来推导单发导弹杀伤概率的一般表达式。

单发导弹杀伤单个空中目标是一个复杂的随机事件。这一事件又可按时间先后分作两个互相独立的随机事件。

第一个随机事件是导弹战斗部在相对速度坐标系中点 (x,y,z) 处起爆。这一事件出现的概率由战斗部起爆点 (x,y,z) 的概率密度函数 $f(x,y,z)$ 来表示,一般称 $f(x,y,z)$ 为射击误差规律。

第二个随机事件是导弹战斗部在点 (x,y,z) 处起爆后杀伤目标。这一事件出现的概率由与战斗部起爆点 (x,y,z) 有关的杀伤目标的概率 $G(x,y,z)$ 来表示,一般称 $G(x,y,z)$ 为目标坐标杀伤规律。

由上述内容可知,单发导弹要杀伤一个空中目标,必须上述两个独立的随机事件同时出现,故一发导弹杀伤目标的概率应该等于上述两个独立事件出现的概率之积。显然,导弹在空间一个给定点(x,y,z)处起爆这一事件是个零概率事件(应该注意,射击误差规律$f(x,y,z)$是概率密度函数,它不能直接代替概率。只有将$f(x,y,z)$在某个空间范围内积分,才能表示战斗部落入此空间范围内起爆的概率。显然,$f(x,y,z)$在给定点上的积分等于零)。可以在点(x,y,z)的邻近处,找一个包含此点在内的微元体$dxdydz$,并认为$f(x,y,z)$在这个微元体内是常值,则战斗部起爆点落入微元体$dxdydz$内起爆的概率为$f(x,y,z)dxdydz$。

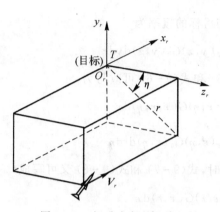

图 9 - 1　相对速度坐标系 1

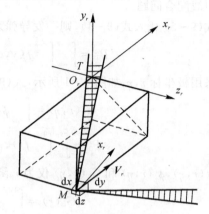

图 9 - 2　相对速度坐标系 2

依据概率的乘法定理,战斗部在包含点(x,y,z)的微元体$dxdydz$内起爆并杀伤目标的概率为

$$dP_1 = f(x,y,z)dxdydzG(x,y,z)$$

根据射击误差规律的性质,战斗部不仅可能在目标周围空间的某一点起爆,而且还可能在目标周围空间的任一点上起爆。这些可能的起爆点构成了一个互不相容的事件完备组。

因此,按照全概率公式,一发导弹杀伤空中目标的概率为

$$P_1 = \int_{-\infty}^{+\infty}\int_{-\infty}^{+\infty}\int_{-\infty}^{+\infty} f(x,y,z)G(x,y,z)dxdydz \tag{9-1}$$

可见,为了计算一发导弹杀伤空中目标的概率P_1,必须首先确定射击误差规律$f(x,y,z)$和目标坐标杀伤概率$G(x,y,z)$。

射击误差规律$f(x,y,z)$是由制导误差和非触发引信引爆点的散布形成的,即

$$f(x,y,z) = f(y,z)\phi(x,y,z) \tag{9-2}$$

式中,$f(y,z)$为制导误差规律(或散布规律),它主要取决于制导系统的特性;$\phi(x,y,z)$为引信引爆规律,它取决于引信引爆点的散布特性。

非触发引信的引爆规律可表示为

$$\phi(x,y,z) = \phi_1(x/y,z)\phi_2(y,z) \tag{9-3}$$

式中,$\phi_1(x/y,z)$为给定制导误差y,z时,引信引爆点沿x轴的散布规律(或概率密度);$\phi_2(y,z)$为与制导误差y,z有关的引信引爆概率。

将式(9-3)和式(9-2)代入式(9-1),则得一发导弹杀伤中目标的概率的详尽表达式

$$P_1 = \int_{-\infty}^{+\infty}\int_{-\infty}^{+\infty}\int_{-\infty}^{+\infty} f(y,z)\phi_1(x/y,z)\phi_2(y,z)G(x,y,z)dxdydz \tag{9-4}$$

必须指出,从概率论的角度看,$f(y,z)$和$\phi_1(x/y,z)$是两个概率密度函数,而$\phi_2(y,z)$和$G(x,y,z)$是两个概率。

在式(9-4)的被积函数的四个因式中，$f(y,z)$ 和 $\phi(y,z)$ 与 x 无关，只有 $\phi(x/y,z)$ 和 $G(x,y,z)$ 与 x 有关，故引入一个新的函数

$$G_0(y,z) = \int_{-\infty}^{+\infty} \phi_1(x/y,z)G(x,y,z)\mathrm{d}x \qquad (9-5)$$

称它为目标坐标条件杀伤规律，或称为二元目标杀伤规律。它反映了引信特性、战斗部特性以及引战配合问题。

将式(9-5)代入式(9-4)，则一发导弹杀伤目标的概率为

$$P_1 = \int_{-\infty}^{+\infty} \int_{-\infty}^{+\infty} f(y,z)\phi_2(y,z)G_0(y,z)\mathrm{d}y\mathrm{d}z \qquad (9-6)$$

若采用极坐标 r,η，如图 9-1 所示，式(9-5)和式(9-6)可改写为

$$G_0(r,\eta) = \int_{-\infty}^{+\infty} \phi_1(x/r,\eta)G(x,r,\eta)\mathrm{d}x \qquad (9-7)$$

$$P_1 = \int_0^{2\pi} \int_0^{+\infty} f(r,\eta)\phi_2(r,\eta)G_0(r,\eta)\mathrm{d}r\mathrm{d}\eta \qquad (9-8)$$

当 $f(r,\eta)$，$\phi_2(r,\eta)$ 和 $G_0(r,\eta)$ 仅为 r 函数时，式(9-7)和式(9-8)又可写成

$$G_0(r) = \int_{-\infty}^{+\infty} \phi_1(x/r)G(x,r)\mathrm{d}x \qquad (9-9)$$

$$P_1 = \int_0^{\infty} f(r)\phi_2(r)G_0(r)\mathrm{d}r \qquad (9-10)$$

应该指出，式(9-8)中被积函数各因式的表达式，并非简单地将式(9-6)中的变量改写一下即可获得，而是按照积分的变量置换法则进行必要的推导才能得到。

式(9-1)、式(9-4)、式(9-6)、式(9-8)和式(9-10)都是计算一发导弹杀伤空中目标的概率的一般表达式。显然，为了计算一发导弹的杀伤概率，必须知道：

(1) 防空导弹武器系统的制导误差规律 $f(y,z)$；

(2) 当给定制导误差时，引信引爆点沿 x 轴的散布规律 $\phi_1(x/y,z)$；

(3) 与制导误差有关的引信引爆概率 $\phi_2(y,z)$；

(4) 目标坐标杀伤规律 $G(x,y,z)$。

9.1.2　多发导弹杀伤概率

一般情况下，单发导弹的命中概率不可能达到 100%，就不能保证首发命中目标。在某些情况下，为了保证导弹可靠地命中目标，要求提高命中目标的概率，可用几发导弹攻击一个目标。对一个目标发射多发导弹，有"连射"和"齐射"两种发射方式。

连射：第一发导弹发射出去后，经过判断，当它没有命中目标时，再接着发射第二发。这样依次发射，直到前一发导弹命中目标，就不再向该目标射击下一发导弹。或者说，连续射击是以给定的导弹数量和一定的发射时间间隔向目标射击的一种射击方式。这种射击方式的经济性比较差，但能保证高的杀伤概率。此射击方式可用于射击时间不受限制的情况，且必须预先规定用于射击的导弹数量。

齐射：在第一发导弹发射后，在其未命中目标之前的一段时间间隔内，依次向同一目标发射几发导弹。若设导弹全程飞行的时间为 t_N，接连发射两发导弹之间的时间间隔为 Δt，当 $(n-1)\Delta t < t_N$ 时，则称这种射击方式为"齐射"。这意味着，最后一发（第 n 发）导弹发射时，第一发导弹还未到达目标附近。

在特殊情况下,可取 $\Delta t = 0$,亦即几发导弹同时向一个目标射击。严格说,"齐射"这个术语仅适用于 $\Delta t = 0$ 的情况。通常,条件 $(n-1)\Delta t < t_N$ 仍然属于连续发射的一种情况。但为了讨论方便,此处将满足条件 $(n-1)\Delta t < t_N$ 的射击方式定义为"齐射"。显然,连续发射的条件为 $\Delta t > t_N$。

为了使导弹可靠地命中目标,每次齐射需要有足够的导弹数。现在讨论用 n 发导弹对同一目标进行齐射时,导弹命中目标的概率。

设 A 事件为 n 发导弹杀伤单个目标,$\overline{A}$ 事件为 n 发导弹未杀伤单个目标,A_i 事件为第 i 发导弹杀伤单个目标,$\overline{A_i}$ 事件为第 i 发导弹未杀伤单个目标,根据概率论原理,事件 $\overline{A}$ 相当于 $\overline{A}_1, \overline{A}_2, \cdots, \overline{A}_n$ 这 n 个事件同时发生,即

$$\overline{A} = \bigcap_{i=1}^{n} \overline{A}_i$$

若 n 发导弹杀伤目标是相互独立的事件时,则

$$P(\overline{A}) = P(\bigcap_{i=1}^{n} \overline{A}_i) = \prod_{i=1}^{n} P(\overline{A}_i)$$

按照对立事件概率之间的关系,有

$$P(\overline{A}) = 1 - P(A), \quad P(\overline{A}_i) = 1 - P(A_i)$$

则目标被 n 发齐射的导弹命中的总概率 P_n 为

$$P_n = P(A) = 1 - P(\overline{A}) = 1 - \prod_{i=1}^{n} P(\overline{A}_i) = 1 - \prod_{i=1}^{n} [1 - P(A_i)] \tag{9-11}$$

若每一发导弹杀伤目标的概率均相等(即 $P(A_i) = P$),则式(9-11)可改写为

$$P_n = 1 - (1 - P)^n \tag{9-12}$$

当 P 已知时,利用式(9-12)可以求得保证 P_n 时,所需的导弹数 n,即

$$n = \frac{\ln(1 - P_n)}{\ln(1 - P)} \tag{9-13}$$

齐射时 P,n 与 P_n 的关系曲线如图9-3所示。

由图9-3的曲线可知。当单发导弹命中概率 P 比较小时,想通过发射多发导弹来提高杀伤概率,必然会显著地增大导弹的发射量。因此,应尽量提高单发导弹杀伤概率。

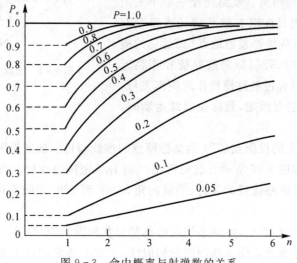

图 9-3　命中概率与射弹数的关系

9.2 导弹的杀伤区和发射区

杀伤区是防空导弹武器系统战术技术性能的集中体现,发射区是在杀伤区的基础上确定的。发射时机的确定与杀伤区和发射区密切相关,为了正确地确定防空导弹部队的战斗部署,灵活运用火力,充分发挥武器系统的战术技术性能,就必须深入了解杀伤区和发射区的概念。

9.2.1 地空导弹的杀伤区与发射区

1.地空导弹的杀伤区

(1)杀伤区的定义。杀伤区又称"攻击区",其严格定义是指制导站周围的某一空域,在这一空域内,导弹以不低于某一给定值的概率杀伤预定目标。也就是说,杀伤区内各点的杀伤概率可能是不相等的,但无论哪一个点的概率都不低于给定值。

杀伤区表示了导弹武器系统在一定射击效率条件下,对空中目标进行作战的高度、射程、航向参数、杀伤纵深等,是反映导弹武器系统作战能力最基本的综合性指标。有了杀伤区,部队才能编制射击条令,指战员有了射击条令,才能更有效地发挥武器系统作战能力。

(2)杀伤区表示方法。地空导弹武器系统理论杀伤区一般在地面直角坐标系中描述。理论杀伤区用远界、近界、高界、低界、仰角边界和航向角边界等来表示。现以单发导弹迎击空中目标为例说明各边界的定义和表示方法。

地面直角坐标系取制导站或导弹发射点为坐标原点 O;OX 轴在水平面上,且平行于目标速度矢量在该平面上的投影;OH 轴沿地垂线向上;OP 轴垂直于 XOH 平面,且按右手坐标系法则确定指向,如图 9-4 所示。

空中目标 T 在这一坐标系中的三个坐标为 H_T,X_T,P_T。坐标 H_T 表示目标所在的高度。坐标 P_T 表示目标运动的航路捷径。所谓航路捷径是指空中目标的航向在水平面上的投影至发射点的垂直距离。航路捷径也可理解成由坐标原点到目标航向在水平面上投影的最短距离。航路捷径一般不采用正或负的概念,而采用目标以右航路捷径或以左航路捷径相对于制导站(或导弹发射地点)而运动的概念。当计算目标航迹时,若目标向航路捷径作临近飞行,则 X_T 为正;若目标过航路捷径作远距离飞行,则 X_T 为负。而当发射点固定,目标做直线运动时,航路捷径则为常数。

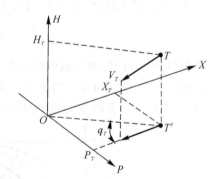

图 9-4 地面参考直角坐标系

从目标在水平面上的投影点(T')到坐标原点的连线与目标航向投影之间的夹角 q_T,称为目标运动的航向角,如图 9-5 所示。航向角在 $0°$ 到 $180°$ 范围内变化。当航向角在 $0°$ 到 $90°$ 之间变化时,目标作临近航路捷径的飞行;当航向角在 $90°$ 到 $180°$ 之间变化时,目标作远离航路捷径飞行。

在地面参数直角坐标系中,空间杀伤区的典型形状如图 9-6 所示。

为便于分析,再考虑到杀伤区各剖面的相似性,工程上通常把这个复杂的空间图形,用两个平面图形来表示。即将杀伤区分解为垂直平面杀伤区与水平平面杀伤区(或杀伤区的垂直平面和水平平面)。若以不同的航路捷径的垂直平面与杀伤区相交,就可得到一系列的垂直平面杀伤区;若以不同高度的水平平面与杀伤区相交,就可得到一系列的水平平面杀伤区。在实际应用中,一般只对几种典型情况下的平面杀伤区进行分析。实际上,把航路捷径 $P=0$ 的垂直平面杀伤区绕 OH 轴旋转,则可得到空间杀伤区。

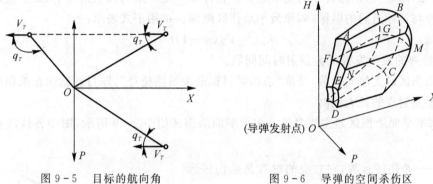

图 9-5　目标的航向角　　　　　　图 9-6　导弹的空间杀伤区

(3) 垂直平面杀伤区的主要参数。垂直平面杀伤区用航路捷径为参数的直角坐标系来表示,并以远界、近界、高界和低界的位置来表示。航路捷径等于零的纵向平面叫作典型截面。

在图 9-7 中各线段及符号意义如下:

$\overparen{AB}$——杀伤区高界,它对应的参数是杀伤目标的最大高度 H_{max};

$\overparen{BC}$——杀伤区远界,它对应的参数是杀伤区远界的斜距 D_y;

$\overline{AED}$——杀伤区近界,它对应的参数是杀伤区近界的斜距 D_r 和最大高低角 ε_{max};

$\overline{DC}$——杀伤区低界,它对应的参数是杀伤目标的最小高度 H_{min};

h——杀伤区纵深,即杀伤区水平截面内沿目标航向的截距。表示目标通过杀伤区的距离,它取决于目标飞行高度和航向,如图 9-8 所示。

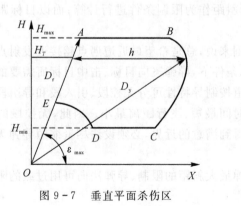
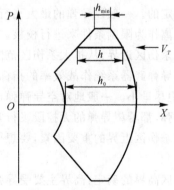

图 9-7　垂直平面杀伤区　　　　图 9-8　水平平面杀伤区纵深图

图 9-8 中各符号的意义:

h——航路捷径为 P 的杀伤区纵深;

h_0—— 航路捷径为 $P=0$ 的杀伤区纵深;

h_{min}—— 航路捷径为 P_{max} 的最小的杀伤区纵深;

V_T—— 水平飞行的目标速度;

P—— 航路捷径;

OX—— 坐标轴。

杀伤区纵深越大,杀伤目标的概率越大。在保证一定的杀伤概率条件下,最少发数的导弹在杀伤区内与目标遭遇的纵深,叫作最小杀伤区纵深。可用下式表示:

$$h_{min} = V_T(n-1)t \tag{9-14}$$

式中,n 为导弹的最少发数;t 为发射时间间隔。

所谓杀伤区最大航向参数,又称"杀伤区目标最大航路捷径",即目标航向在杀伤区水平面上的投影至发射点的最大距离。

(4)水平平面杀伤区的主要参数。水平平面杀伤区如图 9-9 所示,图中各线段和符号意义如下:

$\overset{\frown}{GM}$—— 杀伤区远界,它对应的参数是杀伤区远界斜距在水平面上的投影;

$\overline{GF}$,$\overline{MN}$—— 杀伤区侧界,它们对应的参数是杀伤区的最大航路角 q_{max};

h_0—— 也称杀伤区纵深,由图 9-8 看出 $h_0 = h(H,P)$。这里值得注意的是,杀伤区纵深 h 和 h_0 是不同的;

P_{max}—— 最大航路捷径。

P_0—— 杀伤区近界的最大航路捷径。

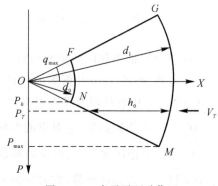

图 9-9　水平平面杀伤区

(5)影响杀伤区边界的主要因素。理论杀伤区(不计杀伤概率)的边界一般是由导弹武器系统特性、射击条件和空中目标特性等有关因素所决定。

1)理论杀伤区远界:杀伤区的远界主要是由导弹的最大飞行斜距和目标跟踪雷达的有效作用距离确定的。一般以导弹的最大飞行斜距作为限制条件进行计算;而以目标跟踪雷达的有效作用距离作为限制条件来进行校核。

2)理论杀伤区近界:从扩大杀伤区范围来说,总是希望最近遭遇点越接近发射点越好。即希望在满足导弹武器系统作战效率的指标条件下,导弹飞向目标、击中目标所需要的时间尽量短,遭遇斜距尽量小。一般地对空导弹弹道按制导特性可分无控段、引入段和导引段。不管什么类型的导弹,都希望导弹的无控段飞行时间最短、飞行距离最小。因此,无控段的飞行时间是影响理论杀伤区近界的重要因素,要想得到满意的近界,必须设法尽量缩短导弹无控段飞行时间。

3)杀伤区高界的确定:高界主要受导弹最大斜距的限制、导弹法向可用过载的限制和受连续射击条件的限制。

4)理论杀伤区低界的确定:杀伤区低界的位置,在很大程度上是根据武器系统的设计特点、制导方法、制导系统的性能、无线电引信参数以及雷达设备的低空性能等因素确定的。为了杀伤低空或超低空飞行的目标,必须满足:雷达站能够在要求的距离上发现并跟踪目标;在排除导弹触地的前提下,保证以足够的精度将导弹导向目标;消除地面对引信正常工作的影响。

5)杀伤区最大仰角:理论杀伤区的最大仰角也称为最大高低角。最大仰角面上遭遇点的弹道都是同高度上遭遇斜距最小、飞行时间最短的弹道,一般来说这些弹道的需用过载最大。对于地空导弹攻击迎面来袭的空中目标,导弹的斜距和高低角由小到大逐渐变化,当导弹和目标遭遇时高低角最大。因此,雷达仰角最大值必须大于或等于所有弹道的最大高低角。

6)杀伤区最大航向角:在选定航向角条件下,导弹的可用过载不能小于需用过载;最大航向角及其变化率必须在雷达跟踪方位角及其角速度的限制范围内;最大航向角及其变化率必须在导弹偏转角及其角速度允许范围内;最大航向角必须在导引头方位角跟踪的允许的范围内;最大航向角必须在导引方法方位前置角允许的范围内。

2.地空导弹的发射区

(1)发射区的定义。在发射导弹瞬间,能使导弹在杀伤区内与目标遭遇的所有目标位置所构成的空间,称为导弹的发射区,也就是说,当目标进入发射区时发射导弹,导弹就会在杀伤区内与目标遭遇。为正确地选择地对空导弹的发射时机,必须知道发射区的位置。

由发射区的定义可知,发射区与杀伤区有密切的联系。发射区的形状和大小除与杀伤区的形状和大小有关外,还与目标的飞行性能和飞行状态(比如是否机动)有关。

发射区与杀伤区一样,可以用垂直切面和水平切面表示,前者称垂直发射区,后者称水平发射区。

(2)发射区的确定。发射区与杀伤区有密切的关系,发射区的确定主要是根据杀伤区的形状按照一定的方法计算得到。下面以水平面杀伤区和发射区为例,说明确定发射区的基本方法。

1)目标作等速直线水平飞行时。如图9-10所示,$MNFG$ 为某高度上的水平面杀伤区,而 $M'N'F'G'$ 为 $MNFG$ 所对应的发射区。当目标作等速直线水平飞行时,确定发射区的条件只有一个:目标从发射区某一点 B' 飞到杀伤区的对应点 B 所需的时间等于导弹从发射到飞至杀伤区 B 点的时间,即

$$\frac{BB}{V_T}=t_B \quad 或 \quad BB=V_T t_B$$

式中,t_B 为导弹飞至 B 点所需的时间。

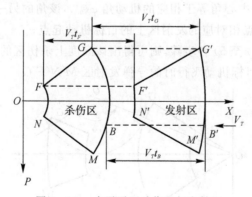

图 9-10　水平平面杀伤区与发射区

综上所述,在目标作等速直线水平飞行时,确定发射区的方法是,从杀伤区任一点 X 出发,把 X 点向目标飞行的相反方向移动 $\overline{XX'}$ 距离,就得到了 X 点在发射区所对应的 X' 点,而 $\overline{XX'} = V_T t_x$ (t_x 为导弹飞至 X 点所需的时间)。由于导弹飞到杀伤区各点所用的时间不同,故发射区的形状和大小与杀伤区的形状和大小不会完全一样。可见发射区并不是杀伤区完全平移的结果。

垂直平面发射区的确定方法与水平面发射区相同,如图 9-11 所示。

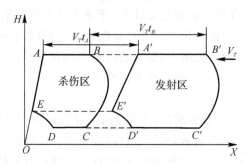

图 9-11　垂直平面杀伤区与发射区

2)目标机动飞行时。通常,空中目标进行反导弹机动的方法是以尽可能大的坡度作水平圆周运动。

设从目标开始机动到与导弹遭遇,目标的飞行时间为 t_T,导弹飞到遭遇点所需的时间为 t_m,则目标免遭杀伤的条件是 $t_T < t_m$。在目标机动的条件下,由杀伤区求作发射区的方法步骤如下(以水平平面为例):

1)首先画出某高度上的杀伤区 $MNFG$,如图 9-12 所示;

2)根据目标特性,计算出目标最小机动半径:$R_{\min}$;

3)在杀伤区上选定特征点(一般选 M,N,F,G 等点为特征点,在此,任取 X 点为特征点),并由导弹的射程 $D(t)$ 图查得导弹飞到该点所需的时间 t_{mX},该时间就是遭遇时间;

4)算出目标对应该点(X 点)的机动角 $\varphi_{X\max}$;

5)连接 O,X 两点,并在 OX 的延长线上截 XO' 等于目标的最小机动半径 $R_{\min}$。再以 O' 点为圆心,以 $R_{\min}$ 为半径作一圆弧;

6)从 XO' 量起,量一中心角等于相应的机动角 $\varphi_{X\max}$,该角的另一半径交圆弧于 X' 点,则 X' 点即为与杀伤区上 X 点相对应的发射区上的目标机动起点;

7)对各特征点重复 3)至 5)各步骤,则可得出该高度上杀伤区的其他对应点,最后连接这些点,就可获得所需要的目标机动飞行时的导弹发射区 $M'N'F'G'$。

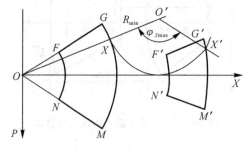

图 9-12　目标机动飞行时的发射区

　　(3)可靠发射区。所谓可靠发射区是这样的空间
区域：当目标进入这个空域时发射导弹，不论目标如何
飞行(直线飞行或机动飞行)，导弹都将可靠地以给定
的概率杀伤目标于杀伤区内。由此可知，可靠发射区
是当目标作等速水平直线飞行时的导弹发射区与当目
标作机动飞行时的导弹发射区共同决定的一个发射
区，即两个发射区相重合的部分，它同时满足上述两个
发射区所有限制条件。

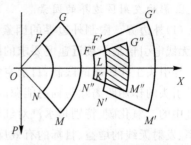

图 9-13　导弹的可靠发射区

　　因此，确定可靠发射区很简单。把目标机动时和不机动时的两个发射区按同一比例画在
一张图上，则重合部分就是所求的可靠发射区，如图 9-13 所示。

9.2.2　空空导弹的发射区(攻击区)

1.发射区及其特点

　　空空导弹武器系统的发射区也叫攻击区，它是目标周围的这样一个空域：当载机在此空域
内发射导弹时，导弹就以不低于某一给定的概率杀伤目标。若在此区域外发射导弹时，则导弹
杀伤目标的概率将低于某一给定值，甚至下降为零。

　　发射区是空空导弹武器的综合性能指标。它不仅提供了简明的使用条件，而且还全面地
评价了武器系统的优、缺点，为今后改进导弹设计指出了方向。

　　通常，空空导弹发射区的形状大致如图 9-14 和图 9-15 所示。

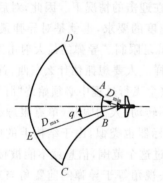

图 9-14　尾追攻击的攻击区形状

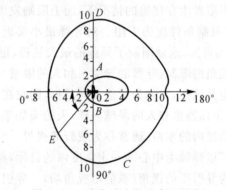

图 9-15　全向攻击的攻击区形状

　　图中：$\overparen{AB}$——发射区的近界或内界，它对应的参数是导弹最小允许发射距离 D_{min}；

$\overparen{CD}$——发射区的远界或外界，它对应的参数是导弹最大允许发射距离 D_{max}；

$\overparen{AD}$，$\overparen{BC}$——发射区的侧界，它对应的参数是导弹最大允许发射角，

q——E 点进入角(发射角)。

　　攻击区中内边界为最小允许发射距离边界，即近界；外边界为最大允许发射距离边界，即
远界。从空空导弹攻击区可以看出，迎头攻击的最大允许发射距离与最小允许发射距离明显
大于尾后攻击的最大允许发射距离与最小允许发射距离。这是因为迎头攻击时，导弹与目标
间的相对速度是两者之和；而尾后攻击时，则是两者之差。在同样时间内迎头比尾后飞行距离
更远。

2.影响发射区边界的因素

（1）外边界。限制外边界的因素主要有导引头工作距离的限制、弹上能源工作时间的限制、无线电引信最小接近速度要求的限制和导引头视角的限制等。

导引头工作距离的限制：目前空空导弹上广泛使用的为雷达导引头和红外线导引头。红外导引头的作用距离除与辐射能源的功率大小有关外，还与使用高度和气象条件有很大关系，大气中的二氧化碳、特别是水汽对红外线的吸收作用非常强；雷达头的最大作用距离与发射机功率、发射天线的增益、目标的有效反射面积、接收天线的面积和接收机的灵敏度有关。增大发射机功率和接收天线的面积可以提高最大作用距离，但会使发射机的体积和质量增加。因此，对雷达导引头来说，增大作用距离最好的方法是增大发射机天线的增益和提高接收机的灵敏度。

弹上能源工作时间的限制：弹上能源是指控制系统所用的电源和推动舵机的能源。一旦能源工作结束，则导弹将失去控制飞行的能力，也不能作所要求的机动飞行，因此，就无法保证有效地击中目标。也就是说能源的有效工作时间，限定了导弹的有效飞行时间，也就限定了导弹的航程。

无线电引信最小接近速度要求的限制：若导弹采用多普勒无线电引信，引信的延迟时间与多普勒频率成反比，频率越高，延迟时间越短，反之，频率越低，则延时越长。而多普勒频率又与接近速度成正此，因此，延迟时间也就与接近速度成反比。这种引信对相对接近速度有一定的要求，太小了，延迟时间太长，导弹已飞过目标才爆炸，反之，接近速度太大，目标还未进入战斗部的威力范围，战斗部就已经爆炸了，结果都使引战配合效率大大降低。对空空导弹来说，接近速度的下限发生在尾追的情况下，而上限则发生在迎击的情况下。因此，对后半球攻击的导弹来说，其限制条件应为下限。对导弹最小接近速度的要求，也就是对导弹最小速度的要求。由 $V(t)$ 图可知，这就限制了导弹的最大航程，也就是限制了导弹的最大射击距离。

导引头视角的限制：导弹的导引头和人的眼睛一样。人要想抓住什么东西，首先必须能看见它。导弹也是这样，导弹为了能飞向目标，则它在整个飞行过程中必须始终"盯"住目标。另外，导引头的位标器也和人的眼球一样，人的头如果不转动，人的眼睛（单靠眼球的转动）也只能看见一定角度内的东西，通常称为视野或视界。位标器也类似，由于结构上的原因，位标器也只能"看见"以弹轴为中心的一定角度内的目标，超过这个范围，信息就不能被接收。这个角度通常被称为导引头的视角（或静态视角场）。导引头视角等于导弹的前置角与冲角之和，前置角与导弹的速度有一定的关系，速度越小，则要求前置角越大。对空空导弹来说，多采用被动段攻击，其飞行速度越来越小，遭遇点的速度为最小，那么前置角应为最大。这时，导引头的视角必须满足大于最大前置角与遭遇点的最大冲角之和。

（2）内边界。限制内边界的因素有引信解除保险时间的限制、引信对最大相对接近速度要求的限制和导引头视角的限制等。

引信解除保险时间的限制：引信是战斗部的启爆装置，属于危险部件，为了保障地勤人员及载机的安全，空空导弹的引信在发射前及发射后的一段时间内，电路是断开的，处于保险状态，保险解除后才能工作。在保险时间内导弹是不能与目标相遇的，因为这时引信没有工作，因此，即使导弹与目标相遇，除非是直接命中，否则是不能摧毁目标的。这个时间定了，导弹的航程也就定了。

引信对最大相对接近速度要求的限制：外边界的限制条件中有引信最小相对接近速度的

限制,因为空空弹多采用被动段攻击,所以最小速度限制了最大射击距离,而最大接近速度则限制了最小射击距离。导弹技术说明书中,关于引信相对接近速度的要求都是一个范围,如某空空弹的说明书中规定:导弹接近目标的速度为 100～600 m/s,而美国的响尾蛇空空导弹则规定为 150～800 m/s。原理和计算方法都和最小接近速度的限制相同。

导引头视角的限制:理由与前述相同,不再叙述。

(2) 侧边界。空空弹攻击区的侧边界和地空弹水平平面杀伤区的侧边界的性质是完全类似的。在地空导弹的杀伤区中用最大航路角 q_{max} 来表征它,而在空空导弹的发射区中用攻击角(也用 q 表示)或射击投影比来表征它。攻击角是目标航线与目标观察线(目标线)之间的夹角。限制侧边界的因素主要是导弹的可用过载和导引头的视角。

9.2.3 发射区和杀伤区的应用

利用发射区与杀伤区可以确定防空导弹武器系统发射时机与方法。其方法一般由两种,基于发射区数据确定发射时机的方法和基于杀伤区数据确定发射时机的方法。

基于发射区数据确定发射时机的方法是指根据发射(引导)显示上的发射远、近界标志(水平标线)的位置确定发射时机的方法。在发射导弹前,制导(或跟踪)雷达必须随时对空中目标进行跟踪,测量目标的飞行高度、速度和航路捷径等飞行诸元。根据目标的飞行高度、速度和航路捷径由射击指挥仪计算出发射区的远、近界斜距离,并在发射(引导)显示器上显示其标志;或在提前计算好的发射数据表中查出发射区的远、近界斜距离;在制导(或跟踪)雷达对目标进入稳定跟踪后,显示器上的目标标志(或回波信号)处于发射远、近界标志之间时即可发射导弹。

基于杀伤区数据确定发射时机的方法是指根据发射(引导)显示器上的杀伤远、近界标志(遭遇线)的位置确定发射时机的方法。与基于发射区数据确定发射时机的方法类似,在发射导弹前,制导(或跟踪)雷达必须随时对空中目标进行跟踪,测量目标的飞行高度、速度和航路捷径等飞行诸元。根据目标的飞行高度、速度和航路捷径,由射击指挥仪计算出杀伤区的远、近界斜距离,并在射击指挥显示器上显示其标志;或在提前计算好的杀伤区数据表中查出杀伤区的远、近界斜距离。在制导(或跟踪)雷达对目标进行稳定跟踪后,由遭遇距离计算系统预测导弹与目标在杀伤区内的遭遇点位置,并显示其瞬时遭遇点标志。当显示器上的瞬时遭遇点标志(或回波信号)处于杀伤远、近界标志之间时,即可发射导弹。

由于发射区内各点与杀伤区内各点存在一一对应的关系,如果遭遇距离计算系统预测导弹与目标在杀伤区内的遭遇点位置没有误差,当目标标志(或回波信号)等于发射区远、近界斜距离时,则遭遇点位置等于杀伤区远、近界斜距离。因此,无论采用上述哪种方法确定发射时机,其实质是一样的,都是为了使目标处于发射区时发射导弹,以保证导弹与目标在杀伤区内遭遇。

正确灵活地选择导弹的发射时机,对取得良好的射击效果有重要作用。在选择导弹的发射时机时,应考虑的主要因素有目标性质、目标在发射区的飞行时间、发射的种类(单发或多发)、有无后续目标和上级的指示等。

9.3 防空导弹作战过程

9.3.1 地空导弹作战过程

地空导弹武器系统的种类型号不同,其具体作战过程存在一定的差异。一般来讲,其作战过程可分为搜索发现识别和指示目标、跟踪目标和射击诸元计算、发射导弹、导弹飞行控制、导弹引爆和射击结果评估等。

1. 搜索发现识别和指示目标

搜索发现识别和指示目标过程包括目标搜索、目标识别、威胁判定、拦截适宜性检验和目标分配等内容。

目标搜索可采用自主搜索或接受上级空情通报,当无目标指示或目标指示数据不明确时,制导雷达波束在空间要作大范围扫描搜索;如目标指示较明确,则采取波束在指示空间位置附近作小范围扫描的方法。

目标识别的任务是判别目标的属性、类别等。

威胁判定的目的是判别目标的威胁程度,也即对来袭目标对被保卫对象的威胁程度的预测,是指挥控制过程中目标优化分配的主要依据之一。

拦截适宜性检验的内容是判别目标是否适宜拦截,判别导弹与目标的遭遇是否在杀伤区内。

目标分配的任务是根据目标信息和武器状态,按预定的准则,向下属火力单元或目标通道指示射击目标,以最大限度地发挥整个武器系统的作战效能。

2. 跟踪目标和射击诸元计算

在制导雷达发现目标后,则控制探测跟踪波束对准目标并不断测出角度、距离、速度等数据,此过程称为跟踪。制导雷达不断对目标进行跟踪,指挥控制设备根据制导雷达送来的目标数据,不断计算目标高度、目标的航路捷径、目标在发射区内的停留时间和瞬时遭遇点的位置等,这些参数统称为射击诸元。

因此,跟踪目标就是指对目标进行稳定跟踪,并计算射击诸元的过程。在稳定跟踪目标的同时,指挥员做出发射决策(包括确定发射决心和确定设计一个目标的导弹数量、通道和制导方式等),这一项工作由指挥员根据实际情况和预先制定的预案完成。

3. 导弹的发射

当指挥控制设备计算的射击诸元满足射击条件时,便可控制发射导弹。发射导弹分为人工和自动两种。人工发射,即由操纵人员按下发射按钮,才发出发射指令送往发射装置;自动发射则是当满足给定条件时,指挥控制设备自动发出发射指令。对每个目标发射导弹数量通常为1～3枚。对每个目标发射首发导弹,一般采用人工方式,第二发、第三发可采用自动发射方式。当采用1发以上导弹拦截一个目标时,第二、第三发与第一发、第二发的间隔一般为3～6 s,也可由操纵人员决定其间隔。

4. 导弹的飞行控制

任何导弹的飞行控制都按发出发射指令→弹动→引导→发出引爆指令(杀伤目标)这一过程来进行。

对全程雷达半主动寻的的导弹,在发出发射指令前的发射准备阶段,指挥控制系统还应控制弹上导引头将工作频率调谐到照射频率上,并使导引头天线在角度上对准目标,在导引头捕捉到目标后,才能发射导弹。引导阶段,地面照射装置不断照射目标,弹上导引头接收目标反射的照射能量,并一般按比例导引法形成导引指令,送至控制系统(自动驾驶仪),控制系统控制弹上飞行操作机构,使导弹沿理想弹道飞向目标。

对遥控指令制导的导弹,弹动后导引先处于自由飞行阶段,然后才被制导雷达的波束截获(即飞入波束并被制导雷达跟踪),然后制导雷达不断测出目标、导弹的位置数据和运动参数,根据规定的制导规律,由制导雷达产生引导指令,发射给导弹。导弹接收引导指令后,由控制系统给出控制信号,控制执行机构和操纵面,使导弹沿理想弹道飞行。

5. 导弹引爆和射击结果评估

导弹发射后,依据指令逐级解除引信保险,当导弹飞至离目标一定距离(如"SA-2"为535 m)或离遭遇时刻前一定时间间隔(如"SA-10"为 0.15 s)时,由制导雷达或导引头发出待发指令,弹上引信开始工作,当引信接收的目标信号强度、频率达到一定值时,引信形成引爆指令,引爆战斗部。

导弹战斗部引爆后,由制导雷达根据目标跟踪数据的变化、制导雷达与导弹的通信变化等情况,评估是否杀伤目标。

9.3.2　空空导弹作战过程

空空导弹的作战过程与不同类型的空空导弹或不同的载机平台、同一种空空导弹的攻击方式(迎头攻击、尾追攻击或越肩攻击)以及机载雷达的工作模式有关。一般来讲,可分为导弹挂机飞行、导弹准备、导弹发射和作战飞行阶段。

1. 导弹挂机飞行阶段

导弹挂机飞行阶段一般包括载机起飞至战区、实行目标搜索、识别和跟踪。

载机根据作战指令,携带导弹飞向作战空域。载机在作战空域内搜索到目标后,作机动占位飞行,以构成空空导弹的发射条件:一是位于导弹发射包线以内,满足导弹发射距离要求,使载机与目标之间的距离小于导弹的最大允许发射距离且大于导弹的最小发射距离;二是使载机的发射轴线满足允许的发射瞄准误差要求,包括方位角误差、俯仰角误差。空空导弹挂机飞行主要包括以下步骤:

(1)导弹挂机后,座舱挂弹灯亮。

(2)载机受命起飞,地面指挥系统引导载机接敌。飞行员打开"位置选择开关",选择左或右发导弹准备或两发同时准备,雷达、火控计算机准备好,对半主动寻的空空导弹还要求连续波照射器接通。

(3)载机给导弹供电、供气(主要用于红外被动寻的空空导弹,导引头一般需提前 2 min 制冷),使导弹处于工作状态。

(4)载机被引导至雷达可发现目标的区域,开机搜索目标,一旦搜索到目标,截获并转为跟踪状态。

(5)雷达截获目标后,对目标进行威胁判断,火控系统选择优先攻击目标或多目标制导攻击。

2.导弹准备阶段

导弹准备阶段一般包括导弹供电、供气、发动机解除保险和导引头调谐好等。

导弹准备是当载机位置、姿态满足导弹发射要求，并完成了载机发射前准备工作时，导弹在发射前应准备的工作状态和装订的逻辑参数等内容。不同类型空空导弹装订的参数不同，导弹准备的程序也不同。一般包括以下内容：

(1)向导弹送预装信号，如目标类型、目标高低角、方位角、发射距离、飞行速度、高度指令；

(2)发控系统向导弹提供发动机解保指令，并接收发动机解保回答；

(3)火控系统向导弹提供照射基准信号，导引头完成接收机频率调谐好（对半主动寻的空空导弹）；

(4)惯性器件（如陀螺）快速起动并达到一定的额定值。

3.导弹发射阶段

导弹发射阶段一般包括弹上能源点火、初始参数的装订和发动机点火等。

导弹发射即为点火程序。点火程序开始的条件是导弹准备好（如导弹调谐好、发动机解除保险、导弹加电一定时间），发射距离落在允许攻击区范围内等。空空导弹的发射主要包括以下过程（以导轨式为例）：

(1)飞行员扣扳机或按发射按钮，弹上能源点火启动，弹上电源、液压源或气压源开始工作；

(2)当液压达到一定值时舵面机械开锁，导弹向火控系统送"液压返回"等信号；

(3)战斗部安全执行机构解除一级保险；

(4)导引头天线开始转动到预定位置；

(5)一定时间后电源转换，载机切断外部电源，由弹上自主供电；

(6)当一切信号正常时，发控系统向导弹送发动机点火指令，发动机点火；

(7)发动机点火起动，发动机产生的推力推动导弹沿发射架向前运动（发射装置可能会设置锁制力），并与各种电气插座快速分离，至此点火程序结束。

采用弹射方式发射空空导弹时，发动机实行延迟点火，即导弹从发射架上弹射分离后，发动机在空中点火。

4.飞行程序阶段

导弹飞行阶段从导弹离开发射架开始，一般包括程控段的初制导、捷联惯性制导无线电指令修正的中制导、中末制导交班及导引头截获和寻的飞行阶段、引信解封及摧毁目标的阶段和导弹自毁阶段。

根据空空导弹战术类型或制导方式的不同，导弹飞行阶段可以分为初制导、中制导和末制导；按发动机推力作用时间分主动段和被动段；对于近距格斗空空导弹或中距拦射空空导弹在飞行全程中可能是单一制导模式，比如全程红外被动寻的、全程半主动雷达寻的等。远程空空导弹为弥补末制导作用距离的不够，一般采用复合制导，初制导为捷联惯性制导或无线电指令（或数据链）修正，中、末制导可能是红外被动寻的、雷达主动寻的以及复合制导飞行，对复合制导空空导弹来说，主要是考虑导弹初、中、末制导的交班要求。笼统地来说，空空导弹的飞行程序主要包括如下内容：

(1)导弹离开发射架以及载机时，不作机动飞行，以免因机动飞行与载机相撞。导引头不给控制指令信号，也可导弹先作左右侧下滑机动飞行，有意避开飞机，以免发动机喷出的热气

流进入飞机进气道,引起飞机发动机空中停车;

（2）导引头开始搜索或截获跟踪目标,自动驾驶仪三个回路开始工作,导弹起控飞行,按程序指令、无线电指令或给定的导引规律寻的飞行;

（3）战斗部安全执行机构解除二级保险;

（4）若飞行中导引头丢失目标,导引头重新搜索、跟踪或截获目标;

（5）中、末制导交班或转被动段飞行,进入雷达主动寻的、半主动寻的或红外被动寻的飞行;

（6）弹目距离小于一定值时,引信开机;

（7）导弹接近目标时,引信解封;

（8）当导弹与目标交会时,满足导弹姿态与目标交会几何关系时,非触发引信输出起爆信号,经一定的时间延迟后,战斗部起爆。或者导弹碰撞目标,触发引信输出起爆信号,战斗部起爆;

（9）导弹过靶一定时间后自毁。

9.3.3　舰空导弹作战过程

舰空导弹武器系统典型作战过程可以概括为四个阶段,即目标探测、作战指挥、制导控制和效果评估。四个阶段又可细分为十三项事件,即搜索、跟踪、敌我识别、拦截适宜性检查、威胁评定、威胁排序、发射决策、武器分配、火控计算、发射控制、导弹引导、监视和控制拦截、拦截效果评定,如图 9-16 所示。

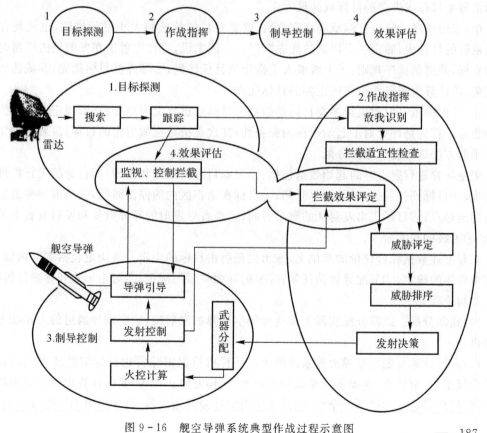

图 9-16　舰空导弹系统典型作战过程示意图

1.目标探测

(1)搜索。根据编队指挥控制中心或本舰警戒雷达系统的目标指示,确定搜索方式,控制警戒雷达或其他传感器装置调转到指定的空域,进行目标搜索。一旦搜索到目标,转入跟踪方式并锁定目标。同时,舰空导弹发射装置随动并快速指向目标来袭方向。

(2)跟踪。在舰载雷达探测到目标并稳定跟踪目标之后,跟踪雷达的信息处理系统开始航迹处理,建立航迹文件。在获得目标稳定的航迹之后,向本舰作战指控中心报告;同时,本舰作战指控中心通过数据链路把其他邻舰和编队指控中心送来的该目标航迹,进行数据融合和相关处理。如该目标航迹与已经存在的目标航迹相关,就将已有的目标识别履历和状态发送到火力单元;如果不相关,就建立新的航迹文件,这样就可以保持本舰舰空导弹系统和邻舰之间有关目标航迹的连续性。

2.作战指挥

(1)敌我识别。为了确定空中目标的敌我性质,应根据预定的准则进行敌我识别。可以先通过自动或人工方式发出敌我识别询问,然后根据空中目标应答的结果,并综合该目标的其他行为信息,从而确定目标的敌我性质。

(2)拦截适宜性检查。根据目标识别的结果和当前正在执行作战任务的舰空导弹武器的工作状态.确定目标是否可以作为本舰的拦截对象。

(3)威胁评定。为了最有效地使用舰空导弹武器,通常只对被确定要拦截的目标,进行目标的威胁评定。一种比较实用的规则是,如果目标飞近我舰艇,且航路捷径不大于临界航路捷径,就确定为威胁较大目标。对于低空/超低空乃至中低空目标,由于这种情形杀伤区较小,所以沿武器主目标线进袭的目标威胁最大。

(4)威胁排序。经过目标威胁评定之后,就要对目标的威胁大小进行排队,也就是在所有具有威胁的目标中,确定一个拦截的优先顺序。一般来说,应首先射击在发射区内停留时间最小的目标,并遵循排序规则:①上级或人工指定的目标优先;②导弹类目标优先;③威胁大的目标优先;④计算遭遇点距杀伤区近界的目标优先。

(5)发射决策。发射决策主要目的是给每个目标通道分配舰空导弹,即确定分配导弹的类型和数量。首先是评价射击起始数据的完备性;其次是决定拦截射击的目标;最后是采用自动或手动的方法进行舰空导弹分配。

舰空导弹进行射击时的起始数据包括:①跟踪目标的数量和类型;②目标的飞行特性和威胁程度;③目标到达发射区远、近界时间;④目标在杀伤区内的停留时间;⑤当前导弹发射拦截目标的遭遇点;⑥目标飞出发射区的剩余时间;⑦准备好发射的导弹数量和发射装置上的导弹总数;⑧上级的相关命令。

在对上述数据综合评价的基础上,做出拦截射击目标的决定。该决定包括如下内容:①目标射击顺序的确定;②分配导弹消耗量;③发射导弹类型的确定;④射击形式和导弹发射间隔。

3.制导控制

(1)武器分配。武器分配实际上是选择舰空导弹的发射架,确定制导通道的工作状态和发射时机。

(2)火控计算。舰空导弹火控系统的火控计算机根据跟踪雷达目标信息及装入的目标运动数学模型、弹道特性、导弹运动参数和射击条件、偏差修正量等,实时计算出舰空导弹的发射区、导弹拦截遭遇点和拦截安全性等,并确定舰空导弹的通道数、每个通道的导弹发射数,以及单/连射发射方式等。

（3）发射控制。发射控制装置将火控计算机实时计算的射击诸元,装订到导弹及发射装置,实施导弹发射。一旦满足发射条件自动形成发射指令,此时可自动启动不可逆程序,发射舰空导弹。

（4）导弹引导。舰空导弹制导控制系统根据制导体制和导引规律,引导控制舰空导弹飞向目标,并在预定的拦截遭遇点击毁空袭目标。如果在引导控制舰空导弹飞向目标的过程中目标突然丢失,舰空导弹应及时改变拦截目标。如果无可拦截目标时,控制舰空导弹自毁。

4.效果评估

（1）监视、控制拦截。导弹发射后,舰空导弹制导控制系统应实时监视导弹从发射装置上离架、跟踪截获及导弹制导的状况。当导弹未离架,或导弹未被截获,以及制导中断时,应迅速补充发射导弹,以保证对目标射击所分配的导弹数量。在射击过程中,对待发导弹的储备量及发射装置上的导弹也要进行监视。

（2）拦截效果评定。舰空导弹火控系统根据对来袭目标的杀伤效果评定,确定是对目标进行补充射击,还是转移火力;同时将结果报告给上级,以确定总的战术态势。杀伤效果评定的依据是:①导弹跟踪波门与被射击目标的回波重合;②目标回波分裂或消失;③目标径向速度的急剧变化;③目标应答信号中断等。

在目标被有效拦截后,可以采用自动或手动方式释放相应的目标通道和导弹通道。射击完所有的目标后,发出退出战斗状态的指令,停止雷达辐射。

9.3.4　反导导弹作战过程

反导作战的样式,按照拦截时机,可分为助推段(上升段)、中段(自由段)、末段(再入段)拦截等。一般情况下,末段低层拦截属于战术反导,末段高层拦截既可执行战术反导任务,也可执行战略反导任务,助推段拦截和中段拦截属于战略反导。

助推段拦截,是指当战术弹道导弹在起飞段时,可以使用机载激光武器(ABL)、机载动能拦截导弹对其进行的拦截。助推段拦截的优点:一是弹道导弹飞行速度相对较慢;二是弹道导弹的主发动机工作,尾部的红外辐射强,便于及时发现、及时预警;三是弹头与助推火箭尚未分离,雷达截面大,易于探测和跟踪,便于一次打击;四是可以将其摧毁于敌国领土或公海上空,导弹残骸不会给本国领土带来危害。助推段拦截,对拦截系统的跟踪能力、反应能力提出很高的要求,虽然美、俄等国已在研究探讨相关技术和武器系统,但离实战应用还有很大距离。

中段拦截是指利用地基高层反导防御系统或空基、天基拦截系统,对自由飞行段的弹道导弹实施防御和对抗的反导作战样式。中段拦截的优点是,弹道可预测,飞行时间相对较长,便于多次进行拦截,即使拦截失利,由于发现跟踪较早,也可为末段拦截创造条件。但此段拦截的技术难度很大,这是因为此时弹道导弹的飞行速度快,飞行弹道高,同时由于弹道导弹施放诱饵以及电离层的反射,在中段可能形成巨大的干扰带和无数的假目标,从而给目标的捕捉和跟踪带来很大困难。

末段高层拦截是指在高度 $30 \sim 100$ km 对其进行的拦截。高层拦截可保护较大的区域,亦称面防御。同时,由于拦截高度较高。拦截的时间也相对较长,如拦截失利,还可由末段低层武器对其进行二次拦截,而且从技术上讲,也比较容易实现。因此,世界上有能力的国家除发展现有末段低层反导武器外,都在竞相发展末段高层反导系统,如以色列的"箭式"反导系统、美国的 THAAD、俄罗斯的"安泰-2500"等,其中大部分是地(海)基防空导弹。不久的将来,机载导弹或机载激光武器也可用于末段高层拦截。

末段低层拦截,是指在弹道导弹的再入段,高度 30 km 以下进行的拦截,也是对弹道导弹拦截的最后一道防线。低层拦截只能保护较小的区域,因此也称为点防御。其优点是所需技术简单,易于实现。缺点是拦截时间短,必须在空中摧毁来袭导弹弹头,否则弹头落地仍将给保卫目标造成伤害。对于末段低层拦截,防空导弹是最主要的反导武器,其主要作用是对威胁己方目标的敌方战术弹道导弹弹头实施低层拦截。

要成功地拦截弹道导弹,首先,应该具备完善的预警网(即由天基、空基、面基预警系统构成的三维预警体系);其次,要有高效的指挥控制系统;再次,要有高性能的拦截武器系统(当前主要的拦截武器系统是防空导弹)。因此,对弹道导弹实施拦截可分为预警探测、跟踪监视、系统分析、指挥决策、适时拦截等几个阶段,如图 9-17 所示。

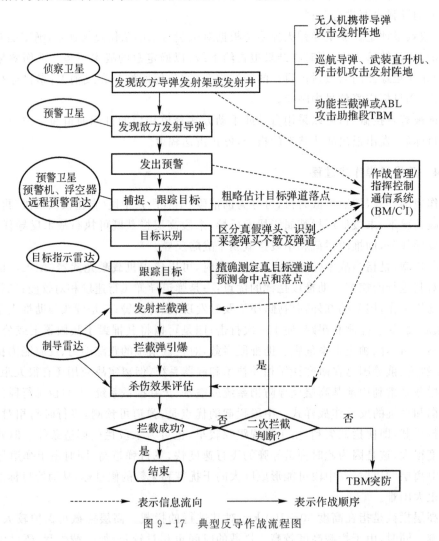

图 9-17　典型反导作战流程图

在来袭弹道导弹发射起飞,穿过稠密大气层后,弹道导弹预警系统中的导弹预警卫星或预警飞机上的红外探测器就能探测到导弹火箭发动机的喷焰,跟踪其红外能量,直到熄火。经过

60～90 s 的监视便能判定其发射位置或出水面处的坐标,跟踪其弹道,并初步判定导弹的飞行方向和弹头落点,向可能受到攻击的地区及其防御系统发出预警信号。

当导弹穿过电离层时,喷焰会引起电离层扰动,预警卫星监视这种物理现象,进一步核实目标。例如,美国第三代地球同步轨道反导弹预警卫星上的红外望远镜能探测发射 5～60 s 的导弹喷焰,这将为反导弹系统提供一定的作战时间。在 2006 年部署的天基红外导弹预警卫星系统,能在 10～20 s 内将预警信息传递给地基反导弹系统。预警卫星发现导弹升空后,通过作战管理/指挥、控制、通信系统(BM/C³I),将目标弹道的估算数据传送给空间防御指挥中心,并向远程地基预警雷达指示目标。

预警雷达的监视器则自动显示卫星上传来的导弹喷焰的红外图像和其主动段的运动情况,并开始在远距离上搜索和跟踪目标。预警雷达的数据处理系统估算来袭目标的数量、瞬时运动参数和属性,初步测量目标弹道、返回大气层的时间、弹头落地时间、弹着点、拦截导弹的弹道和起飞时刻以及拦截导弹发射所需数据等。同时预警系统根据星历表和衰变周期,不断排除卫星、再入卫星、陨石等空间目标的可能性,以降低预警系统的虚警概率,减少预警系统的目标量。

预警系统根据探测到的信息识别目标的特性、评估目标的威胁程度,并将准确的主动段跟踪数据和目标特征数据通过 BM/C³I 系统快速传送给指挥中心,指挥中心对不同预警探测器提供的目标飞行弹道数据统一进行协调处理,根据弹头的类型、落地时间以及战区防御阵地的部署情况和拦截武器的特性等因素,提出最佳的作战规划,制订火力分配方案,并精确计算出来袭导弹的飞行弹道,适时向选定的防御区内反导弹发射阵地的跟踪制导雷达传递目标威胁和评估数据,下达发射指令。根据指挥控制系统的指令,及时发射拦截导弹。

在拦截导弹起飞前,跟踪制导雷达监视、搜索、截获潜在的目标,进行跟踪,计算目标弹道,并在诱饵中识别出真弹头。一枚或数枚拦截导弹发射后,先按惯性制导飞行,制导雷达对其连续跟踪制导,以便把获取的、更新的目标弹道和特征数据传输给拦截导弹,同时将跟踪数据发往指挥中心。

拦截过程中,地面雷达连续监视作战区域,收集数据,进行杀伤效果评定,同时将数据传送至空间防御指挥中心,以决定是否进行第二次拦截。

作战管理,指挥、控制、通信系统(BM/C³I)是整个防御系统运行的关键,它将多种探测器的探测和识别能力进行融合集成,做出包括人工参与的作战决策,给拦截弹下达发射命令,负责各系统之间的通信,监测作战过程,并对拦截弹射击效果进行评估。

附录　世界各国典型防空导弹介绍

附录 1　地空导弹

1. 地空导弹(美国)波马克(Bomarc)CIM-10

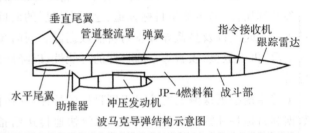

波马克导弹结构示意图

简介		波马克是美国 20 世纪 50—60 年代初研制和装备的第一代远程地对空导弹。担任美国本土区域防空,用于拦截中、高空飞机和飞航式导弹。1951 年 1 月,波音公司和密执安大学航空研究中心与空军签订了合同,开始研制波马克导弹系统。1952 年第一部基本型(A 型)样机进行试验,1956 年定型,1957 年生产,1960 年开始装备美国空军防空部队。 导弹弹体为圆柱形,头部呈锥形。长细比为 16:1。弹翼平面为切去顶部的三角形,相对厚度为 3%,前缘后掠角为 50°,翼尖有三角形副翼,绕与翼展方向垂直的轴转动,以保证导弹横向稳定

主要战术 技术性能 (A/B)	目标	高空飞机、超声速轰炸机、飞航式导弹	
	作战空域	作战距离	320 km/741 km(最大)
		作战高度	18 km/24 km(最大),300m(最小)
	最大速度	2.5Ma	
	发射方式	固定阵地垂直发射	
	弹长	14.43 m/13.72 m	
	弹径	910 mm/884 mm	
	翼展	5.5 m/5.55 m	
	发射质量	6 800 kg/7 264 kg	

气动布局	正常式
制导体制	预定程序＋指令＋雷达主动寻的
引信	近炸引信

续 表

战斗部	类型	连杆杀伤式战斗部
	总质量	135 kg
	杀伤半径	30 m
动力装置		1台固体助推器(A型用液体助推器),2台冲压发动机

2. 地空导弹(美国)奈基-Ⅱ(Nike-Hercules)MIM-14

 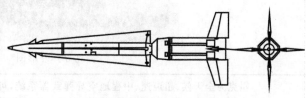

奈基-Ⅱ导弹外用示意图

简介	奈基-Ⅱ是美国20世纪50年代研制的一种全天候高空防空导弹系统。它主要用于国土防空和要地防空,保卫城市、基地和工业中心,是美国本土防空司令部"赛其"防守系统的组成部分,可对付中、高空高性能飞机,又可拦击战术弹道式导弹和巡航式导弹,亦可用来摧毁地面目标。 　　导弹弹体全部为铝或镁制件,形状类似箭头。导弹头部呈锥体,前段有4片三角形舵面,中段有4个大后掠角的三角形弹翼,它占全弹长度的3/4,每个弹翼均有副翼,靠发动机圆管上的控制环操纵,助推器尾部装有4片梯形稳定尾翼,后缘与助推器尾喷管齐平。舵面、弹翼和尾翼均呈"十"字形配置,并处于同一平面上

主要战术技术性能	目标		高空飞机、战术弹道导弹和飞航式导弹
	作战空域	作战距离	145 km(最大)
		作战高度	45.7 km(最大),1 km(最小)
	最大速度		2.5Ma(MIM-14A)/3.65Ma(MIM-14B/C)
	发射方式		固定和野战发射方式,近似垂直(85°)发射
	弹长		12.14 m
	弹径		800 mm(最大),538 mm(最小)
	翼展		2.28 m
	发射质量		4 858 kg
气动布局			鸭式
制导体制			无线电指令
引信			近炸引信
战斗部			装烈性炸药战斗部或核装药战斗部
动力装置			4台固体助推器,1台固体火箭发动机

3.地空导弹(美国)霍克/霍克改进型(HAWK)MIM-23

霍克导弹外形图

简介		霍克为全天候、超声速、中程地空导弹武器系统,可以拦截飞机、飞航导弹和战术弹道导弹。它主要用于要地防空,也可用于野战防空。1951年前后,美国决定发展机动性能好的中、低空反飞机导弹系统,由美国国防部委托美国陆军导弹司令部负责总管研制计划。主承包商为雷锡恩公司。 　导弹头部呈锥形,用玻璃钢纤维材料制成。弹翼为梯形,位于弹体中部稍后,按"×"形配置,前缘后掠角为76°,后缘与弹体垂直。一对弹翼的面积约为1.86 m²(包括弹体部分)。4片矩形舵接在弹翼后缘,除进行稳定和控制俯仰与偏航外,还控制导弹的滚动稳定,舵面用铝合金制成,一对舵的面积约为0.2 m²。弹体由5个舱段组成:导引头舱天线罩内装有抛物面天线;电子仪器舱装雷达接收机、无线电引信、自动驾驶仪、解锁装置及电源等;战斗部舱;动力装置舱装固体火箭发动机,其上有4片弹翼;最后舱为舵面伺服机构和电源/液压传动装置
主要战术技术性能(A/B)	目标	$Ma<2$ 的中低空飞机,改进型还可对付巡航导弹、战术弹道导弹和反辐射导弹
	作战空域	**作战距离** 高空目标:32 km/40 km(最大);2 km/1.5 km(最小) 低空目标:16 km/20 km(最大);3.5 km/2.5 km(最小)
		作战高度 13.7 km/17.7 km(最大);60 m(最小)
	最大速度	$2.5Ma/2.7Ma$
	发射方式	三联装倾斜发射
	弹长	5.08 m/5.03 m
	弹径	370 mm
	翼展	1.19m
	发射质量	584 kg/638 kg
气动布局		无尾式
制导体制		全程半主动雷达寻的
引信		无线电近炸引信或触发引信
战斗部	类型	破片杀伤式战斗部,改进型采用高爆破片杀伤战斗部
	总质量	45 kg,改进型质量约54 kg
动力装置		1台M22E8型单室双推力固体火箭发动机,改进型M112型双推力固体火箭发动机

4. 地空导弹(美国)小檞树(Chaparral)MIM－72

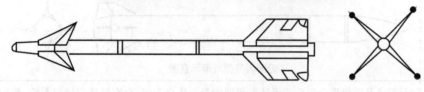

小檞树导弹外形图

简介	小檞树导弹是一种由美国劳拉尔公司研制的低空近程地空导弹系统,主要对付低空高速飞机和直升机,可用于野战防空和要地防空。该导弹是美国陆军从海军研制的响尾蛇-1C空空导弹移植而成的。 小檞树导弹采用鸭式气动布局,弹身为细长圆柱体,头部呈半球形,有4片三角形舵面,舵与稳定尾翼呈"×-×"配置,尾翼前缘后掠角为60°,后缘与弹体轴线垂直。该导弹最初采用福特航空航天和通信公司的固体火箭发动机,改进型采用大西洋研究公司生产的改进型M121无烟火箭发动机		
主要战术技术性能	目标	低空高速飞机和直升机	
	作战空域	作战距离	5 km(A),9 km(C),12 km(G)
		作战高度	2.5 km(最大),50m(最小)
	最大速度	2.5Ma	
	发射方式	四联装倾斜发射	
	弹长	2.91 m	
	弹径	127 mm	
	翼展	715 mm	
	发射质量	86.9 kg(A),85.7 kg(C)	
气动布局	鸭式		
制导体制	光学瞄准＋红外寻的		
引信	无线电近炸引信		
战斗部	A型为11.5 kg高爆战斗部;C型为12.6 kg高爆破片杀伤战斗部		
动力装置	固体火箭发动机		

5.地空导弹(美国)爱国者(Patriot)MIM-104

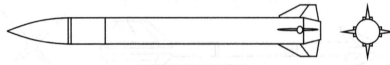

爱国者导弹外形示意图

简介		爱国者是雷锡恩公司为美国陆军研制的第三代全天候、全空域地空导弹系统,作为区域防空武器用于对付 20 世纪 80 年代以后出现的空中威胁。爱国者导弹系统的前身为发展中的地空导弹系统(SAM-D),1965 年陆军导弹司令部确定要研制 SAM-D 新式地空导弹系统,旨在拦截高性能飞机和近程弹道导弹。雷锡恩公司于 1967 年开始研制该导弹系统,1972 年开始工程研制,1976 年 5 月正式改名为爱国者导弹系统,1980 年开始小批量生产,1982 年第一套爱国者样机交付陆军,1985 年爱国者导弹系统的基本型研制工作结束,开始装备美国驻德国部队。 导弹弹体为一细长圆柱体,尾部有 4 片按"×"形配置的梯形舵,舵的后缘与弹体垂直,前缘有 63°的后掠角,舵偏角为±30°,导弹由整流罩、制导舱、战斗部舱、动力装置舱和控制机构 5 大部分组成。尖拱形整流罩由 16.5 mm 厚的浇铸石英玻璃制成,尖端为钴合金材料。尖拱形整流罩具有良好的气动外形,且是导引头的微波窗口和热防护装置		
主要战术技术性能	目标	高性能飞机、空地导弹、战术弹道导弹和巡航导弹	
	作战空域	作战距离	80 km(最大),3 km(最小)
		作战高度	24 km(最大),300m(最小)
	最大速度	5Ma	
	发射方式	四联装箱式倾斜发射	
	弹长	5.30 m	
	弹径	410 mm	
	翼展	870 mm	
	发射质量	约 914 kg	
气动布局	无翼式		
制导体制	程序+指令+TVM 复合制导		
引信	M818 近炸/触发引信		
战斗部	破片杀伤战斗部		
动力装置	TX-086 型高能固体火箭发动机		

6. 地空导弹(美国)毒刺(Stinger)FIM-92

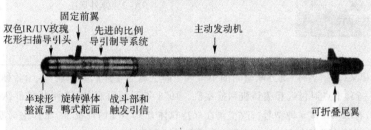

毒刺FIM-92C导弹结构图

简介	毒刺是美国通用动力公司波莫纳分公司研制的单兵肩射便携式防空导弹系统,用于战区前沿及要地防空。该导弹是在红眼睛便携式防空导弹基础上发展而成的,毒刺导弹有5种型号,主要区别在于制导系统,基本型的毒刺FIM-92A于1972年开始工程研制,1981年开始在美国陆军服役。 导弹为鸭式气动布局。弹体前部有两对折叠的鸭式翼,一对是固定翼,另一对为舵面,由指令控制的电动舵机驱动其偏转。尾部有两对"十"字形配置的可折叠尾翼。导弹离筒后,在弹簧和弹体滚动所产生的离心力的作用下,尾翼自动张开并锁定

	目标		亚声速、超声速飞机及直升机
主要战术技术性能	作战空域	作战距离	A:4 km(最大),0.2 km(最小) B/C:4.8 km(最大),0.2 km(最小)
		作战高度	A:3.5 km(最大) B/C:3.8 km(最大)
	最大速度		2.2Ma
	发射方式		单兵肩射
	弹长		1.52 m
	弹径		70 mm
	翼展		91 mm
	发射质量		10.1 kg
气动布局			鸭式
制导体制			A:被动红外寻的,B/C/D/E:被动红外/紫外寻的
引信			触发引信
战斗部			破片杀伤式战斗部,质量为1 kg
动力装置			1台助推器和1台固体火箭主发动机

7. 地空导弹(俄罗斯)盖德莱(Guideline) SA-2/德维纳(Двина) C-75

SA-2导弹外形图

简介	盖德莱(北约名称)是苏联研制的第一代中高空地空导弹武器系统,本国名称为德维纳,代号为C-75,重点对付远程轰炸机和侦察机。1953年开始研制,1957年装备部队,后进行了多次改型,有A~F共6种型号。改型是在保持总体方案不变的前提下,充分挖掘原有武器系统的潜力,不断改进各分系统,以提高整个武器系统的作战能力。 　　导弹由二级组成,采用正常式气动布局,弹体前端配有前翼。导弹的前翼、主翼、舵和稳定尾翼均为"×"形配置。主翼的平面形状为梯形,舵的平面形状也为梯形,两对舵中有一对既作舵用,又作副翼用,而另一对只作舵用。弹体结构材料大部分采用镁合金或铝合金制成,固体助推器壳体用合金钢制成

主要战术技术性能(A/B/C/D/E/F)	目标		飞行速度小于420 m/s的飞机
	作战空域	作战距离	30 km,30 km,40 km,45 km,45 km,58 km(最大);8 km,10 km,9.3 km,6 km,6 km,6 km(最小)
		作战高度	22 km,30 km,30 km,30 km,30 km,30 km(最大);300 m,500 m,400 m,400 m,400 m,100 m(最小)
	最大速度		$3Ma,3Ma,3Ma,3.5Ma,3.5Ma,3.5Ma$
	发射方式		发射架倾斜发射
	弹长		10.6 m,10.8 m,10.8 m,10.8 m,11.2 m,10.8 m
	弹径		650 mm(助推器段),500 mm(弹身)
	翼展		助推器翼2.5 m,弹翼1.7 m
	发射质量		2 287 kg,2 287 kg,2 287 kg,2 450 kg,2 450 kg,2 395 kg

气动布局	正常式
制导体制	无线电指令制导
引信	近炸引信
战斗部	除E型为295 kg核装药外,其余为195 kg高能破片杀伤式
动力装置	固体助推器,可贮存液体发动机

8. 地空导弹(俄罗斯)果阿(Goa)/SA-3/涅瓦(Нева)/C-125

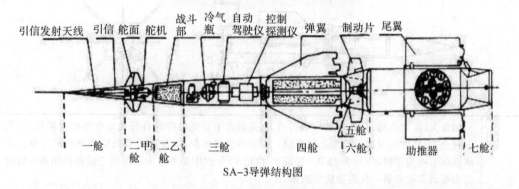

SA-3导弹结构图

简介	果阿(北约名称)是苏联在 SA-2 导弹武器系统的基础上研制的第二代地空导弹系统,本国的代号为 C-125。原型为 SA-3A,改型为 SA-3B,属于中程、中低空导弹系统。用于拦截中低空(SA-3B 可拦截超低空)的各类来袭飞机,作为要地防空和野战防空,也可用于射击地面目标和水面目标。 　SA-3 系统使用两种导弹,一种为基本型 5B24,另一种为近程型 5B27,外形相同,只是助推器内装药柱的数量不一。近程型将最低作战高度明显降低。导弹采用鸭式布局,头部为细尖锥形。弹体由一、二级串联组成,一级为助推器和 2 个舱段,二级包括 5 个舱段。舱面、弹翼、尾翼只者均按"×"形配置,并处在同一平面上。稳定尾翼在离开发射架之前折叠平放着,发射后旋转90°,以增大翼展,增加导弹的静稳定度

主要战术技术性能(A/B)	目标		以飞机为主,目标速度≤700 m/s
	作战空域	作战距离	15 km/25 km(最大);2.5 km/3.5 km(最小)
		作战高度	14 km(最大);200m/100m(最小)
	最大速度		3.5Ma
	发射方式		双联装或四联装发射架倾斜
	弹长		5.88 m/5.95 m
	弹径		550 mm/370 mm(1 级/2 级)
	翼展		2.3 m(弹翼);2.7 m(尾翼)
	发射质量		2 500 kg

气动布局	鸭式
制导体制	全程无线电指令制导
引信	无线电近炸引信
战斗部	烈性炸药,破片杀伤式战斗部
动力装置	4 台并联固体助推器,1 台液体冲压喷气发动机

9. 地空导弹(俄罗斯)加涅夫(Ganef)/SA-4/圆圈(Kpyr)2Kll

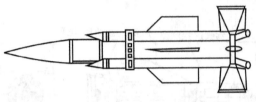 

SA-4导弹外形图

简介	加涅夫(北约名称)是苏联最早采用的,也是世界上首先出现的自行式地空导弹武器系统,是一种全天候、中高空地空导弹武器系统。由安泰公司研制,主要用于要地防空和野战防空。苏联系统名称为圆圈,代号为2Kll。它是20世纪50年代中期苏联为防御高空威胁和加强师级防空力量而发展的第一代高空防空武器。 导弹弹翼为梯形,呈"×"形配置,安装在导弹中段。尾翼也为梯形,翼展略大于弹翼翼展,"十"字形配置,固定在尾部。弹翼和尾翼相差45°角。SA-4A为长头型,SA-4B为短头型。弹体呈圆柱形,分两段,前段直径为0.9 m,其直径和长度都大大小于后段,头部呈锥形。在弹体后段的前端是主发动机的环形进气口,4台助推器等距安装在主发动机周围。前部装有战斗部和导引头	
主要战术技术性能(A/B)	目标	高空侦察机和轰炸机
	作战空域 作战距离	55 km,72 km(最大);8 km,9.3 km(最小)
	作战高度	27 km,24 km(最大);300 m,100 m(最小)
	最大速度	2.5Ma
	发射方式	双联装或四联装发射架倾斜
	弹长	8.8 m,8.3 m
	弹径	860 mm
	翼展	1.22 m
	发射质量	2 500 kg
气动布局	旋转弹翼式	
制导体制	无线电指令+末段半主动雷达寻的	
引信	无线电多普勒引信	
战斗部	高能破片战斗部	
动力装置	固体助推器,固体火箭主发动机	

10.地空导弹(俄罗斯)甘蒙(Gammon)/SA-5/维加(Bera)C-200

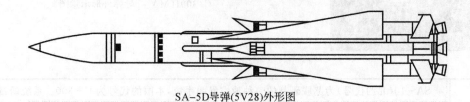

SA-5D导弹(5V28)外形图

简介	SA-5(北约代号)导弹是苏联研制的高空、远程防空导弹系统,名称为维加,代号为C-200,导弹代号为5V28,武器系统研制单位为金刚石科研生产联合体,导弹研制单位为火炬设计局。该系统于20世纪60年代初开始研制,共研制了SA-5,SA-5A,SA-5B,SA-5C,SA-5D,SA-5E等多种改型,已形成一个系列。 SA-5导弹在苏联称为5V28,它采用一种并联式二级火箭结构,4台固体助推器捆绑在二级弹体周围;二级弹导为"×"形正常式布局,4片大后掠弹翼,全动式尾舵。4台助推器在工作完后靠头部的气动不对称力向四周分离,二级弹体分5个舱段:半主动导引头头罩、仪器舱、战斗部舱、液体燃料舱及发动机和舵机舱	
主要战术技术性能	目标	高空侦察机、高空远程轰炸机、支援干扰机、预警指挥机及空地导弹载机,其中重点对付的目标为空地导弹载机,目标速度最大1 200 m/s
	作战空域	作战距离	300 km(最大);17 km(最小)
		作战高度	40 km(最大);300 m(最小)
	最大速度	$5Ma$
	发射方式	倾斜45°固定高低角发射,方位随动,半固定阵地式
	弹长	10.8 m
	弹径	860 mm(2级)
	翼展	2.85 m
	发射质量	7 000 kg
气动布局	正常式	
制导体制	无线电指令+连续波半主动雷达寻的	
引信	无线电近炸引信	
战斗部	破片杀伤战斗部	
动力装置	4台并联式固体助推器,1台液体火箭主发动机	

11. 地空导弹(俄罗斯)格龙布(Grumble)/SA-10/C-300ΠМУ-2

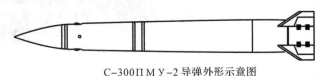

C-300ΠМУ-2导弹外形示意图

简介			SA-10(北约代号)为苏联研制的一种地空导弹系统,本国的代号为C-300。系统研制单位为金刚石科研生产联合体,导弹研制单位为火炬设计局。20世纪70年代后期开始研制,共研制了C-300Π(SA-10A),C-300ΠМУ(SA-10B),C-300ΠМУ-1(SA-10C)和C-300ΠМУ-2(SA-10D)等几种型号。分别于1980年、1985年、1993年及1998年装备部队。 导弹带4片全动式尾舵,舵面为折叠式,贮存在密封的发射筒内。弹体分5个舱段:头罩舱、仪器舱、战斗部舱、固体火箭发动机舱及尾舱。舱外装4片全动式气动舵面,气动舵面为折叠式,以减少发射筒尺寸。垂直发射转弯时采用的燃气舵装在主发动机喷管内,工作完后就燃烧掉
主要战术技术性能	目标		高性能飞机、飞航导弹、战术弹道导弹及其他空中目标,重点对付巡航导弹、远距离空中预警指挥机及电子干扰机
	作战空域	作战距离	气动式目标:200 km;弹道式目标:40 km
		作战高度	气动式:27 km(最大),10 m(最小) 弹道式:25 km(最大)
	最大速度		6Ma
	发射方式		地面4联装垂直筒式弹射,空中发动机点火
	弹长		7.5m
	弹径		519 mm
	翼展		1 134 mm
	发射质量		1 835 kg
气动布局			无翼式
制导体制			无线电指令+末段TVM制导
引信			无线电引信
战斗部			破片杀伤战斗部
动力装置			单级单推力高能固体推进剂发动机

12. 地空导弹(俄罗斯)凯旋(Triumf)/SA-20/凯旋(Триумф)С-400

简介	凯旋地空导弹武器系统是俄罗斯未来防空体系中的主战武器,北约代号为SA-20,主承包商是金刚石科研生产联合体,其中导弹由火炬科研生产联合体研制。子承包商包括新西伯利亚测量仪表科研所、圣彼得堡专用机械设计局等。 　　С400防空导弹武器系统采用多种防空导弹,包括9M96E系列小型化导弹、С-300ПМУ-1系统采用的48H6E导弹、С-300ПМУ-1系统采用的48H6E2导弹以及在研的射程为400 km的远程导弹40H6。 　　9M96E2导弹比9M96E导弹长0.9 m。9M96E导弹主要用于舰上(里夫改进),两种导弹均有4个可折叠的尾翼和4个可转动的前翼舵,它们均在出筒后展开,气动布局为鸭式,即前翼为差动的舵面,前翼舵中还带有垂直转弯用的燃气喷嘴。导弹4个尾翼装在可转动的环上,这是为了减少鸭式气动布局产生的侧吹效应。导弹发射为"冷"发射,当弹射高度达30 m时就靠燃气喷嘴进行转弯,并点燃发动机

主要战术技术性能 (48H6E2/ 9M96E)	目标	战略战术飞机、预警机、隐身飞机、巡航导弹、精确制导武器以及战术弹道导弹等	
	作战空域	作战距离	3 km～200 km/2.5 km～40 km
		作战高度	10 m～27 km/5 m～40 km
	最大速度	$6Ma$	
	发射方式	地面4联装垂直筒式弹射,空中发动机点火	
	弹长	7.5 m/4.3 m	
	弹径	515 mm/270 mm	
	发射质量	1 800 kg/333 kg	
气动布局	无翼式/鸭式		
制导体制	惯性制导＋指令＋雷达主动寻的复合制导		
引信	无线电引信		
战斗部	定向破片杀伤式战斗部,质量180 kg/24 kg		
动力装置	单级单推力高能固体推进剂发动机		

13.地空导弹(英国)警犬(Bloodhound)

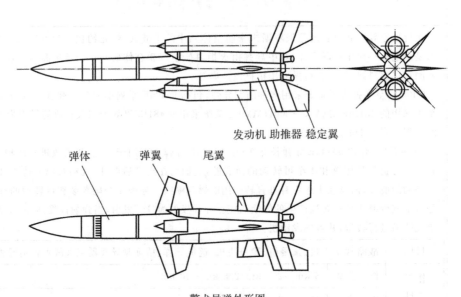

发动机 助推器 稳定翼

弹体　　弹翼　　尾翼

警犬导弹外形图

简介	警犬是英国布列斯托公司研制的中高空、中远程地空导弹武器系统,是一种固定式全天候面防御系统,主要用于对付高空高速飞机。 　　警犬有两种型号。警犬 MK1 于 1949 年研制,1958 年装备英国空军。针对该型存在的射程不足、低空性能差、命中精度低和杀伤威力小等缺点,于 1958 年开始研制其改进型警犬 MK2,1964 年 8 月完成研制开始装备部队,陆续取代警犬 MK1 导弹。 　　导弹采用飞机式平面升力面配置的气动布局,按倾斜转弯方式进行水平机动。弹体头部为尖拱形,其他部分为圆柱形。弹身中后部上下方各安装有 1 台液体冲压发动机;在弹身后部周围捆绑了 4 台固体助推器,每台助推器的尾部装有 1 片大稳定尾翼,呈"×"形配置,与弹翼成 45°夹角

主要战术技术性能（MK1/MK2）	目标	高空高速飞机	
	作战空域	作战距离	30 km(最大)/85 km(最大)
		作战高度	0.3 km～24 km/0.3 km～27 km

续 表

主要战术技术性能（MK1/MK2）	最大速度	$2Ma/2.5Ma$
	发射方式	固定式定角倾斜发射
	弹长	7.7 m/8.46 m
	弹径	530 mm/550 mm
	翼展	2.83 m
	发射质量	2 000 kg/2 270 kg
气动布局		飞机式平面布局
制导体制		全程脉冲式半主动雷达寻的/全程连续波半主动雷达寻的
引信		近炸引信
战斗部		烈性炸药战斗部/烈性炸药战斗部或核装药战斗部
动力装置		2 台雷神液体冲压发动机,4 台固体助推器/2 台 BRJ - 801 液体冲压发动机,4 台固体助推器

14. 地空导弹（英国）长剑（Rapier）

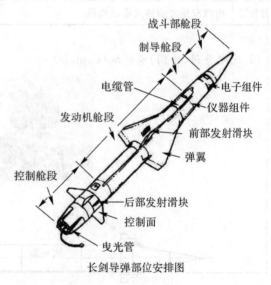

长剑导弹部位安排图

简介	长剑地空导弹系统是英国宇航公司研制的一种近程、低空地空导弹系统,主要用于防御低空高速飞机和直升机。该系统具有牵引式和车载式两种类型。 　　20 世纪 60 年代初,为了对付日益增长的低空威胁,填补低空防空武器的空白,英国于 1961 开始研制,代号为 ET - 316。1967 年正式命名为长剑,1972 年开始批量生产,同年开始在英国陆军服役。 　　导弹翼面呈"×"形配置。弹体由战斗部舱、制导舱、发动机舱和控制舱等 4 个舱段和 2 组翼面组成。战斗部舱头部是易碎的塑料鼻锥,压电式引信的安全保险执行机构装在战斗部后部,以保证弹头穿入目标后触发引信

续 表

主要战术 技术性能 (1/2)	目标	$Ma \leqslant 1.5$ 的低空飞机和直升机	
	作战 空域	作战距离	7 km(最大),500 m(最小)
		作战高度	3.0 km(最大),15 m(最小)
	最大速度	$Ma > 2$	
	发射方式	倾斜发射	
	弹长	2.24 m	
	弹径	133 mm	
	翼展	381 mm	
	发射质量	42.6 kg	
气动布局	正常式		
制导体制	全程单脉冲半主动雷达寻的/连续波半自主雷达寻的		
引信	压电式引信		
战斗部	半穿甲型战斗部		
动力装置	两级双推力固体火箭发动机		

15. 地空导弹(法国)响尾蛇(Crotale)

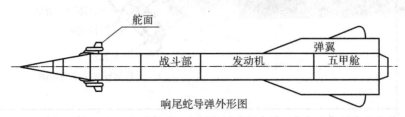

响尾蛇导弹外形图

简介	响尾蛇是法国汤姆逊-CSF公司为满足南非低空防空需求而研制的一种机动、全天候、低空、近程地空导弹武器系统,主要对付战斗机、武装直升机和轰炸机。该系统既可保卫机场目标,也可用于行进中野战部队的对空防御。 　　导弹采用马特拉公司的R440导弹。弹体由卵形头部和细长圆柱体组成。舵面与弹翼为"×-×"形配置,弹翼由内翼和可伸缩外翼组成。一对弹翼后部装有副翼,另一对弹翼后端分别装有遥控接收和发射天线。弹体结构大都是整体薄壁结构,采用高强度铝合金和镁合金制成。弹体由4个舱段、2组翼面和上、下2个整流罩组成

续表

主要战术技术性能	目标	战斗机、轰炸机和武装直升机	
	作战空域	作战距离	8 km(最大),500 m(最小)
		作战高度	3 km(最大),50 m(最小)
	最大速度	1.2Ma	
	发射方式	筒式倾斜发射	
	弹长	2.94 m	
	弹径	156 mm	
	翼展	547 mm	
	发射质量	84 kg	
气动布局	鸭式		
制导体制	无线电指令制导		
引信	红外近炸引信		
战斗部	高爆破片杀伤战斗部		
动力装置	1台固体火箭发动机		

16.地空导弹(法国)未来防空导弹系列(FSAF)(Future Surface to Air Family)

简介	未来防空导弹系列(FSAF)是以法国和意大利为主、欧洲其他国家参与研制的一系列先进防空导弹武器系统的统称,主要对付高性能作战飞机、战术导弹及无人飞行器的饱和攻击。FSAF采用通用化、模块化设计,使用紫苑-15和紫苑-30导弹,两种导弹发射装置可通用。各国选用不同的导弹、雷达和发射装置构成武器系统,满足各自的作战需求。 导弹第一级为固体助推器,通过装配不同的助推器来实现不同射程,完成不同任务,导弹长度均为2.6 m,直径为0.18 m,质量为107 kg,弹体中部有矩形弹翼,助推器后方有大的截尖三角形尾翼。紫苑-30导弹采用4个长矩形弹翼和4个尾控尾翼,在末段采用侧向燃气推力控制,使导弹机动能力从50g提高到62g,采用燃气发生器,经位于弹翼的4个横向喷管喷气,即使目标做15g的机动,也能使导弹迅速响应

续 表

主要战术技术性能（ASTER-15/30）	目标	各种作战飞机、飞航导弹、无人机、战术弹道导弹	
	作战空域	作战距离	30 km/120 km（最大）；1.7 km/3 km（最小）
		作战高度	13 km/20 km（最大）
	最大速度	1 000 m/s,1 400 m/s	
	发射方式	垂直发射	
	弹长	4.2 m/5.2 m	
	弹径	180 mm	
	助推器直径	360 mm/540 mm	
	发射质量	310 kg/510 kg	
气动布局	正常式		
制导体制	惯性制导＋无线电指令修正＋末段主动雷达寻的		
引信	无线电近炸引信		
战斗部	聚能破片杀伤战斗部		
动力装置	1台固体火箭发动机,1台固体助推器		

17. 反导导弹（美国）爱国者 PAC-3

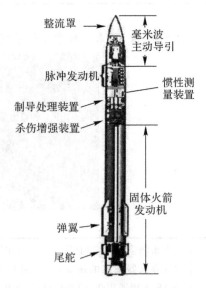

爱国者PAC-3导弹结构示意图

简介	爱国者 PAC-3 是一种陆基低层战区导弹防御系统,是爱国者地空导弹武器系统的改进型,具有对付射程小于 1 000 km 战术弹道导弹的能力。爱国者 PAC-3 于 1989 年 4 月开始研制,1996 年增程拦截弹（ERINT）被选定作为系统的导弹,1997 年 10 月开始生产,2002 年开始装备部队,2003 年在伊拉克战争中使用。 　　弹体呈细长圆柱形,前端是整流罩和雷达导引头,其后是由 180 个小型固体火箭发动机组成的姿控系统以及杀伤增强装置,弹体的后半部是一级固体火箭发动机,在弹体重心稍后配有固定翼和尾舵

续 表

主要战术技术性能	目标	战术弹道导弹、巡航导弹、高性能飞机	
	作战空域	作战距离	20 km（弹道导弹类目标）
		作战高度	15 km（弹道导弹类目标）
	最大速度	5Ma	
	发射方式	4联装倾斜发射	
	弹长	5.2 m	
	弹径	255 mm	
	翼展	480 mm	
	发射质量	328 kg（关机后质量151 kg）	
气动布局		正常式	
制导体制		惯性制导＋指令修正＋毫米波主动雷达末寻的	
引信		无线电引信	
战斗部		直接碰撞杀伤	
动力装置		单级固体火箭发动机	

18.反导导弹（美国）末段高层区域防御系统（THAAD，Terminal High Altitude Area Defense）

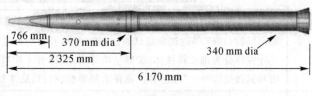

THAAD导弹外形示意图

简介	末段高层区域防御（THAAD，原称战区高层区域防御，2004年2月改名）系统是美国20世纪90年代重点研制的一种可机动部署的地基动能末段高层反导武器系统，由X波段监视与跟踪雷达、动能拦截弹、导弹发射车以及指挥控制与作战管理和通信系统组成。主要用来防御射程大于600 km的弹道导弹。 导弹由一台固体火箭发动机和一个动能杀伤器（KKV）组成。杀伤器在命中目标前与助推器分离。助推器的壳体结构使用了复合材料，以使惯性质量最小		
主要战术技术性能	目标	携带化学弹头、生物弹头、核弹头及普通弹头的中近程、中远程及洲际弹道导弹	
	作战空域	作战距离	250 km
		作战高度	150 km（最大），40 km（最小）
	最大速度	2 800 m/s	

续　表

主要战术技术性能	发射方式	车载箱式倾斜发射
	弹长	6.17 m
	弹径	370 mm(杀伤器),340 mm(助推器)
	发射质量	600 kg
气动布局		无翼无舵式
制导体制		初始段程序转弯;中段采用捷联惯性制导＋指令;末段为红外寻的
战斗部		直接碰撞杀伤
动力装置		固体助推发动机

附录 2　空 空 导 弹

1. 空空导弹(中国)霹雳9(PL-9)

简介		霹雳9是中国研制的格斗型空空导弹。该导弹从1981年开始方案论证,1986年完成全弹的地面试验,1987年通过鉴定试验。1990年起开始小批量生产。 　　导弹弹身为细长圆柱体,头部呈半球形,头部有4片双三角形舵面,尾部有4片梯形翼面,舵面和翼面呈"×-×"形配置。导弹由制导舱、引信、战斗部、发动机和舵翼面组件组成
主要战术技术性能	目标	战斗机、轰炸机
	射程	500 m～15 km
	最大速度	$3.5Ma$
	弹长	2.90 m
	弹径	157 mm
	发射质量	115 kg
气动布局		鸭式
制导体制		红外制导
引信		主动微波引信
战斗部		高能炸药战斗部
动力装置		双推力固体火箭发动机

2.空空导弹(中国)天燕90(TY-90)

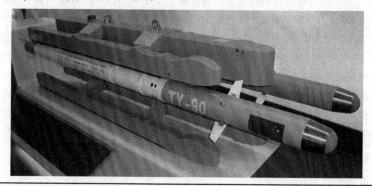

简介	天燕90是中国研制的武装直升机载空空导弹。该导弹于2000年11月立项研制,2006年3月设计定型。天燕90导弹可用于拦截低空、超低空飞行的直升机、固定翼飞机和巡航导弹,夺取超低空制空权;也可与高炮结合,组成弹炮防空系统,实现要地防空;还可配装在高机动车辆或舰艇上,实现移动式近程防空。 　　导弹头部形状为球形头罩加圆锥过渡段的形式。前部舵面采用电动驱动,后部弹翼采用小展长的可绕弹体自由旋转的梯形翼。导弹体积小、质量轻,能满足集束式挂装的需要	

主要战术 技术性能	目标	直升机和超低空飞行的固定翼飞机
	射程	500 m～6 km
	弹长	1.86 m
	弹径	90 mm
	发射质量	20 kg
气动布局	鸭式	
制导体制	红外制导	
引信	主动微波引信	
战斗部	高能炸药战斗部	
动力装置	双推力固体火箭发动机	

3.空空导弹(法国)R530

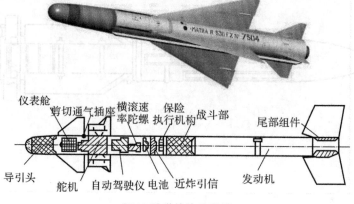

R530 导弹结构示意图

简介	R530是法国马特拉公司研制生产的中距空空导弹,有红外、雷达两种类型。1957年开始研制,1962年1月完成试验,1962年批生产,1963年服役。 　　导弹由导引头舱、控制舱、战斗部和发动机舱、舵机和电源舱组成,头部可装雷达或红外自动导引装置。还有一呈半球形的雷达天线罩或红外头罩。控制舱包括自动驾驶仪、电池、爆炸延迟机构和近炸引信。在控制舱外面有雷达导引头空气冷却导管的整流罩,保护导弹电缆的底部整流罩、近炸引信的两个发射和接收天线。战斗部发动机舱主要包括战斗部和发动机,另外还有保险和解除保险机构。舵机和电源舱位于发动机喷管周围。弹体结构所用的主要材料是轻合金航空材料

主要战术 技术性能	目标	战斗机、轰炸机
	作战高度	25 km
	最大速度	$3Ma$
	弹长	3.28 m
	弹径	260 mm
	发射质量	195 kg
气动布局		正常式
制导体制		被动红外和半主动雷达寻的制导
引信		近炸和触发引信
战斗部		连续杆式战斗部和破片式战斗部
动力装置		双推力火箭发动机

4. 空空导弹(俄罗斯)阿摩斯(Amos)AA-9/P-33

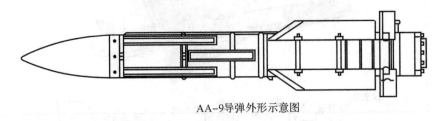

AA-9导弹外形示意图

简介		AA-9(北约代号)导弹是苏联的第四代远距雷达制导空空导弹。苏联设计局给的代号是 K-33,军方代号是 P-33。1981 年 12 月服役,承包商为三角旗设计局。该导弹与米格-31 及 其盾牌雷达一起组成了米格-31、米格-31-33 拦截系统,可对付 3 000 km/h、飞行在 25～ 28 km高度上的目标。 　　AA-9 导弹有 4 片截梢的三角形弹翼,尾部有 4 片矩形尾翼。它由 5 个部分组成:天线罩、制导舱和引信、战斗部、助推-巡航发动机以及尾部控制舱。AA-9 与米格-31 的脉冲多普勒、I 波段的火控雷达组成拦截系统,跟踪距离达 270 km,能攻击高于或低于载机 10 km 飞行的目标。导弹发射后,由其自动驾驶仪按初始截击航迹控制,末制导采用半主动雷达引导头。装备 的载机有米格-31 和米格-31M
主要战术 技术性能	目标	固定翼飞机
	作战高度	25～28 km
	最大速度	$3.5Ma$
	弹长	4.15 m
	弹径	380 mm
	发射质量	480～490 kg
气动布局		正常式
制导体制		半主动雷达导引
引信		主动雷达引信
战斗部		破片式高能炸药战斗部
动力装置		固体火箭发动机

5. 空空导弹(俄罗斯)射手(Archer)AA-11/P-73

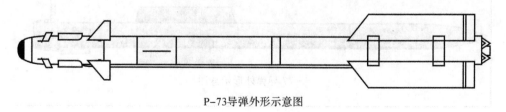

P-73导弹外形示意图

简介	射手 P-73 导弹是俄罗斯第四代红外近距格斗型空空导弹,军方代号为 P-73,生产代号为产品-62,北约称之为射手(Archer),美国导弹编号为 AA-11。乌克兰闪电设计局于 20 世纪 70 年代开始 P-73 导弹的论证工作,1976 年左右开始研制,后由苏联三角旗设计局于 1985 年前后完成定型。导弹由公社社员机器制造厂生产。 导弹采用鸭式气动布局。在导引头头罩后面装有四片活动的迎角传感器叶片,其后是四片固定的矩形安定面,再往后是四片截梢三角形舵面。矩形安定面和三角形舵面不在同一直线上,稍有重叠。在导弹的后部装有四片矩形弹翼,在每片弹翼后缘有控制面,在发动机尾喷管处装有四个活动的挡流片。制导、引信和处理系统安装在弹体前端,战斗部在弹体中部,其后是固体火箭发动机		
主要战术技术性能	目标	固定翼飞机	
	射程	20 km	
	弹长	2.9 m	
	弹径	170 mm	
	发射质量	105 kg	
气动布局	鸭式		
制导体制	红外制导		
引信	主动雷达引信或主动激光引信		
战斗部	连续杆式高能炸药战斗部		
动力装置	单推力固体火箭发动机		

6. 空空导弹(俄罗斯)蝰蛇(Adder)AA-12/P-77

P-77 导弹外形示意图

简介	P－77 导弹是苏联研制的第一种采用主动雷达末制导的中距空空导弹,俄罗斯生产代号为产品-170,北约称之为蝰蛇(Adder),美国导弹编号为 AA－12,俄罗斯将其出口型称作 PBB－AE,AAM－AE 或 RVV－AE。 　　导弹采用圆截面弹体,尖锥形头部。在弹体中后部有四片小展弦比平直矩形弹翼。该导弹首次采用四片格栅式舵面,取代传统的板式舵面,弹翼与格栅尾舵呈"×-×"形配置。格栅式舵面可以折叠,以充分利用飞机弹舱容积悬挂多枚导弹。格栅式尾舵具有减轻舵面质量、减少大攻角机动飞行时的气流分离、增大气动力矩和降低舵机功率的优点。该导弹采用展弦比很小的四片固定式边条形弹翼,以减小气动阻力,提高机动飞行时的稳定性	
主要战术 技术性能	目标	飞机和巡航导弹
	射程	最大 50 km(攻击战斗机) 　　　80 km(攻击其他目标)
	最大速度	3Ma
	弹长	3.6 m
	弹径	200 mm
	发射质量	175 kg
气动布局	正常式	
制导体制	惯性、指令＋主动雷达导引头	
引信	激光近炸引信和碰炸引信	
战斗部	破片式战斗部	
动力装置	固体火箭发动机	

7. 空空导弹(英国)天空闪光(Sky Flash)

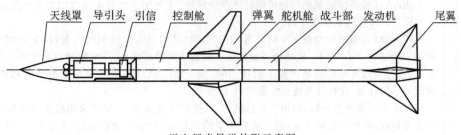

天空闪光导弹外形示意图

简介		天空闪光是英国航空航天动力公司于 1973 年 12 月开始研制、1977 年年底定型、1978 年装备英国皇家空军的空空导弹。该导弹是在 AIM-7E-2 麻雀导弹基础上研制的,它采用了 AIM-7E-2 成熟的气动外形和导引规律,并沿用了 AIM-7E-2 的后弹体(包括舵机、战斗部和发动机),改进了 AIM-7E-2 的前弹体(包括导引头、引信、控制舵和电源)。天空闪光导弹目前仍在服役,其后续的改进型号有天空闪光 Mk-2、主动天空闪光、RB73E、S225X 等。 导弹弹翼与尾翼呈"×-×"形配置,该外形的突出优点是反应快。全弹由导引头舱(包括引信)、控制舱、战斗部舱、火箭发动机舱、弹翼和尾翼等组成,各舱都是独立的单元。弹翼和尾翼在作战之前安装
主要战术技术性能	目标	轰炸机、歼击轰炸机和歼击机
	射程	40 km(最大) 500 m(最小)
	最大速度	$4Ma$
	机动能力	$30g$
	弹长	3.66 m
	弹径	203 mm
	发射质量	193 kg
气动布局		旋转弹翼式
制导体制		连续波半主动雷达、单脉冲体制
引信		主动激波引信,脉冲多普勒体制
战斗部		连续杆杀伤战斗部
动力装置		固体火箭助推器

8. 空空导弹(英国)先进近距空空导弹(ASRAAM)

简介	ASRAAM 是英国研制的一种近距红外空空导弹,主要用于装备英国空军的台风战斗机、鹞式 GR.5/7 和狂风 F.3 战斗机。 ASRAAM 由英国航空航天系统公司(于 2001 年 12 月并入欧洲 MBDA 公司)于 1992 年开始研制。1995 年 7 月 12 日,成功地完成了第一次制导发射试验,1997 年启动初始生产。2002 年年末,这种武器首先在狂风飞机上服役;2004 年,ASRAAM 进入英国空军的所有部队服役。按照目前的计划,这种导弹将至少服役到 2030 年。 导弹采用无翼升力弹体,切梢三角形尾舵,以提高其机动能力,导弹采用模块式结构,共有 4 个主要舱段,从前到后依次为,带有玻璃头罩的位标器、传感器和冷却舱;电子装置、引信及战斗部舱;火箭发动机舱以及发动机长尾喷管周围的舵机和相应的 4 片控制舵面。红外导引头所需的冷却剂供应系统装在发射架中

续 表

主要战术技术性能	目标	飞机
	射程	20 km
	最大速度	3.5Ma
	弹长	2.95 m
	弹径	166 mm
	发射质量	87 kg
气动布局		无翼式
制导体制		红外成像
引信		主动激光引信
战斗部		破片杀伤战斗部
动力装置		固体火箭助推器

9. 空空导弹(美国)响尾蛇(Sidewinder)AIM-9B

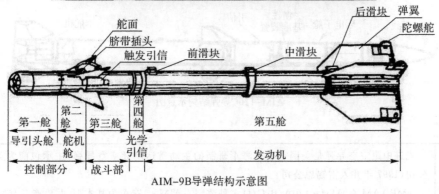

AIM-9B导弹结构示意图

简介	响尾蛇 AIM-9 是美国研制的世界上第一种被动式红外制导空空导弹。AIM-9 的原型 AIM-9A 没有成批生产,大量生产和使用的是 AIM-9B。它由美国海军武器中心于 1948 年 开始研制,1953 年 9 月首次发射试验成功,1956 年 7 月装备部队。它主要用于从尾后攻击速度比较慢的轰炸机。除美国使用外,还有英、法、德等 10 多个国家以及中国台湾地区使用。 　　导弹的气动外形为鸭式布局。舵面在导弹头部,弹翼在尾部。舵、翼在同一平面,呈"×-×"形布置。弹体为圆柱形,头部呈半球形。在结构上,导弹由制导控制舱、战斗部、触发引信、红外近炸引信、固体火箭发动机和弹翼等 6 部分组成

续表

主要战术 技术性能	目标	飞机
	射程	11 km
	最大速度	2Ma
	弹长	2.84 m
	弹径	127 mm
	发射质量	75 kg
气动布局		鸭式
制导体制		被动红外制导
引信		红外近炸引信和触发引信,最大作用半径为 9 m
战斗部		破片式战斗部
动力装置		固体火箭发动机

10. 空空导弹(美国)先进中距空空导弹(AMRAAM)AIM-120

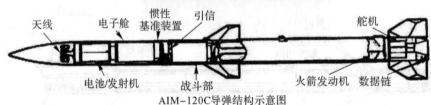

AIM-120C导弹结构示意图

简介	先进中距空空导弹是美国空军和海军研制的主动雷达制导空空导弹,主承包商为美国休斯公司(1997 年并入雷锡恩公司)。 　　AMRAAM 有 AIM-120A/B/C/D 多种改型。AIM-120A 为基本型,共生产 5 150 枚,1994 年 12 月停止生产。AIM-120B 于 1994 年开始交付。AIM-120C 于 1997 年开始服役。到 2005 年为止,雷锡恩公司已交付 AMRAAM 导弹 14 000 枚。其最高生产率在第 8 批阶段达到 1 100 枚/年。AIM-120C 于 2005 年 10 月在美国部署。最新型号 AIM-120D 的生产于 2006 年开始。 　　导弹采用大长细比弹体,尖锥形头部。弹体中部装有较小的弹翼,以保证低速飞行时的机动性。尾部有 4 片控制舵,由电动舵机驱动。弹翼与尾舵呈"×-×"形配置。弹体采用不锈钢材料,以适应高速气流引起的气动加热和大过载要求

续　表

主要战术 技术性能	目标	飞机
	射程	2 km(最小),70 km(最大)
	最大速度	$4Ma$
	弹长	3.65 m
	弹径	178 mm
	发射质量	157 kg
气动布局		正常式
制导体制		惯性/指令修正＋主动雷达
引信		主动雷达抗杂波近炸引信及触发引信
战斗部		高爆定向破片式战斗部
动力装置		固体火箭发动机

附录 3　舰 空 导 弹

1. 舰空导弹(法国)海响尾蛇(Naval Crotale)TSE5500

简介	海响尾蛇是法国汤姆逊－CSF公司研制的全天候、近程舰空导弹系统,它用于舰艇的自身对空防御,可对付低空、超低空战斗机和武装直升机的攻击。在基本型(8B型)基础上发展起来的改进型(8S型与8M型),具有反掠海导弹和反海面舰艇的能力。 　　8B型采用响尾蛇 R.440 导弹,8S 与 8M 的导弹为 R.460,两种导弹布局与结构形式相同。三种型号均采用 R.440 的动力装置和弹上电源设备。但 R.460 导弹用无线电近炸引信替换了红外近炸引信,并在尾部加装上红外辐射器。

续 表

主要战术技术性能	目标	飞机、反舰导弹、直升机、水面舰艇
	作战距离	最大13 km(直升机) 　　10 km(飞机) 　　8 km(导弹) 最小 700m
	作战高度	最大 4 km,最小 700 m
	最大速度	2.2Ma
	发射方式	八联装筒式倾斜发射
	弹长	2.94 m
	弹径	156 mm
	发射质量	87 kg
气动布局		鸭式
制导体制		光电复合制导、无线电指令
引信		无线电近炸引信
战斗部		聚能破片式战斗部
动力装置		单级固体火箭发动机

2.舰空导弹(俄罗斯)高脚杯(Goblet) SA－N－3/4K60

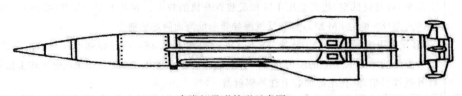

高脚杯导弹外形示意图

简介	高脚杯(北约名称)是苏联火炬设计局/阿尔泰科研生产联合体研制的全天候型舰空导弹系统,代号为4K60,主要用于军舰的自卫防空,对付高速飞行的飞机,也具有一定的反舰能力。1967年开始投入使用。 高脚杯导弹的苏联代号为B611。弹体呈圆柱形,头部为尖卵形,无前翼,采用正常式气动布局。后掠角很大的梯形弹翼位于弹体中后部,紧接在弹翼垂直后缘的是4个舵面,4个梯形尾翼安装在弹体尾部,弹翼与尾翼按"×-×"形配置,并处在同一平面上。导弹采用无线电指令制导,双推力固体火箭发动机和破片杀伤式战斗部
主要战术技术性能	目标: 高速飞机
	作战距离: 最大 30~55 km
	作战高度: 最大 25 km,最小 150 m
	发射方式: 倾斜发射
	最大速度: 850 m/s
	弹长: 6.1 m
	弹径: 600 mm
	发射质量: 845 kg
气动布局	正常式
制导体制	无线电指令制导
引信	无线电近炸引信
战斗部	破片杀伤式战斗部,烈性炸药质量80 kg
动力装置	双推力固体火箭发动机

3.舰空导弹(俄罗斯)(Gecko)SA-N-4/黄蜂-M(Oca-M)

简介	黄蜂-M是苏联火炬设计局/阿尔泰科研生产联合体研制的全天候低空近程舰空导弹武器系统,它由陆基防空导弹SA-8移植而来的,导弹代号为9M33。它主要用于攻击直升机,也可以攻击逼近的舰艇。整个系统结构比较紧凑,不需要占很大的空间,因此,适用于装备不同类型的军舰。 9M33导弹为一细长圆柱体,采用鸭式气动布局,弹体前部有4片小的梯形控制舵,尾部有4片稳定尾翼,其后缘与发动机喷口齐平。舵面与尾翼呈"×-×"形配置,其尾翼是折叠式

续表

主要战术技术性能	目标	直升机和逼近的舰艇
	作战距离	最大 12 km 最小 1.5 km
	作战高度	最大 5 km，最小 25 m
	发射方式	舰上发射井垂直发射
	最大速度	2.4Ma
	弹长	3.20 m
	弹径	210 mm
	发射质量	128 kg
气动布局		鸭式
制导体制		无线电指令制导
引信		无线电引信
战斗部		破片杀伤式战斗部
动力装置		1 台双推力固体火箭发动机

4. 舰空导弹（英国）海标枪（Sea Dart）GWS - 30

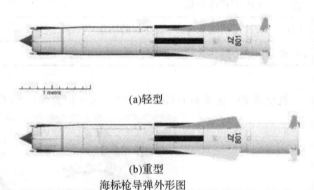

(a)轻型

(b)重型

海标枪导弹外形图

简介	海标枪是由英国航空航天公司动力部研制的第二代舰载中、高空面防御舰空导弹系统，用于拦截高性能飞机和反舰导弹，也能攻击水面目标，是英国第一代舰空导弹海蛇的后继型。该系统分重型、轻型两种类型，重型为基本型。 　　导弹由两级串联组成。导弹由前弹体、中弹体、后弹体和控制环 4 部分组成，一级直径大于二级。弹体中部安装 4 片大后掠、小展弦比的弹翼，舵面位于控制环上。"×"形配置的矩形稳定尾翼位于一级尾部，非作战时，成折叠状态。导弹外壳采用可拆卸壁板结构，除冲压喷气发动机外，其余设备均固定在壁板内壁上。前弹体由进气道、中心锥、雷达抛物面天线、多杆介质天线、导引头、战斗部和保险执行机构组成

续 表

	目标	各类超声速飞机、反舰导弹和水面目标
	作战距离	40 km(最大) 4.5 km(最小)
	作战高度	25 km(最大),30 m(最小)
主要战术 技术性能	发射方式	双联装或四联装发射架倾斜发射
	最大速度	3.5Ma
	弹长	4.36 m
	弹径	420 mm
	发射质量	550 kg
气动布局		正常式
制导体制		全程半主动雷达寻的制导
引信		无线电近炸引信
战斗部		破片式战斗部
动力装置		改性双基药固体推进剂,可变推力液体冲压喷气发动机

5.舰空导弹(美国)标准-1(中程) RIM-66A/B/E

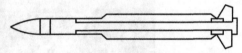

标准-1(中程)导弹外形示意图

简介	标准导弹是美国雷锡恩公司研制生产的全天候中远程舰空导弹。40 余年来,为满足不断发展的作战使用要求,经过多次改进,逐步形成了由标准-1、标准-2、标准-3 和标准-6 组成的标准导弹系列。这些导弹可分别在鞑靼人、小猎犬、宙斯盾等舰载武器系统中使用,是迄今为止世界上性能最先进且装备数量最多的舰空导弹。 　　标准-1(中程)导弹用于防御高性能飞机、反舰导弹和巡航导弹,装备在驱逐舰、巡洋舰和护卫舰上,包括 RIM-66A,RIM-66B 和 RIM-66E 3 个型号。RIM-66A 是标准-1(中程)导弹的基本型,用于取代 RIM-24 鞑靼人导弹,是现役标准导弹系列中装备最早的导弹。1964 年12 月,通用动力公司防空导弹系统分公司开始研制 RIM-66A,1969 年装备,1975 年停产。1977 年,在 RIM-66A 的基础上改进形成 RIM-66B。1984 年,在 RIM-66B 的基础上改进形成 RIM-66E。 　　导弹的外形和气动布局与鞑靼人导弹相似,弹翼在弹体的中后部,为小展弦比的长脊鳍形弹翼。其后是切尖的三角形控制舵面,弹翼和舵面按"×-×"形配置,并处于同一平面上

续 表

主要战术 技术性能	目标	高性能飞机、反舰导弹和巡航导弹
	作战距离	38 km(最大)
	作战高度	19.8 km(最大)
	发射方式	倾斜发射
	最大速度	$2Ma$
	弹长	4.48 m
	弹径	343 mm
	发射质量	642 kg
气动布局		正式式
制导体制		全程半主动雷达寻的制导
引信		无线电近炸引信和触发引信
战斗部		Mk-90 高爆破片杀伤战斗部
动力装置		双推力固体火箭发动机

6.舰空导弹(美国)标准-2(中程) RIM-66C

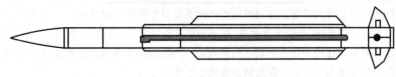

标准-2(中程)导弹外形示意图

简介	标准-2(中程)导弹是目前主要的全天候舰载中程防空导弹,可用于鞑靼人武器系统和宙斯盾武器系统。与标准-1(中程)导弹相比,标准-2(中程)导弹增强了火力,增加了射程,扩大了防御区域,提高了抗干扰能力,包括标准-2(中程)Block1,Block2,Block3,Block3A 和 Block3B 导弹。为使标准-1(中程)导弹能在宙斯盾武器系统中使用,满足其火控系统的要求,1972 年 6 月开始对 RIM-66B 标准-1(中程)导弹进行改进。 RIM-66C 标准 2(中程)Block1 导弹的各组成部分与 RIM-66B 标准-1(中程)导弹基本相同。其改进包括采用惯性制导、无线电指令、半主动雷达寻的复合制导体制,弹上加装惯性导航系统,导弹飞行末段采用单脉冲雷达导引头制导

续 表

主要战术技术性能	目标	高性能飞机、反舰导弹和巡航导弹
	发射方式	倾斜发射或垂直发射
	作战距离	70 km（最大）
	作战高度	19.8 km（最大）
	最大速度	2.5Ma
	弹长	4.72 m
	弹径	343 mm
	发射质量	708 kg
气动布局		正常式
制导体制		惯性制导＋中段无线电指令修正＋末端半主动雷达寻的
引信		主动雷达近炸引信和触发引信
战斗部		Mk-115 高爆破片杀伤战斗部
动力装置		一台 Mk-56 双推力固体火箭发动机

7. 舰空导弹（美国）标准-3　RIM-161

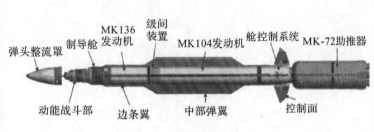

标准-3导弹结构示意图

简介	标准-3 导弹是美国弹道导弹防御海基中段防御系统的拦截弹，用于在大气层外拦截来袭弹道导弹。根据宙斯盾战舰部署位置的不同，标准-3 导弹既可在大气层外拦截上升段和中段飞行的弹道导弹，也可在大气层外拦截下降段飞行的弹道导弹，但主要用于中段防御。主承包商为雷锡恩公司导弹系统分公司，分承包商主要有美国航空喷气公司、阿连特技术系统公司、波音公司等。日本三菱重工公司参与标准-3 Block2 导弹的研制工作。 　　标准-3 导弹除采用标准-2 Block4A 导弹的助推器和火箭发动机以及舵控制系统外，还采用了第三级火箭发动机、改进的制导舱、动能战斗部和级间装置

续 表

主要战术技术性能	目标	近程至中远程弹道导弹
	作战距离	500 km(最大)
	作战高度	160 km(最大) 70 km(最小)
	发射方式	垂直发射
	最大速度	$3Ma$
	弹长	6.58 m
	弹径	343 mm
	发射质量	1 501 kg
气动布局		正常式
制导体制		惯性制导＋中段 GPS 与指令修正＋末端被动红外成像寻的
战斗部		Mk - 142 动能战斗部
动力装置		一台 Mk - 72 固体助推器,一台 Mk - 104 双推力固体火箭发动机和一台 Mk - 136 双脉冲固体火箭发动机

参 考 文 献

[1] 赵育善,吴斌.导弹引论[M].西安:西北工业大学出版社,2009.

[2] 赵少奎.导弹与航天技术导论[M].北京:中国宇航出版社,2008.

[3] 鞠玉涛,陈雄.火箭导弹技术引论[M].北京:兵器工业出版社,2009.

[4] 杨建军.地空导弹武器系统概论[M].北京:国防工业出版社,2006.

[5] 余超志.导弹概论[M].北京:国防工业学院出版社,1986.

[6] 金永德,等.导弹与航天技术概论[M].哈尔滨:哈尔滨工业大学出版社,2002.

[7] 徐品高.防空导弹体总体设计[M].北京:中国宇航出版社,2009.

[8] 王文超,等.导弹武器系统概论[M].北京:宇航出版社,1996.

[9] 滕克难,等.海军舰空导弹武器系统分析与总体设计技术[M].北京:兵器工业出版社,2015.

[10] 张伟,等.机载武器[M].北京:航空工业出版社,2008.

[11] 于剑桥,等.战术导弹总体设计[M].北京:北京航空航天大学出版社,2013.

[12] 张忠阳,等.防空反导导弹[M].北京:国防工业出版社,2012.

[13] 樊会涛.空空导弹方案设计原理[M].北京:航空工业大学出版社,2013.

[14] 毕开波,等.导弹武器及其制导技术[M].北京:国防工业出版社,2013

[15] 杨月诚.火箭发动机理论基础[M].西安:西北工业大学出版社,2010.

[16] 李陟,等.防空导弹直接侧向力/气动力复合控制技术[M].北京:中国宇航出版社,2012.

[17] 斯维特洛夫 B T,等.防空导弹设计[M].北京:中国宇航出版社,2004.

[18] 方国尧.固体火箭发动机总体优化设计技术[M].北京:北京航空航天大学出版社.1998.

[19] 马栓柱,等.地空导弹射击学[M].西安:西北工业大学出版社,2012.

[20] 杨军.现代导弹制导控制系统设计[M].北京:航空工业出版社,2005.

[21] 何广军,防空导弹系统设备原理[M].北京:电子工业出版社,2017.

[22] 卢芳云,李翔宇,林玉亮.战斗部结构与原理[M].北京:科学出版社,2009.

[23] 高明坤,等.火箭导弹发射装置构造[M].北京:北京理工大学出版社,1996.

[24] 张晓今,等.导弹系统性能分析[M].北京:国防工业出版社,2013.

[25] 张波.空面导弹系统设计[M].北京:航空工业大学出版社,2013.

[26] 娄寿春.面空导弹武器系统设备原理[M].北京:国防工业出版社,2010.

[27] 谷良贤,等.导弹总体设计原理[M].西安:西北工业大学出版社,2004.

[28] 韩晓明.防空导弹总体设计原理[M].西安:西北工业大学出版社,2016.

[29] 刘建新.导弹总体分析与设计[M].长沙:国防科技大学出版社,2006.

[30] 过崇伟,等.有翼导弹系统分析与设计[M].北京:北京航空航天大学出版社.2002.

[31] 韩晓明,等.导弹战斗部原理及应用[M].西安:西北工业大学出版社,2012.

［32］ 孟秀云.导弹制导与控制系统原理［M］.北京：北京理工大学出版社，2003.

［33］ 袁小虎，等. 导弹制导原理［M］.北京：兵器工业出版社，2008.

［34］ 夏国洪，等. 智能导弹［M］.北京：中国宇航出版社，1996.

［35］ 高雁翎.世界防空反导导弹手册［M］.北京：中国宇航出版社，2010.

［36］ 沈如松.导弹武器系统概论［M］.北京：国防工业出版社，2010.

［37］ 金其明.防空导弹工程［M］.北京：中国宇航出版社，2002.

［38］ 于本水，等.防空导弹总体设计［M］.北京：中国宇航出版社，1995.

［39］ 杨炳渊.航天技术导论［M］.北京：中国宇航出版社，2009.

［40］ 王春利.航空航天推进系统［M］.北京：北京理工大学出版社，2004.

［41］ 世界导弹大全［M］.3 版.北京：军事科学出版社，2011.